轨道交通装备制造业职业技能鉴定指导丛书

车 工

中国北车股份有限公司 编写

中国铁道出版社

2015年·北 京

图书在版编目(CIP)数据

车工/中国北车股份有限公司编写.—北京:中国铁道出版社,2015.2

(轨道交通装备制造业职业技能鉴定指导丛书)

ISBN 978-7-113-19324-9

Ⅰ.①车… Ⅱ.①中… Ⅲ.①车削－职业技能－鉴定－教材 Ⅳ.①TG51

中国版本图书馆CIP数据核字(2014)第228316号

书　　名: 轨道交通装备制造业职业技能鉴定指导丛书
车　　工

作　　者: 中国北车股份有限公司

责任编辑: 徐　艳　　**编辑部电话:** 010-51873193

封面设计: 郑春鹏

责任校对: 龚长江

责任印制: 郭向伟

出版发行: 中国铁道出版社(100054,北京市西城区右安门西街8号)

网　　址: http://www.tdpress.com

印　　刷: 北京鑫正大印刷有限公司

版　　次: 2015年2月第1版　2015年2月第1次印刷

开　　本: 787 mm×1092 mm　1/16　印张:15.5　字数:387千

书　　号: ISBN 978-7-113-19324-9

定　　价: 46.00元

序

在党中央、国务院的正确决策和大力支持下，中国高铁事业迅猛发展。中国已成为全球高铁技术最全、集成能力最强、运营里程最长、运行速度最高的国家。高铁已成为中国外交的新名片，成为中国高端装备“走出国门”的排头兵。

中国北车作为高铁事业的积极参与者和主要推动者，在大力推动产品、技术创新的同时，始终站在人才队伍建设的重要战略高度，把高技能人才作为创新资源的重要组成部分，不断加大培养力度。广大技术工人立足本职岗位，用自己的聪明才智，为中国高铁事业的创新、发展做出了重要贡献，被李克强同志亲切地赞誉为“中国第一代高铁工人”。如今在这支近 5 万人的队伍中，持证率已超过 96%，高技能人才占比已超过 60%，3 人荣获“中华技能大奖”，24 人荣获国务院“政府特殊津贴”，44 人荣获“全国技术能手”称号。

高技能人才队伍的发展，得益于国家的政策环境，得益于企业的发展，也得益于扎实的基础工作。自 2002 年起，中国北车作为国家首批职业技能鉴定试点企业，积极开展工作，编制鉴定教材，在构建企业技能人才评价体系、推动企业高技能人才队伍建设方面取得明显成效。为适应国家职业技能鉴定工作的不断深入，以及中国高端装备制造技术的快速发展，我们又组织修订、开发了覆盖所有职业(工种)的新教材。

在这次教材修订、开发中，编者们基于对多年鉴定工作规律的认识，提出了“核心技能要素”等概念，创造性地开发了《职业技能鉴定技能操作考核框架》。该《框架》作为技能人才评价的新标尺，填补了以往鉴定实操考试中缺乏命题水平评估标准的空白，很好地统一了不同鉴定机构的鉴定标准，大大提高了职业技能鉴定的公信力，具有广泛的适用性。

相信《轨道交通装备制造业职业技能鉴定指导丛书》的出版发行，对于促进我国职业技能鉴定工作的发展，对于推动高技能人才队伍的建设，对于振兴中国高端装备制造业，必将发挥积极的作用。

中国北车股份有限公司总裁：[signature]

2015.2.7

前　言

鉴定教材是职业技能鉴定工作的重要基础。2002 年，经原劳动保障部批准，中国北车成为国家职业技能鉴定首批试点中央企业，开始全面开展职业技能鉴定工作。2003 年，根据《国家职业标准》要求，并结合自身实际，组织开发了《职业技能鉴定指导丛书》，共涉及车工等 52 个职业（工种）的初、中、高 3 个等级。多年来，这些教材为不断提升技能人才素质、适应企业转型升级、实施“三步走”发展战略的需要发挥了重要作用。

随着企业的快速发展和国家职业技能鉴定工作的不断深入，特别是以高速动车组为代表的世界一流产品制造技术的快步发展，现有的职业技能鉴定教材在内容、标准等诸多方面，已明显不适应企业构建新型技能人才评价体系的要求。为此，公司决定修订、开发《轨道交通装备制造业职业技能鉴定指导丛书》（以下简称《丛书》）。

本《丛书》的修订、开发，始终围绕促进实现中国北车“三步走”发展战略、打造世界一流企业的目标，努力遵循“执行国家标准与体现企业实际需要相结合、继承和发展相结合、坚持质量第一、坚持岗位个性服从于职业共性”四项工作原则，以提高中国北车技术工人队伍整体素质为目的，以主要和关键技术职业为重点，依据《国家职业标准》对知识、技能的各项要求，力求通过自主开发、借鉴吸收、创新发展，进一步推动企业职业技能鉴定教材建设，确保职业技能鉴定工作更好地满足企业发展对高技能人才队伍建设工作的迫切需要。

本《丛书》修订、开发中，认真总结和梳理了过去 12 年企业鉴定工作的经验以及对鉴定工作规律的认识，本着“紧密结合企业工作实际，完整贯彻落实《国家职业标准》，切实提高职业技能鉴定工作质量”的基本理念，在技能操作考核方面提出了“核心技能要素”和“完整落实《国家职业标准》”两个概念，并探索、开发出了中国北车《职业技能鉴定技能操作考核框架》；对于暂无《国家职业标准》、又无相关行业职业标准的 40 个职业，按照国家有关《技术规程》开发了《中国北车职业标准》。经 2014 年技师、高级技师技能鉴定实作考试中 27 个职业的试用表明：该《框架》既完整反映了《国家职业标准》对理论和技能两方面的要求，又适应了企业生产和技术工人队伍建设的需要，突破了以往技能鉴定实作考核中试卷的难度与完整性评估的“瓶颈”，统一了不同产品、不同技术含量企业的鉴定标准，提高了鉴定考核的技术含量，保证了职业技能鉴定的公平性，提高了职业技能鉴定工作质量和管理水平，将成为职业技能鉴定工作、进而成为生产操作者技能素质评价的新标尺。

本《丛书》共涉及98个职业(工种)，覆盖了中国北车开展职业技能鉴定的所有职业(工种)。《丛书》中每一职业(工种)又分为初、中、高3个技能等级，并按职业技能鉴定理论、技能考试的内容和形式编写。其中：理论知识部分包括知识要求练习题与答案；技能操作部分包括《技能考核框架》和《样题与分析》。本《丛书》按职业(工种)分册，并计划第一批出版74个职业(工种)。

本《丛书》在修订、开发中，仍侧重于相关理论知识和技能要求的应知应会，若要更全面、系统地掌握《国家职业标准》规定的理论与技能要求，还可参考其他相关教材。

本《丛书》在修订、开发中得到了所属企业各级领导、技术专家、技能专家和培训、鉴定工作人员的大力支持；人力资源和社会保障部职业能力建设司和职业技能鉴定中心、中国铁道出版社等有关部门也给予了热情关怀和帮助，我们在此一并表示衷心感谢。

本《丛书》之《车工》由西安轨道交通装备有限责任公司《车工》项目组编写。主编薛沛荣，副主编蒋浩；主审韩志坚，副主审侯伟强；参编人员李向东、杨永涛、杨勇刚、李国志。

由于时间及水平所限，本《丛书》难免有错、漏之处，敬请读者批评指正。

中国北车职业技能鉴定教材修订、开发编审委员会

二〇一四年十二月二十二日

目　录

车工(职业道德)习题

一、填 空 题

1. 职业道德规范要求职工必须(　　)具有高度的责任心。

2. 一定社会中人们调整相互间利益关系的思想意识和行为准则称为(　　)。

3. 从事一定职业的人们在其特定的职业活动中所形成的处理人和人、人和社会之间利益关系的特殊行为规范就是(　　)。

4. 职业道德是(　　)的一个重要组成部分。

5. 严格执行工作程序、工作规范、工艺文件和(　　)是职业道德的基本要求之一。

6. 人民铁路职业道德的基本原则是(　　)。

7. 安全生产的方针是(　　)。

8. 我国劳动保护三结合管理体制是国家监察、行政管理、(　　)三个方面结合起来。

9. 劳动保护是保护(　　)在生产过程中的安全健康。

10. 职业道德是人们在一定的职业活动中所遵守的(　　)总和。

11. (　　)是社会主义职业道德的基础和核心。

12. 社会主义职业道德的基本原则是集体主义,其核心是(　　)。

13. 社会主义职业道德的作用表现在对社会主义经济发展起推动作用,对形成良好的社会风尚起(　　)作用,对提高就业人员的道德素质起促进作用。

14. 职业纪律是在特定的职业活动范围内,从事某种职业的人们必须共同遵守的(　　)。

15. 职业纪律主要有三个方面:(　　)、财经纪律和群众纪律。

16. 职业纪律是职业道德(　　),也是职业道德的具体表现。

17. 企业员工应树立(　　)、提高技能的勤业意识。

18. 职业守则要求从业人员要团结协作,主协(　　)。

19. 从业人员(　　)是对人民、社会承担的义不容辞的责任与义务。

20. 文明生产是指在遵章守纪的基础上去创造整洁、(　　)、优美而又有序的生产环境。

21. 全面质量管理是从系统理论出发,把企业作为(　　)的整体,将专业技术、经营管理和统计方法有机地结合起来的一种质量管理方法。

22. 职业道德是(　　)的一个重要组成部分。

23. 职业道德不仅是从业人员在职业活动中的行为要求,而且是本行业对社会所承担的(　　)和义务。

24. 爱岗敬业是社会主义职业道德的(　　)。

25. 社会主义职业道德的基本原则是(　　),其核心是为人民服务。

26. 从业者的职业态度是既为(　　),也为别人。

27. 道德是靠舆论和内心信念来发挥和(　　)作用的。

28. 要热情待客,不要泄露( )秘密。

29. 职业道德是促使人们( )的思想基础。

30. 道德是一定社会中人们调整相互间利益( )的思想意识和行为准则。

31. 职业道德就是从事一定职业的人们在其特定的职业活动中所形成的处理人和人、人和社会之间利益关系的( )。

32. 爱岗敬业是对从业人员( )的首要要求。

33. 忠于职守,( )是社会主义国家对每个从业人员的起码要求。

34. 掌握必要的职业技能是( )的先决条件。

35. 职业道德中要求从业人员的工作应该,检查上道工序、( )、服务下道工序。

36. 职业道德中要求从业人员的工作应该( )工艺要求。

37. 职业纪律是职业活动等以正常进行的基本保证,它体现( )、集体利益和企业利益的一致性。

38. 公约和( )是职业道德的具体体现。

39. 工艺要求越高,产品质量( )。

40. 保护( )秘密是每个职工的义务和责任。

41. 具有高度责任心应做到忠于职守、( )。

42. 精益生产的核心是消除一切( )和浪费。

二、单项选择题

1. 职业道德体现了( )。

(A)从业者对所从事职业的态度 (B)从业者的工资收入
(C)从业者享有的权利 (D)从业者的工作计划

2. 职业道德的实质内容是( )。

(A)改善个人生活 (B)增加社会的财富
(C)树立全新的社会主义劳动态度 (D)增强竞争意识

3. 爱岗敬业就是对从业人员( )的首要要求。

(A)工作态度 (B)工作精神 (C)工作能力 (D)以上均可

4. 忠于职守就是要求把自己( )的工作做好。

(A)道德范围内 (B)职业范围内 (C)生活范围内 (D)社会范围内

5. 遵守法律法规不要求( )。

(A)遵守国家法律和政策 (B)遵守安全操作规程
(C)加强劳动协作 (D)遵守操作程序

6. 具有高度责任心应做到( )。

(A)忠于职守,精益求精 (B)不徇私情,不谋私利
(C)光明磊落,表里如一 (D)方便群众,注重形象

7. 企业的质量方针不是( )。

(A)企业总方针的重要组成部分 (B)企业的岗位责任制度
(C)每个职工必须熟记的质量准则 (D)每个职工必须贯彻的质量准则

8. 环境不包括( )。

(A)大气　(B)水　(C)气候　(D)土地

9. 工企对环境污染的防治不包括(　　)。

(A)防治固体废弃物污染　(B)开发防治污染新技术

(C)防治能量污染　(D)防治水体污染

三、多项选择题

1. 职业道德规范要求职工必须(　　)。

(A)助人为乐　(B)尊老爱幼　(C)爱岗敬业　(D)具有高度的责任心

2. 道德是一定社会中人们调整相互间利益关系的(　　)。

(A)思想意识　(B)行为准则　(C)兴趣爱好　(D)友好往来

3. 严格执行(　　)是职业道德的基本要求之一。

(A)工作程序　(B)工作规范　(C)工艺文件　(D)安全操作规程

4. 职业纪律主要有(　　)等方面。

(A)社会纪律　(B)劳动纪律　(C)财经纪律　(D)群众纪律

5. 文明生产是指在遵章守纪的基础上去创造(　　)而又有序的生产环境。

(A)整洁　(B)安全　(C)舒适　(D)优美

6. 职业道德体现(　　)。

(A)从业者对所从事职业的态度　(B)从业者的工资收入

(C)从业者的价值观　(D)从业者的道德观

7. 职业道德鼓励从业者(　　)。

(A)通过诚实的劳动改善个人生活　(B)通过诚实的劳动增加社会的财富

(C)通过诚实的劳动促进国家建设　(D)通过诚实的劳动为极个别人服务

8. 职业道德基本规范包括(　　)。

(A)爱岗敬业、忠于职守　(B)服务群众、奉献社会

(C)搞好与他人的关系　(D)遵纪守法、廉洁奉公

9. 敬业就是以一种严肃认真的态度对待工作,下列符合的有(　　)。

(A)工作勤奋努力　(B)工作精益求精

(C)工作以自我为中心　(D)工作尽心尽力

10. 遵守法律法规的要求有(　　)。

(A)遵守国家法律和政策　(B)遵守劳动纪律

(C)遵守安全操作规程　(D)延长劳动时间

11. 以下违反劳动操作规程的是(　　)。

(A)不按标准工艺生产　(B)自己制定生产工艺

(C)使用不熟悉的机床　(D)执行国家劳动保护政策

12. 符合着装整洁文明生产要求的是(　　)。

(A)按规定穿戴好防护用品　(B)遵守安全技术操作规程

(C)优化工作环境　(D)在工作中吸烟

13. 环境保护包括(　　)。

(A)预防环境恶化　(B)控制环境污染

(C)促进工农业同步发展 (D)促进人类与环境协调发展

14. 环境保护法的基本任务包括( )。

(A)保护和改善环境 (B)合理利用自然资源

(C)维护生态平衡 (D)加快城市开发进度

15. 企业的质量方针是( )。

(A)工艺规程的质量记录 (B)每个职工必须贯彻的质量准则

(C)企业的质量宗旨 (D)企业的质量方向

16. 属于岗位质量要求的内容是( )。

(A)对各个岗位质量工作的具体要求 (B)各项质量记录

(C)操作程序 (D)市场需求

四、判 断 题

1. 劳动保护就是指劳动者在生产过程中的安全、健康。( )

2. 安全生产责任制是企业各级领导职能部门、有关工程技术人员、管理人员和生产工人在劳动生产过程中对安全生产应尽的职责。( )

3. 安全第一是指安全生产是一切经济部门和生产企业的头等大事,是企业领导的第一位职责。( )

4. 市场经济条件下,首先是讲经济效益,其次才是精工细作。( )

5. 文明生产是指在良好的秩序、整洁的环境和安全卫生的条件下进行生产劳动。( )

6. 职业道德是一个企业形象的重要组成部分。( )

7. 职业道德不仅是从业人员在职业活动中的行为要求,而且是本行业对社会所承担的道德责任和义务。( )

8. 从业者的职业态度就是为了自己。( )

9. 职业纪律与职业活动的法律、法规是职业活动能够正常进行的基本保证。( )

10. 保护职工的切身利益就是要保守企业秘密。( )

11. 职业纪律是职业道德最基本的要求也是职业道德的具体表现。( )

12. 遵守职业纪律是职业道德的具体体现。( )

13. 职业守则要求从业人员要团结协作,主协配合。( )

14. 树立质量意识是一个职业劳动者格守职业道德的要求。( )

15. 职业道德是社会道德在职业行为和职业关系中的具体表现。( )

16. 职业道德的实质内容是建立全新的社会主义劳动关系。( )

17. 忠于职守就是要求把自己职业范围内的工作做好。( )

18. 奉献社会是职业道德中的最高境界。( )

19. 劳动既是个人谋生的手段,也是为社会服务的途径。( )

20. 环境保护法为国家执行环境监督管理职能提供法律咨询。( )

21. 岗位的质量要求是每个职工必须做到的最基本的岗位工作职责。( )

22. 岗位的质量保证措施与责任就是岗位的质量要求。( )

23. 环境保护是指利用政府的指挥职能,对环境进行保护。( )

24. 要质量必然失去数量。(　　)
25. 在履行岗位职责时,应采取自觉性的原则。(　　)
26. 今天的好产品,在生产力提高后,也一定是好产品。(　　)
27. 质量与信誉不可分割。(　　)
28. 每个职工都有保护企业秘密的义务和责任。(　　)

车工(职业道德)答案

一、填 空 题

1. 爱岗敬业	2. 道德	3. 职业道德	4. 企业形象
5. 安全操作规程	6. 人民铁路为人民	7. 安全第一,预防为主	8. 群众监督
9. 劳动者	10. 行为规范	11. 爱岗敬业	12. 为人民服务
13. 保证	14. 行为准则	15. 劳动纪律	16. 最基本的要求
17. 钻研业务	18. 配合	19. 讲究质量	20. 安全、舒适
21. 产品质量	22. 企业形象	23. 道德责任	24. 基础和核心
25. 集体主义	26. 自己	27. 维持社会	28. 商业
29. 遵守职业纪律	30. 关系	31. 特殊行为规范	32. 工作态度
33. 热爱本职	34. 为人民服务	35. 干好本道工序	36. 严格执行
37. 国家利益	38. 守则	39. 越精	40. 企业
41. 精益求精	42. 无效劳动		

二、单项选择题

1. A　2. C　3. A　4. B　5. C　6. A　7. C　8. C　9. C

三、多项选择题

1. CD　2. AB　3. ABCD　4. BCD　5. ABCD　6. ACD　7. ABC　8. ABD
9. ABD　10. ABC　11. ABC　12. ABC　13. ABD　14. ABC　15. BCD　16. ACD

四、判 断 题

1. √　2. √　3. √　4. ×　5. √　6. √　7. √　8. ×　9. √
10. √　11. √　12. ×　13. √　14. √　15. √　16. ×　17. √　18. √
19. √　20. ×　21. √　22. ×　23. ×　24. ×　25. ×　26. ×　27. √
28. √

车工(初级工)习题

一、填 空 题

1. 普通车床 CM6140 型号中 40 的含义是最大回转直径的(　　)。

2. 切削运动分为(　　)和进给运动。

3. 工件的旋转运动是(　　)运动,其特点是速度较高,消耗的切削功率较大。

4. 常用车刀材料有高速钢和(　　)两大类。

5. 车刀切削部分的常温硬度一般要求在(　　)以上。

6. 车刀副偏角是车刀的(　　)在基面上投影和背离走刀方向之间的夹角。

7. 当刀尖位于主刀刃最低点时,刃倾角为(　　)值。

8. 精车工件时,车刀前后角应取(　　)值。

9. 麻花钻螺旋槽的作用是(　　)和排出切屑。

10. 麻花钻柄部的作用是传递扭矩和钻头的(　　)。

11. 镗孔的关键技术是解决镗刀的(　　)和排屑问题。

12. 解决内孔车刀刚性的方法是尽量增加刀杆的(　　)和刀杆的伸出长度尽可能缩短。

13. 三爪卡盘特点是(　　),适于加工大批量中小型规则零件。

14. 四爪卡盘特点是(　　),适于装夹大型或不规则件零件。

15. 车床进给箱的作用是通过光杠或丝杠将主轴的运动传给拖板箱,以改变(　　)大小或螺距大小。

16. 精车工件时车刀副偏角应取(　　)值且磨出刃口。

17. 精车工件时,车刀刃倾角应取(　　)值。

18. 车外圆时,车刀装得高于工件中心,车刀的前角(　　),后角减小。

19. 百分表的工作原理是将测杆的(　　)移动经过齿轮齿条传动变成指针的转动。

20. 游标卡尺的读数精度是利用主尺和副尺刻线间的(　　)来确定的。

21. 车工常用的切削液一般有(　　)和切削油两大类。

22. 车床导轨采用(　　)润滑方式润滑。

23. 普通卧式车床进给箱一般采用(　　)润滑方式润滑。

24. 切削液的作用是(　　)、润滑和清洗。

25. 机床运转(　　)小时后应进行一级保养。

26. 机床保养工作以(　　)为主,维修工人配合进行。

27. 切削有色金属和铜合金时,不宜采用(　　)的切削液,以免工件受到腐蚀。

28. 用(　　)速度切削钢件时,易产生刀瘤,在精加工时必须避免。

29. 减小表面粗糙度最明显的措施是减少(　　),其次是增大修光刃圆弧半径和减小走刀量。

30. 切削用量中对切削热量影响最大的是(　　)，其次是走刀量，最小是吃刀深度。
31. 前角增大，切削变形(　　)，切削力降低，切削温度下降，但不宜过大。
32. 麻花钻刃磨时，一般只刃磨(　　)，但同时要保证其他角度正确。
33. 切削用量参数包括背吃刀量、(　　)和切削速度。
34. 车刀切削部分的材料要求是好的硬度、(　　)、强度和韧性。
35. 车削脆性材料应选用硬质合金牌号是(　　)。
36. 精车钢件时应选用硬质合金牌号是(　　)。
37. 确定车刀角度的辅助平面有基面、(　　)和主剖面。
38. 切削用量是表示(　　)及进给运动大小的参数。
39. 车床主轴的旋转精度包括(　　)和轴向窜动两个方面。
40. 当麻花钻顶角 118°时，两主切削刃为(　　)线。
41. 当麻花钻顶角不等于 118°时，两切削刃为(　　)线。
42. 跟刀架的主要作用是防止工件产生(　　)变形。
43. 跟刀架主要承受切削时的(　　)力。
44. 在切削加工中，刀具和工件必须作相对运动，这个运动称为(　　)运动。
45. 在切削过程中，对刀具磨损影响最大的切削要素是(　　)。
46. 首先进行(　　)，后进行高温回火，称为调质处理。
47. 脱落蜗杆机构是防止过载和(　　)运动的机构。
48. 常用的高速钢牌号是(　　)。
49. 由于高速钢的(　　)性能较差，因此不能用于高速切削。
50. 车刀选(　　)的前角，能使车刀刃口锋利，切削省力，切屑排除顺利。
51. 粗车时走刀量受(　　)因素的限制。
52. 精车时走刀量受(　　)因素的限制。
53. 车外圆时，径向力使工件在水平面内(　　)，影响工件的形状精度，且容易引起振动。
54. 切削用量中，对刀具寿命影响最大的是切削速度，其次是(　　)和背吃刀量。
55. 切削中，前角(　　)的车刀，切削变形小，所以切削力就小。
56. 车刀断屑槽的宽度和深度尺寸主要取决于(　　)和背吃刀量。
57. 英制螺纹用 1 英寸长度内的(　　)表示螺距的大小。
58. 切削用量中对断屑影响最大的是(　　)，其次是背吃刀量，影响最小的是切削速度。
59. 工件的定位是靠工件上某些表面和夹具中的(　　)相接触来实现的。
60. 选择粗基准时，应保证所有的加工表面都有足够的(　　)。
61. 选择粗基准时，应保证零件上加工表面和不加工表面之间具有一定的(　　)。
62. 当零件主视图确定后，俯视图配置在主视图下方，左视图应配置在主视图(　　)方。
63. 除已有规定剖面符号者外，非金属材料的剖面线一般画成(　　)。
64. 了解零件内部结构形状可假想用(　　)将零件剖切开，以表达内部结构。
65. 除已有规定剖面符号者外，金属材料的剖面线一般画成(　　)。
66. 三视图之间的投影规律可概括为：主、俯视图(　　)；主、左视图高平齐；俯、左视图宽相等。
67. 标注正方形结构尺寸，边长长度为 B，标注尺寸应为(　　)。

68. 常用的千分尺有外径千分尺、(　　)千分尺、深度千分尺、螺纹千分尺。

69. 千分尺的测量精度一般为(　　)mm,千分尺在测量前必须校正零位。

70. 车床床身导轨的直线误差和导轨之间的平行度误差,都会造成车刀刀尖的切削轨迹不是一条直线,从而造成被加工零件外圆表面母线的(　　)误差。

71. 使用内径百分表测量孔径是属于(　　)测量法。

72. 允许零件尺寸变化的两个界限值叫(　　)。

73. 表面结构代号$\overset{3.2}{\bigtriangledown}$表示用加工的方法获得表面粗糙度值 Ra(　　)$\mu$m。

74. 钢铁材料是由铁、(　　)、硅、锰以及磷、硫等元素所组成的金属材料。

75. 用内径百分表测量内孔时,内径百分表所测得的(　　)尺寸才是孔的实际尺寸。

76. 生铁和钢的主要区别在于(　　)不同。

77. CA6140 卧式车床纵向快移速度为(　　)m/min,横向快移速度为 2m/min。

78. 常用测量硬度的方法有布氏和(　　)两种。

79. 根据工艺的不同,钢的热处理方法可分为退火、正火、淬火、回火及(　　)处理五种。

80. 根据图样要求在工件上划出加工的界限称为(　　)。

81. 在已加工表面划线时采用的蓝色涂料,其成分由 23.2%~40%的(　　)、3%~5%的生胶漆和 91%~95%的酒精组成。

82. 进行零件划线时,除必备的平台、V 形架、方箱外,所用的工具还有圆规、冲子、(　　)和高度尺或游标高度尺。

83. 扩孔或镗孔的目的,是提高(　　)和降低孔的表面粗糙度。

84. 砂轮由(　　)、结合剂及气孔三部分组成。

85. 刃磨高速钢车刀应用(　　)砂轮。

86. 刃磨硬质合金车刀应采用(　　)砂轮。

87. 铸铁件因其耐磨性、减振性比钢件好且价廉,常用来制作机床的床身与(　　)。

88. 锻件适用于(　　)要求较高的负载零件。

89. 熔断器应串接在主电路和控制电路中,起到(　　)保护的作用。

90. 我国规定的安全电压不超过(　　)V。

91. 机床型号应该反映出机床的类别、(　　)、使用与结构特性和主要规格。

92. 刀具前角增大,切削温度(　　),前角过大,切削温度不会成比例变化。

93. 刀具角度中对切削温度影响显著的是(　　)。

94. 刀具的磨损形式有后刀面的磨损、前刀面的磨损、(　　)同时磨损。

95. 粗车时,切削用量的选择原则是:首先应选用较大的背吃刀量,然后再选择较大的进给量,最后根据刀具耐用度选择合理的(　　)。

96. 加工后工件表面发生的表面硬化是由于金属与刀具后刀面的强烈(　　)及挤压变形造成的。

97. 车削台阶轴外圆时,刀具通常采用(　　)。

98. 车台阶轴时,刀具的刀尖应与工件轴线(　　)。

99. 钻孔的加工精度只能达到(　　)级。

100. 铰孔是对未淬火孔进行(　　)的一种方法。

101. 锥角大、长度短的圆锥面通常采用(　　)法进行加工。

102. 长度长、非整体锥度的零件一般用(　　)法加工。

103. 圆锥分为(　　)两种。它们的各部分尺寸、计算均相同。

104. 刀刃的形状是曲线,且与(　　)相同的车刀叫成形车刀。

105. 在车床上用板牙切削螺纹时,工件大径应比螺纹大径小(　　)mm。

106. 用两顶尖装夹工件,工件定位(　　),但刚性较差。

107. 用一夹一顶法装夹工件,工件(　　)好,轴向定位正确。

108. 车床上的三爪自定心卡盘的三个卡爪上的(　　)相当于具有缺口的定位套,可对工件外圆定位。

109. 机床夹具是由夹具体、(　　)、夹紧装置、辅助装置四部分组成的。

110. 保证内、外圆同轴度与端面垂直度的最常用的方法是在(　　)中加工内、外圆及端面完毕。

111. 精车刀应尽量选用(　　)主偏角、正值刃倾角、断屑槽窄而深。

112. 群钻和普通麻花钻相比,钻削较快,轴向抗力下降(　　)%,扭矩下降10～30%。

113. 安装外圆精车刀时,刀尖(　　)于中心,安装外圆粗车刀时,刀尖稍高于中心。

114. 麻花钻前角的大小与螺旋角、(　　)和钻心直径有关。

115. 车削特形面的方法有双手控制法、用成形刀法和(　　)法三种。

116. 车削不锈钢工件时,应选用抗(　　)和散热性能好的切削液,并增大流量。

117. 滚花时主轴转速过高,滚花刀与工件产生(　　),容易造成乱纹。

118. 只有在定位(　　),定位元件精度很高时,才允许重复定位,它对提高工件的刚性和稳定性有一定的好处。

119. 应用跟刀架时,跟刀架卡爪的压力不能调整过大,否则,位置产生干涉、工件产生(　　)。

120. 为保证工件达到图纸的精度和技术要求,应检查夹具定位基准与设计基准、(　　)基准是否重合。

121. 如果丝杠螺距不是工件螺距的整数倍,那么采用抬起(　　)螺母的方法加工,就会产生“乱扣”。

122. 切深抗力在水平面内,它的方向垂直于进给方向,并与吃刀方向(　　)。

123. 评定材料加工性能的主要指标是刀具耐用度指标和(　　)。

124. 切屑的形成过程可分为四个阶段,即挤压阶段、滑移阶段、(　　)和分离阶段。

125. 反顶尖用于加工无(　　),但有锥面的工件。

126. 假想用一个(　　)平面把机件剖开,只画出其断面形状的图形,称为剖面图。

127. 夹紧装置夹紧时不应破坏(　　)的定位。夹紧力的方向应尽量垂直于主要定位基准面,以保证加工精度。

128. 超硬刀具材料主要指(　　)和立方氮化硼两种。

129. 基孔制的孔称为(　　),基轴制的轴称为基准轴。

130. 选择测量器具时主要应考虑其(　　)指标和精度指标。

131. 基孔制的特点是上偏差为正值,下偏差为(　　)。

132. 机床电气设备电源为中性点工作接地的三相四线制供电系统,从安全防护观点出发,采用保护接零比(　　)好。

133. 硬质合金车刀的切削温度一般应控制在(　　),否则会使硬质合金硬度降低而加剧磨损。

134. 在相同条件下,比较加工后表面粗糙度值,数值(　　)则加工性好;反之,加工性差。

135. 影响工件表面粗糙度的因素有残留面积、(　　)和振动。

136. 滚花的花纹一般有直纹和(　　)两种。

137. 车削淬火钢时,为了保证刀具有较高的耐用度,前角取负值,刃倾角取(　　),以提高刀刃的强度,承受较大切削力。

138. 车床工在工作时严禁(　　)。

139. 车床工在工作中应做到三紧:领口紧、袖口紧、(　　)。

140. 在车床上用锉刀修锉工件时应(　　)修锉。

141. 车工在工作中应佩戴工作帽和(　　)。

142. 高处作业是指在高度为(　　)且有可能坠落的高处进行作业。

143. 在车床工作完成后必须进行车床(　　)。

144. 车刀磨损后,要及时(　　),用钝刀继续切削会增加车床负荷,甚至损坏机床。

145. 为了保证丝杠的精度,除车螺纹外,不得使用丝杠进行(　　)。

146. 金属材料的(　　)性能是指金属材料在外力作用下所表现的抵抗变形的能力。

147. V带的工作面是(　　)。

148. C620-1型车床车削时,主轴的前轴承主要承受(　　)切削力。

149. C620-1型车床车削时,主轴的后轴承主要承受(　　)切削力。

150. 常用的安全电压有36V、24V和(　　)V。

151. C6140型卧式车床,其型号中C表示(　　)。

152. C6140型卧式车床,其型号中1表示(　　)。

153. C6140型卧式车床,其型号中40表示(　　)。

154. C6140A型卧式车床,其型号中A表示(　　)。

155. 车床主轴需要变换速度时,必须先(　　)。

156. 丝杠的轴向窜动,会导致车削螺纹时(　　)的精度超差。

157. 主切削刃与基面之间的夹角是(　　)。

158. 确定车刀几何角度的三个辅助平面是(　　)、切削平面、主剖面。

159. 切削用量是衡量切削运动大小的参数,包括(　　)、背吃刀量和进给量。

160. 切削用量是衡量切削运动大小的参数,包括切削速度、(　　)和进给量。

161. 切削用量是衡量切削运动大小的参数,包括切削速度、背吃刀量和(　　)。

162. 符号"◎"是位置公差中的(　　)。

163. 车床卡盘是用来(　　)并带动工件一起转动的。

164. 车床大拖板进给是(　　)进给。

165. 车床中拖板进给是(　　)进给。

166. YG8硬质合金车刀适用于粗车铸铁等(　　)。

167. 主轴箱用来带动(　　)和卡盘转动,卡盘是用来夹住工件并带动工件一起转动的。

168. 从床头向尾座方向车削的偏刀为(　　)偏刀。

169. 材料抵抗硬物体压入自已表面的能力叫(　　)。

二、单项选择题

1. 变换(　　)箱外的手柄,可以使光杠得到各种不同的转速。

(A)主轴箱　(B)溜板箱　(C)交换齿轮箱　(D)进给箱

2. 主轴的旋转运动通过交换齿轮箱、进给箱、丝杠或光杠溜板箱的传动,使刀架作(　　)进给运动。

(A)曲线　(B)直线　(C)圆弧　(D)直线或曲线

3. 交换齿轮箱作用是把主轴旋转运动传送给(　　)。

(A)主轴箱　(B)溜板箱　(C)进给箱　(D)交换齿轮箱

4. 机床的(　　)是支承件,支承机床上的各部件。

(A)床鞍　(B)床身　(C)尾座　(D)溜板

5. CM1632 中的 M 表示(　　)。

(A)磨床　(B)精密

(C)机床类别的代号　(D)螺纹

6. 当机床的特性及结构有重大改进时,按其设计改进的次序分别用汉语拼音字母"ABCD……"表示,当无其他特性代号时,将其放在机床型号的(　　)。

(A)最前面　(B)最末尾

(C)机床的类别代号后面　(D)位置不定

7. 车床的丝杠是用(　　)润滑的。

(A)浇油　(B)溅油　(C)油绳　(D)油脂杯

8. 车床外露的滑动表面一般采用(　　)润滑。

(A)浇油　(B)溅油　(C)油绳　(D)油脂杯

9. 进给箱内的齿轮和轴承,除了用齿轮溅油法进行润滑外,还可用(　　)润滑。

(A)浇油　(B)弹子油杯　(C)油绳　(D)油脂杯

10. 车床尾座和中、小滑板摇动手柄转动的轴承部位,一般采用(　　)润滑。

(A)浇油　(B)弹子油杯　(C)油绳　(D)油脂杯

11. 弹子油杯润滑(　　)至少加油一次。

(A)每周　(B)每班次　(C)每天　(D)每三天

12. 车床交换齿轮箱的中间齿轮等部位,一般用(　　)润滑。

(A)浇油　(B)弹子油杯　(C)油绳　(D)油脂杯

13. 油脂杯润滑(　　)加油一次。

(A)每周　(B)每班次　(C)每天　(D)每小时

14. 丝杠和光杠的转速较高,润滑条件较差,必须(　　)加油。

(A)每周　(B)每班次　(C)每天　(D)每小时

15. 车床齿轮箱换油期一般为(　　)一次。

(A)每周　(B)每月　(C)每三月　(D)每半年

16. 当车床运转(　　)后,需要进行一级保养。

(A)100 h　(B)200 h　(C)500 h　(D)1 000 h

17. 属于以冷却为主的切削液是(　　)。

(A)苏打水 (B)硫化油 (C)混合油 (D)切削油

18. 粗加工时,切削液应选用以冷却为主的(　　)。

(A)切削油 (B)混合油 (C)乳化液 (D)硫化油

19. 切削液中的乳化液,主要起(　　)作用。

(A)冷却 (B)润滑 (C)减少摩擦 (D)清洗

20. 以冷却为主的切削液都是水溶液,且呈(　　)。

(A)中性 (B)酸性 (C)碱性 (D)中性或碱性

21. 卧式车床型号中的主参数代号是用(　　)折算值表示的。

(A)中心距 (B)刀架上最大回转直径

(C)床身上最大工件回转直径 (D)中心高

22. C6140A 表示车床经过第(　　)次重大改进。

(A)1 (B)2 (C)3 (D)4

23. C6140A 车床表示床身上最大工件回转直径为(　　)的卧式车床。

(A)140 mm (B)400 mm (C)200 mm (D)280 mm

24. 车床类分为 10 个组,其中(　　)代表落地及卧式车床组。

(A)3 (B)6 (C)9 (D)8

25. YG8 硬质合金,牌号中的数字 8 表示(　　)含量的百分数。

(A)碳化钨 (B)钴 (C)碳化钛 (D)铬

26. 加工铸铁等脆性材料时,应选用(　　)类硬质合金。

(A)钨钛钴 (B)钨钴 (C)钨钛 (D)钨钴或钨钛

27. 粗车 HT150 时,应选用牌号为(　　)的硬质合金刀具。

(A)YT15 (B)YG3 (C)YG8 (D)YT5

28. 通过切削刃选定点,与切削刃相切并垂直于基面的平面叫(　　)。

(A)切削平面 (B)基面 (C)正交平面 (D)垂面

29. 通过切削刃某选定点,垂直于该点假定主运动方向的平面叫(　　)。

(A)切削平面 (B)基面 (C)正交平面 (D)垂面

30. 刀具的前刀面和基面之间的夹角是(　　)。

(A)楔角 (B)刃倾角 (C)前角 (D)后角

31. 刀具的后角是后刀面与(　　)之间的夹角。

(A)前面 (B)基面 (C)切削平面 (D)正交平面

32. 在主剖面内测量的基本角度有(　　)。

(A)主偏角 (B)楔角 (C)主后角 (D)副后角

33. 在基面内测量的基本角度有(　　)。

(A)前角 (B)刀尖角 (C)副偏角 (D)副后角

34. 刃倾角是(　　)与基面之间的夹角。

(A)前面 (B)主后刀面 (C)主切削刃 (D)切削平面

35. 前角增大能使车刀(　　)。

(A)刃口锋利 (B)切削费力 (C)排屑不畅 (D)刃口变钝

36. 切削时,切屑排向工件已加工表面,此时车刀刀尖位于主切削刃的(　　)点。

(A)最高 (B)最低 (C)任意 (D)中间点

37. 切削时,切屑流向工件的待加工表面,此时刀尖强度(　　)。

(A)较好 (B)较差 (C)一般 (D)很差

38. 车削(　　)材料时,车刀可选择较大的前角。

(A)软 (B)硬 (C)脆性 (D)韧性

39. 较小前角的车刀适合(　　)加工。

(A)精 (B)半精 (C)粗 (D)半精或粗

40. 较大前角的车刀适合(　　)加工。

(A)精 (B)半精 (C)粗 (D)半精或粗

41. 精车刀的前角应取(　　)。

(A)正值 (B)零度 (C)负值 (D)正或零

42. 减小(　　)可以细化工件的表面粗糙度。

(A)主偏角 (B)副偏角 (C)刀尖角 (D)刃倾角

43. 车刀刀尖处磨出过渡刃是为了(　　)。

(A)断屑 (B)提高刀具寿命 (C)增加刀具刚性 (D)提高加工质量

44. 精车时,为了减小工件表面粗糙度值,车刀的刃倾角应取(　　)值。

(A)正 (B)负 (C)零 (D)负或零

45. 一般减小刀具的(　　)对减小工件表面粗糙度效果较明显。

(A)前角 (B)副偏角 (C)后角 (D)刃倾角

46. 选择刃倾角时,应当考虑(　　)因素的影响。

(A)工件材料 (B)刀具材料 (C)加工性质 (D)机床性能

47. 车外圆时,圆度达不到要求,是由于(　　)造成的。

(A)主轴间隙大 (B)操作者马虎大意 (C)进给量大 (D)转速太低

48. 车刀的副偏角,对工件的(　　)有影响。

(A)尺寸精度 (B)形状精度 (C)表面粗糙度 (D)位置精度

49. 车刀的主偏角为(　　)时,它的刀头强度和散热性能最佳。

(A)45° (B)60° (C)75° (D)90°

50. 偏刀一般是指主偏角(　　)90°的车刀。

(A)大于 (B)等于 (C)小于 (D)等于或小于

51. 45°车刀的主偏角和(　　)都等于45°。

(A)楔角 (B)刀尖角 (C)副偏角 (D)主偏角

52. 用右偏刀从外缘向中心进给车端面时,若床鞍没紧固,车出的表面会出现(　　)。

(A)波纹 (B)凸面 (C)凹面 (D)弧面

53. 车铸、锻件的大平面时,宜选用(　　)。

(A)偏刀 (B)45°偏刀 (C)75°左偏刀 (D)90°偏刀

54. 车刀刀尖高于工件轴线,车外圆时工件会产生(　　)。

(A)加工面母线不直 (B)产生圆度误差

(C)加工表面粗糙度值大 (D)产生直线度误差

55. 为了增加刀头强度,断续粗车时采用(　　)值的刃倾角。

(A)正　(B)零　(C)负　(D)零或负

56. 同轴度要求较高,工序较多的长轴用(　　)装夹较合适。

(A)四爪单动卡盘　(B)三爪自定心卡盘

(C)两顶尖　(D)一夹一顶

57. 用卡盘装夹悬臂较长的轴,容易产生(　　)误差。

(A)圆度　(B)圆柱度　(C)母线直线度　(D)平面度

58. 用一夹一顶装夹工件时,若后顶尖轴线不在车床主轴轴线上,会产生(　　)。

(A)振动　(B)锥度

(C)表面粗糙度达不到要求　(D)圆弧

59. 车削重型轴类工件,应当选择(　　)的中心孔。

(A)60°　(B)75°　(C)90°　(D)120°

60. 轴类工件的尺寸精度都是以(　　)定位车削的。

(A)外圆　(B)中心孔　(C)内孔　(D)端面

61. 钻中心孔时,如果(　　)就不易使中心钻折断。

(A)主轴转速较高　(B)工件端面不平　(C)进给量较大　(D)进给量较小

62. 精度要求较高,工序较多的轴类零件,中心孔应选用(　　)型。

(A)A　(B)B　(C)C　(D)B或C

63. 中心孔在各工序中(　　)。

(A)能重复使用,其定位精度不变

(B)不能重复使用

(C)能重复使用,但其定位精度发生变化

(D)其定位精度变化很小可视情况使用

64. 车外圆时,切削速度计算式中的直径 D 是指(　　)直径。

(A)待加工表面　(B)加工表面　(C)已加工表面　(D)毛坯面

65. 切削用量中(　　)对刀具磨损的影响最大。

(A)切削速度　(B)背吃刀量　(C)进给量　(D)机床转速

66. 计算机床功率,选择切削用量的主要依据是(　　)。

(A)主切削力　(B)径向力　(C)轴向力　(D)切削抗力

67. 粗车时为了提高生产率,选用切削用量时,应首先取较大的(　　)。

(A)背吃刀量　(B)进给量　(C)切削速度　(D)进给量和切削速度

68. 用高速钢刀具车削时,应降低(　　),保持车刀的锋利,减小表面粗糙度值。

(A)切削速度　(B)进给量　(C)背吃刀量　(D)转速

69. 在切断工件时,切断刀切削刃装得低于工件轴线,使前角(　　)。

(A)增大　(B)减小　(C)不变　(D)可能减小

70. 为了使切断时排屑顺利,切断刀卷屑槽的长度必须(　　)切入深度。

(A)大于　(B)等于　(C)小于　(D)大于或等于

71. 切断实心工件时,切断刀主切削刃必须装得(　　)工件轴线。

(A)高于　(B)等高于　(C)低于　(D)等高或低于

72. 切断刀的前角取决于(　　)。

(A)工件材料 (B)工件直径 (C)刀宽 (D)刀高

73. 切断时避免扎刀可采用( )切断刀。

(A)小前角 (B)大前角 (C)小后角 (D)大后角

74. 硬质合金切断刀在主切削刃两边倒角的主要目的是( )。

(A)排屑顺利 (B)增加刀头强度

(C)使工件侧面粗糙度值小 (D)保证切断尺寸

75. 通常把带( )的零件作为套类零件。

(A)圆柱孔 (B)孔 (C)圆锥孔 (D)台阶

76. 用软卡爪装夹工件时,软卡爪没有车好,可能会出现( )。

(A)内孔有锥度 (B)内孔表面粗糙度值大

(C)垂直度同轴度超差 (D)垂直度超差

77. 车削同轴度要求较高的套类工件时,可采用( )。

(A)台阶式心轴 (B)小锥度心轴 (C)涨力心轴 (D)直心轴

78. 小锥度心轴的锥度一般为( )。

(A)1∶1000～1∶5000 (B)1∶4～1∶5

(C)1∶20 (D)1∶16

79. 较大直径的麻花钻的柄部材料为( )。

(A)低碳钢 (B)优质碳素钢 (C)高碳钢 (D)结构钢

80. 直柄麻花钻的直径一般小于( )。

(A)12 mm (B)14 mm (C)15 mm (D)16 mm

81. 用高速钢钻头钻铸铁时,切削速度比钻中碳钢( )。

(A)稍高些 (B)稍低些 (C)相等 (D)低很多

82. 麻花钻的顶角增大时,前角( )。

(A)减小 (B)不变 (C)增大 (D)不确定

83. 麻花钻横刃太长,钻削时会使( )增大。

(A)切削力 (B)轴向力 (C)径向力 (D)主切削力

84. 麻花钻的横刃斜角一般为( )。

(A)45° (B)55° (C)65° (D)75°

85. 钻孔的公差等级一般可达( )级。

(A)IT7～IT9 (B)IT11～IT12 (C)IT14～IT15 (D)IT15 以上

86. 常用的孔加工方法之一是( ),既可以作粗加工,也可以作精加工。

(A)钻孔 (B)扩孔 (C)车孔 (D)铰孔

87. 为了保证孔的尺寸精度,铰刀尺寸最好选择在被加工孔公差带( )左右。

(A)上面 1/3 (B)下面 1/3 (C)中间 1/3 (D)1/3

88. 手用铰刀与机用铰刀相比,其铰削质量( )。

(A)好 (B)差 (C)很差 (D)一样

89. 车孔后的表面粗糙度 R_a 可达( )。

(A)0.8 μm～1.6 μm (B)1.6 μm～3.2 μm

(C)3.2 μm～6.3 μm (D)6.3 μm 以上

90. 车孔的公差等级可达(　　)。
(A)IT14～IT15　(B)IT11～IT12　(C)IT7～IT8　(D)IT8～IT10
91. 在车床上钻孔时,钻出的孔径偏大的主要原因是钻头的(　　)。
(A)后角太大　(B)两主切削刃长度不等
(C)横刃太长　(D)机床精度较差
92. 普通麻花钻的横刃斜角由(　　)的大小决定。
(A)前角　(B)后角　(C)顶角　(D)刃倾角
93. 用百分表检验工件端面对轴线的垂直度时,若端面圆跳动量为零,则垂直度误差(　　)。
(A)为零　(B)不为零　(C)不一定为零　(D)不能确定
94. 高速钢铰刀的铰孔余量一般是(　　)。
(A)0.2 mm～0.4 mm　(B)0.08 mm～0.12 mm
(C)0.15 mm～0.20 mm　(D)1.5 mm～2.0 mm
95. 硬质合金铰刀的铰孔余量一般是(　　)。
(A)0.2 mm～0.4 mm　(B)0.08 mm～0.12 mm
(C)0.15 mm～0.20 mm　(D)1.5 mm～2.0 mm
96. 米制圆锥的号码愈大,其锥度(　　)。
(A)愈大　(B)愈小　(C)不变　(D)不确定
97. 对于同一圆锥体来说,锥度总是(　　)。
(A)等于斜度　(B)等于斜度的两倍
(C)等于斜度的一半　(D)大于斜度
98. 圆锥面的基本尺寸是指(　　)。
(A)母线长度　(B)大端直径　(C)小端直径　(D)中间直径
99. 公制工具圆锥的锥度为(　　)。
(A)1∶20　(B)1∶16　(C)1∶5　(D)1∶10
100. 用转动小滑板法车削圆锥面时,车床小滑板应转过的角度为(　　)。
(A)圆锥角　(B)圆锥半角　(C)1∶20　(D)1∶50
101. 一个工件上有多个圆锥面时,最好是采用(　　)法车削。
(A)转动小滑板　(B)偏移尾座　(C)靠模　(D)宽刃刀切削
102. 圆锥管螺纹的锥度是(　　)。
(A)1∶20　(B)1∶5　(C)1∶16　(D)1∶10
103. 用螺纹千分尺可测量外螺纹的(　　)。
(A)大径　(B)小径　(C)中径　(D)螺距
104. 用三针测量法可测量螺纹的(　　)。
(A)大径　(B)小径　(C)中径　(D)螺距
105. 螺纹的综合测量应使用(　　)量具。
(A)螺纹千分尺　(B)游标卡尺　(C)钢直尺　(D)螺纹环规
106. 检验精度高的圆锥面角度时,常采用(　　)测量。
(A)样板　(B)圆锥量规　(C)游标万能角度尺　(D)千分尺

107. 检验一般精度的圆锥面角度时，常采用(　　)测量。
(A)千分尺　(B)圆锥量规
(C)游标万能角度尺　(D)正弦规
108. 高速钢螺纹车刀后刀面磨好后应用(　　)检查刀尖角。
(A)螺纹样板　(B)角度样板　(C)游标量角器　(D)量规
109. 螺纹车刀的刀尖圆弧太大，会使车出的三角形螺纹底径太宽，造成(　　)。
(A)螺纹环规通端旋进，止规旋不进　(B)螺纹环规通端旋不进，止规旋进
(C)螺纹环规通端和止规都旋不进　(D)螺纹环规通端和止规都旋进
110. 车圆锥面时，若刀尖装得高于或低于工件中心，则工件表面会产生(　　)误差。
(A)圆度　(B)双曲线　(C)尺寸精度　(D)表面粗糙度
111. 精度等级相同的锥体，圆锥母线愈长，它的角度公差值(　　)。
(A)愈大　(B)愈小
(C)和母线短的相等　(D)不变
112. 精度高的螺纹要用(　　)测量它的螺距。
(A)游标卡尺　(B)钢直尺　(C)螺距规　(D)螺纹千分尺
113. 标准公差分为(　　)个等级。
(A)12　(B)20　(C)16　(D)1
114. 被测量工件尺寸公差为 0.03 mm～0.10 mm 应选用(　　)。
(A)千分尺　(B)0.02 mm 游标卡尺
(C)0.05 mm 游标卡尺　(D)合尺
115. 一个不等于零，且没有正负的数值是(　　)。
(A)公差　(B)上偏差　(C)基本偏差　(D)下偏差
116. 孔、轴配合时，在(　　)情况下，形成最大间隙。
(A)实际尺寸的轴和最小尺寸的孔　(B)最大尺寸的轴和最小尺寸的孔
(C)最小尺寸的轴和最大尺寸的孔　(D)最大尺寸的轴和最大尺寸的孔
117. 一般精度的螺纹用(　　)测量它的螺距。
(A)游标卡尺　(B)钢直尺　(C)螺距规　(D)螺纹千分尺
118. 车螺纹时产生扎刀和顶弯工件的原因是(　　)。
(A)车刀径向前角太大　(B)车床丝杠和主轴有窜动
(C)车刀装夹不正确，产生半角误差　(D)刀架有窜动
119. 米制梯形螺纹的牙型角为(　　)。
(A)29°　(B)30°　(C)60°　(D)55°
120. 高速钢梯形螺纹粗车刀刀尖角要(　　)螺纹牙形角。
(A)略小于　(B)略大于　(C)等于　(D)大于或等于
121. 车削升角较大的右旋梯形螺纹时，车刀左侧静止后角 $a_{左}$＝(　　)(其中 ϕ 为螺纹升角)。
(A)3°～5°　(B)(3°～5°)＋ϕ　(C)(3°～5°)－ϕ　(D)(3°～5°)－2ϕ
122. 车螺纹，应适当增大车刀进给方向的(　　)。
(A)前角　(B)后角　(C)刀尖角　(D)主偏角

123. 螺纹升角是指螺纹(　　)处的升角。

(A)外径　　(B)中径　　(C)内径　　(D)外径或中径

124. 高速钢梯形螺纹粗车刀的径向前角应为(　　)。

(A)10°～15°　　(B)0°　　(C)负值　　(D)5°～10°

125. 梯形螺纹精车刀的纵向前角应取(　　)。

(A)正值　　(B)零度　　(C)负值　　(D)零或负值

126. 车内圆锥时,如果车刀的刀尖与工件轴线不等高,车出的内锥面形状呈(　　)形。

(A)凸状双曲线　　(B)凹状双曲线　　(C)直线　　(D)不规则

127. 锉刀修光成形面时常用细锉和特细锉,锉削时工件余量一般为(　　)左右,工件转速也不宜过高。

(A)0.1 mm　　(B)0.5 mm　　(B)0.02 mm　　(D)0.05 mm

128. 粗车圆球时,要将球面的形状车正确,中溜板的进给速度必须(　　)。

(A)由慢逐步加快　　(B)由快逐步变慢　　(C)慢速　　(D)快速

129. 车削球形手柄时,为了使柄部与球面连接处轮廓清晰,可用(　　)车削。

(A)切断刀　　(B)圆形成形刀　　(C)45°车刀　　(D)偏刀

130. 圆形成形刀的主切削刃应比圆形成形刀的中心(　　)。

(A)高　　(B)低　　(C)等高　　(D)高或等高

131. 经过精车以后的工件表面,如果还不够光洁,可以用砂布进行(　　)。

(A)研磨　　(B)抛光　　(C)修光　　(D)砂光

132. 在纱布上加少量(　　),进行精抛,可获得较小的表面粗糙度。

(A)机油　　(B)切削液　　(C)汽油　　(D)煤油

133. 精修工件时可以用油光锉进行,其锉削余量一般在(　　)。

(A)0.1 mm　　(B)0.05 mm　　(C)0.5 mm　　(D)0.2 mm

134. 为了确保安全,在车床上锉削成形面时应(　　)握锉刀柄。

(A)左手　　(B)右手　　(C)双手　　(D)随便

135. 在车床上锉削时,推挫速度要(　　)。

(A)快　　(B)慢　　(C)缓慢且均匀　　(D)无所谓

136. 常用的抛光砂布中,(　　)号是细砂布。

(A)00　　(B)0　　(C)1　　(D)2

137. 使用砂布抛光工件时,(　　)。

(A)移动速度要均匀,转速应低些　　(B)移动速度要均匀,转速应高些

(C)移动速度要慢,转速应高些　　(D)移动速度要慢,转速要低些

138. 滚花以后,工件直径(　　)滚花前直径。

(A)大于　　(B)等于　　(C)小于　　(D)大于或等于

139. 滚花时因产生很大的挤压变形,因此,必须把工件滚花部分直径车(　　)(其中 P 是节距)。

(A)小(0.2～0.5)P　　(B)大(0.2～0.5)P

(C)小(0.08～0.12)P　　(D)大(0.08～0.12)P

140. 滚花开始时,必须用较(　　)的进给压力。

(A)大　　(B)小　　(C)轻微　　(D)均匀

141. 球面形状一般采用(　　)检验。

(A)样板　　(B)外径千分尺　　(C)游标卡尺　　(D)卡钳

142. 装夹成形车刀时,其主切削刃应(　　)。

(A)低于工件中心　　(B)与工件中心等高

(C)高于工件中心　　(D)不确定

143. 车削一中碳钢工件,其公称直径为 d、螺距为 p 的普通内螺纹,则计算孔径 D 尺寸的近似公式为(　　)。

(A)$D=d-p$　　(B)$D=d-1.05p$

(C)$D=d-1.0825p$　　(D)$D=d-1.15p$

144. 普通螺纹牙顶应是(　　)。

(A)圆弧型　　(B)尖型　　(C)削平的　　(D)尖或平的

145. 调整交换齿轮的啮合间隙,一般(　　)在交换齿轮架上的位置。

(A)调整从动交换齿轮　　(B)调整主动交换齿轮

(C)同时调整主从动交换齿轮　　(D)调整从动或主动交换齿轮

146. 交换齿轮的啮合间隙应保持在(　　)之间,以减小噪声和防止损坏齿轮。

(A)0.1 mm～0.15 mm　　(B)0.01 mm～0.05 mm

(C)0.1 mm～0.5 mm　　(D)0.01 mm～0.15 mm

147. 乱牙盘应装在车床的(　　)上。

(A)床鞍　　(B)刀架　　(C)溜板箱　　(D)进给箱

148. 粗磨高速钢螺纹车刀后刀面,必须使刀柄与砂轮外圆水平方向成(　　),垂直方向倾斜 8°～10°。

(A)30°　　(B)45°　　(C)20°　　(D)40°

149. 用带有径向前角的螺纹车刀车普通螺纹时,必须使刀尖角(　　)牙型角。

(A)大于　　(B)小于　　(C)等于　　(D)大于或小于

150. 用硬质合金螺纹车刀高速车削普通螺纹时,须将刀尖角磨成(　　)。

(A)60°　　(B)59° 30′　　(C)60°±10′　　(D)59°±10′

151. 在机械加工中,通常采用(　　)的方法来进行螺纹加工。

(A)车削螺纹　　(B)滚压螺纹　　(C)搓螺纹　　(D)套或攻丝

152. 车普通螺纹时,车刀的刀尖角应等于(　　)。

(A)30°　　(B)55°　　(C)60°　　(D)45°

153. 滚花一般放在(　　)。

(A)粗车之前　　(B)精车之前　　(C)精车之后　　(D)粗车之后

154. 压直花纹和斜花纹通常是用(　　)滚花刀。

(A)单轮　　(B)双轮　　(C)六轮　　(D)四轮

155. 切削速度达到(　　)以上时,积屑瘤不会产生。

(A)70 m/min　　(B)30 m/min　　(C)150 m/min　　(D)50 m/min

156. 套螺纹时必须先将工件外圆车小,然后将端面倒角,倒角后的端面直径(　　),使板牙容易切入工件。

(A)小于螺纹大径　(B)小于螺纹中径
(C)小于螺纹小径　(D)大于螺纹小径小于中径

157. 用板牙套螺纹时,应选择(　　)的切削速度。
(A)较高　(B)中等　(C)较低　(D)中等或较高

158. 车出的螺纹表面粗糙度值大,是因为选用(　　)造成的。
(A)较低的切削速度　(B)中等切削速度
(C)较高的切削速度　(D)较低或中等切削速度

159. 车床上的传动丝杠是(　　)螺纹。
(A)梯形　(B)三角　(C)矩形　(D)锯齿

160. 用丝锥切削内螺纹,切削速度对于一般钢件取(　　)。
(A)20 m/min～30 m/min　(B)6 m/min～15 m/min
(C)30 m/min～40 m/min　(D)20 m/min～25 m/min

161. 能获得较小的表面粗糙度值的车削螺纹方法是(　　)。
(A)直进法　(B)左右切削法　(C)斜进法切削　(D)直进法或斜进法

162. 硬质合金车刀车螺纹的切削速度一般取(　　)。
(A)30 m/min～50 m/min　(B)50 m/min～70 m/min
(C)70 m/min～90 m/min　(D)90 m/min～110 m/min

163. 高速车削三角形螺纹的螺距一般在(　　)。
(A)3 mm 以下　(B)1.5 mm～3 mm 之间
(C)3 mm 以上　(D)0.5 mm～1.5 mm 之间

164. 硬质合金车刀高速车削螺纹,适应于(　　)。
(A)单件　(B)特殊规格的螺纹
(C)成批生产　(D)任何情况

165. 高速钢车刀粗车时的切削速度应取为(　　)。
(A)5 m/min～10 m/min　(B)10 m/min～15m/min
(C)15 m/min～20 m/min　(D)20 m/min～25m/min

166. 将钢加热到一定温度,保温一定时间,然后缓慢地冷却至室温,这一热处理过程为(　　)。
(A)退火　(B)正火　(C)回火　(D)淬火

167. 低碳钢的含碳量为(　　)。
(A)＜0.25％　(B)0.15％～0.45％
(C)0.25％～0.6％　(D)0.6％～2.11％

168. 中碳钢的含碳量为(　　)。
(A)＜0.25％　(B)0.15％～0.45％
(C)0.25％～0.6％　(D)0.6％～2.11％

169. 高碳钢的含碳量为(　　)。
(A)＜0.25％　(B)0.15％～0.45％
(C)0.25％～0.6％　(D)0.6％～2.11％

170. 淬火及低温回火工序一般安排在(　　)。

(A)粗加工之后,半精加工之前　(B)半精加工之后,磨削之前
(C)粗加工之前　(D)磨削之后

171. 在两个传动齿轮中间加入一个齿轮(介轮),其作用是改变齿轮的(　　)。
(A)传动比　(B)旋转方向　(C)旋转速度　(D)以上都是

172. 主轴箱、进给箱、溜板箱内润滑油一般(　　)更换一次。
(A)一年　(B)半年　(C)三个月　(D)五个月

173. 车削中刀杆中心线不与进给方向垂直,会使刀具的(　　)发生变化。
(A)前角　(B)主偏角　(C)后角　(D)刃倾角

174. 成批量加工台阶轴时,对台阶轴各段长度的控制一般采用(　　)就能提高生产率。
(A)刻线法　(B)挡铁定位控制　(C)刻度盘控制法　(D)都可以

175. 公制螺纹的牙形角是(　　)。
(A)55°　(B)35°　(C)30°　(D)60°

176. 普通螺纹 M24×2 的中径比 M24×1 的中径(　　)。
(A)大　(B)小　(C)相等　(D)相等或小于

177. 粗车细长轴外圆时,刀尖的安装位置应(　　)。
(A)比轴中心稍高一些　(B)与轴中心线等高
(C)比轴中心线稍低些　(D)与轴中心线等高或稍低些

178. 车床用的三爪自定心卡盘、四爪单动卡盘是属于(　　)夹具。
(A)通用　(B)专用　(C)组合　(D)成组

179. 在夹具中,(　　)装置用于确定工件在夹具中的位置。
(A)定位　(B)夹紧　(C)辅助　(D)动力

180. C620-1 型车床主轴锥孔为莫氏(　　)。
(A)3 号　(B)4 号　(C)5 号　(D)6 号

181. C620-1 型车床尾座孔为莫氏(　　)。
(A)3 号　(B)4 号　(C)5 号　(D)6 号

182. 产生加工硬化的主要原因是(　　)。
(A)前角太大　(B)刀尖圆弧半径大
(C)工件材料硬　(D)刀刃不锋利

183. 可作渗碳零件的钢材是(　　)。
(A)08　(B)45　(C)40Cr　(D)55

184. 切断时防止产生振动的措施是(　　)。
(A)适当增大前角　(B)减小前角　(C)增加刀头宽度　(D)减少进给量

185. 在切削平面内测量的角度有(　　)。
(A)前角　(B)楔角　(C)刃倾角　(D)后角

186. 钻头横刃过长,会使(　　)增大。
(A)主切削力　(B)轴向力　(C)径向力　(D)轴向力和径向力

187. 车盲孔或台阶孔时,车刀的主偏角应选取(　　)。
(A)小于 90°　(B)等于 90°　(C)大于 90°　(D)大于 75°

188. 用于研磨硬度高的淬火钢工件时,应选用(　　)的研具材料。

(A)软钢 (B)灰铸铁 (C)硬木材 (D)铸造铝合金

189. 一般按划线进行加工时,线里、线外误差有(　　)。

(A)0.1 mm (B)0.2 mm

(C)0.4 mm～0.5 mm (D)0.5 mm～0.6 mm

190. 下偏差是(　　)极限尺寸减其基本尺寸所得的代数差。

(A)最小 (B)最大 (C)轴最大 (D)孔最小

三、多项选择题

1. 主轴的旋转运动通过交换齿轮箱、进给箱、(　　)、溜板箱的传动,使刀架作直线进给运动。

(A)丝杠 (B)控制杠 (C)光杠 (D)螺杆

2. 进给箱内的轴承还可用(　　)润滑。

(A)浇油 (B)齿轮溅油法 (C)油绳 (D)油脂杯

3. 由于(　　)的转速较高,润滑条件较差,必须每班次加油。

(A)丝杠 (B)光杠 (C)主轴 (D)控制杆

4. 车床类分为10个组,其中6代表(　　)车床组。

(A)落地 (B)立式 (C)万能 (D)卧式

5. 45°车刀的(　　)都等于45°。

(A)楔角 (B)刀尖角 (C)副偏角 (D)主偏角

6. 中心孔在各工序中(　　)。

(A)能重复使用 (B)不能重复使用

(C)定位精度发生变化 (D)定位精度不变

7. 小锥度心轴的锥度一般为(　　)。

(A)1∶1 000～1∶3 000 (B)1∶3 000～1∶5 000

(C)1∶20 (D)1∶16

8. 螺纹车刀的刀尖圆弧太大,会使车出的三角形螺纹底径太宽,造成(　　)。

(A)螺纹环规通端旋进 (B)螺纹环规通端旋不进

(C)螺纹环规止规旋不进 (D)螺纹环规止规旋进

9. 使用砂布抛光工件时,(　　)。

(A)移动速度应低些 (B)移动速度要均匀

(C)转速应高些 (D)转速要慢些

10. 三角形螺纹的螺距一般为(　　)时可以采用高速车削螺纹。

(A)2 mm (B)1 mm (C)4 mm (D)2.5 mm

11. 常用的刀具材料有(　　)。

(A)高速钢 (B)硬质合金 (C)高碳钢 (D)高锰钢

12. 一对相互啮合的齿轮,其(　　)必须相等才能正常传动。

(A)齿数 (B)模数 (C)齿形角 (D)分度圆直径

13. 机床照明灯应选(　　)电压供电。

(A)220 V (B)110 V (C)36 V (D)24 V

14. 前角增大能使车刀(　　)。

(A)刃口锋利　(B)切削省力　(C)排屑顺利　(D)加快磨损

15. 车削(　　)材料时,车刀可选择较大的前角。

(A)软　(B)硬　(C)塑性　(D)脆性

16. 根据孔、轴配合的公差等级规定,(　　)配合是不正确的。

(A)H7/g5　(B)H5/g5　(C)H7/r8　(D)H9/d9

17. 可作渗碳零件的钢材是(　　)。

(A)08　(B)20　(C)40Cr　(D)55

18. 发生电火时,应选用(　　)灭火。

(A)水　(B)砂　(C)普通灭火器　(D)二氧化碳

19. 车削中刀杆中心线不与进给方向垂直,会使刀具的(　　)发生变化。

(A)前角　(B)主偏角　(C)后角　(D)副偏角

20. 直径为(　　)的麻花钻是直柄的。

(A)12 mm　(B)10 mm　(C)15 mm　(D)16 mm

21. 常用的钨钛钴类硬质合金的牌号(　　),适宜加工塑性金属材料。

(A)P01　(B)P10　(C)K01　(D)K10

22. 切削运动分为(　　)。

(A)主运动　(B)加速运动　(C)进给运动　(D)减速运动

23. 麻花钻螺旋槽的作用是(　　)和输送切削液。

(A)构成切削刃　(B)排出切屑　(C)导向　(D)定心

24. 麻花钻柄部的作用是(　　)。

(A)构成切削刃　(B)导向　(C)夹持定心　(D)传递扭矩

25. 镗孔的关键技术是解决镗刀的(　　)问题。

(A)主偏角　(B)前角　(C)刚性　(D)排屑

26. 解决内孔车刀刚性的方法是尽量(　　)。

(A)增加刀杆的截面积　(B)刀杆的伸出长度尽可能缩短

(C)采用合理的前角　(D)采用合理的后角

27. 三爪卡盘特点是自动定心,适于加工大批量(　　)。

(A)中型规则零件　(B)小型规则零件　(C)大型零件　(D)不规则零件

28. 四爪卡盘特点是夹紧力较大,适于装夹(　　)。

(A)中型规则零件　(B)小型规则零件　(C)大型零件　(D)不规则零件

29. 车床进给箱的作用是通过光杠或丝杠将主轴的运动传给拖板箱,以改变(　　)。

(A)螺距大小　(B)进给速度大小　(C)切削深度　(D)切削速度大小

30. 精车工件时车刀副偏角应(　　)。

(A)取较小值　(B)磨出刃口　(C)取较大值　(D)可大可小

31. 车外圆时,车刀装得高于工件中心,车刀的(　　)。

(A)前角增大　(B)后角减小　(C)前角减小　(D)后角增大

32. 车工常用的切削液一般是(　　)。

(A)切削油　(B)乳化液　(C)水　(D)柴油

33. 切削液的作用是(　　)。

(A)冷却　(B)润滑　(C)清洗　(D)切削

34. 切削(　　)时,不宜采用含硫的切削液,以免工件受到腐蚀。

(A)有色金属　(B)铜合金　(C)钢　(D)铸铁

35. 减小表面粗糙度的措施有(　　)。

(A)减少副偏角　(B)减小走刀量

(C)增大副偏角　(D)减小修光刃圆弧半径

36. 前角增大,(　　),切削温度下降,但不宜过大。

(A)切削变形增加　(B)切削力增大　(C)切削变形减小　(D)切削力降低

37. 切削用量是表示(　　)大小的参数。

(A)主运动　(B)进给运动　(C)切削力　(D)切削温度

38. 车刀断屑槽的宽度和深度尺寸主要取决于(　　)。

(A)走刀量　(B)背吃刀量　(C)切削速度　(D)切削温度

39. 钢铁材料是由(　　)、锰以及磷、硫等杂质元素所组成的金属材料。

(A)铁　(B)碳　(C)钠　(D)硅

40. 测量硬度的方法有(　　)。

(A)布氏　(B)里氏　(C)洛氏　(D)纳氏

41. 根据工艺的不同,钢的热处理方法可分为(　　)、淬火、回火及表面处理等。

(A)磷化　(B)退火　(C)正火　(D)电镀

42. 在已加工表面划线时采用的蓝色涂料,其成分由(　　)和91%～95%的酒精组成。

(A)23.2%～40%龙胆紫　(B)3%～5%生胶漆

(C)3%～5%汽油　(D)2%～4%煤油

43. 进行零件划线时,除必备的平台、V形架、方箱外,所用的工具还有圆规、冲子、(　　)和高度尺或游标高度尺。

(A)划线盘　(B)划针　(C)錾子　(D)石笔

44. 扩孔或镗孔的目的,是(　　)。

(A)提高孔的尺寸精度　(B)提高加工效率

(C)降低孔的表面粗糙度　(D)加工容易

45. 精加工中,防止刀具上积屑瘤的形成,从切削用量的选择上应(　　)。

(A)加大背吃刀量　(B)加大进给量

(C)尽量使用很低切削速度　(D)尽量使用很高的切削速度

46. 当车刀的主偏角由45°改变为75°时,切削过程会出现(　　)。

(A)轴向力增大　(B)径向力减小

(C)径向力增大　(D)轴向力减小

47. 砂轮由(　　)、气孔等部分组成。

(A)磨料　(B)结合剂　(C)铁粉　(D)钢粉

48. 铸铁件因其耐磨性、减振性比钢件好且价廉,常用来制作机床的(　　)。

(A)主轴　(B)床身　(C)主轴箱　(D)齿轮

49. 机床型号应该反映出机床的类别、使用与结构特性和(　　)。

(A)主要技术参数 (B)刀架规格 (C)主要规格 (D)尾座规格

50. 车床上脱落蜗杆机构是防止( )的机构。

(A)过载 (B)自动断开进给运动

(C)蜗杆脱落 (D)丝母脱落

51. 车床常用的几种润滑方式是浇油润滑、溅油润滑、油绳润滑、弹子油杯润滑和( )润滑。

(A)黄油杯 (B)雾化 (C)汽化 (D)油泵循环

52. 硬质合金按化学成分不同分为三类,即( )、钨钛钽(铌)钴类(M)。

(A)钨铁类 (B)钨钛钴类 (C)钨钴类 (D)钴钢类

53. 刀具的磨损形式有( )磨损。

(A)后刀面 (B)前刀面 (C)前后刀面同时 (D)副后面

54. 加工后工件表面发生的表面硬化是由于金属与刀具后刀面的强烈( )变形造成的。

(A)摩擦 (B)挤压 (C)剪切 (D)断裂

55. 切削用量是衡量切削运动大小的参数,包括( )。

(A)切削速度 (B)背吃刀量 (C)进给量 (D)切削力

56. 为了减小表面粗糙度,可以减小( )。

(A)前角 (B)副偏角 (C)刀尖圆弧半径 (D)进给量

57. 钻孔、扩孔及铰孔都是加工孔的常用方法,( )精度的孔,钻孔就能达到。

(A)IT11 级 (B)IT8 级 (C)IT9 级 (D)IT12 级

58. 用两顶尖装夹工件,工件定位的特点是( )。

(A)精度低 (B)精度高 (C)刚性差 (D)夹紧力大

59. 用一夹一顶法装夹工件,工件定位的特点是( )。

(A)夹紧力小 (B)轴向精度高 (C)刚性好 (D)刚性差

60. 机床夹具是由( )组成的。

(A)夹具体 (B)定位装置 (C)夹紧装置 (D)辅助装置

61. 确定车刀几何角度的辅助平面有( )。

(A)基面 (B)切削平面 (C)主剖面 (D)前刀面

62. 车刀主偏角的作用是改变主刀刃和刀头的( )情况。

(A)受力 (B)散热 (C)锋利 (D)容易刃磨

63. 刀头是车刀的最重要的部分,由( )组成。

(A)刀杆 (B)刀面 (C)刀刃 (D)刀尖

64. 刀面主要是由( )等面组成。

(A)前面 (B)后面 (C)定位面 (D)副后面

65. 工件材料愈硬时,( )时,易产生崩碎切削。

(A)刀具前角愈小 (B)刀具前角愈大

(C)切削厚度越大 (D)切削厚度越小

66. 麻花钻刃磨时,一般只刃磨两个主后刀面,但同时要保证( )正确。

(A)后角 (B)前角 (C)顶角 (D)横刃斜角

67. 车刀切削部分的材料应具备的性能除了应具备硬度、耐磨性、强度外,还应具备(　　)。
(A)韧性　(B)耐热性　(C)物理性　(D)工艺性
68. 硬质合金牌号(　　)适宜车削脆性材料。
(A)K01　(B)K10　(C)P01　(D)P10
69. 车床主轴的旋转精度包括(　　)。
(A)主轴振动　(B)主轴发热　(C)径向跳动　(D)轴向跳动
70. 普通车床的一级保养,主要是注意(　　)和进行必要的调整。
(A)换切削液　(B)润滑　(C)清洁　(D)换润滑油
71. 普通车床由车头部分、挂轮箱、走刀部分、拖板部分、(　　)等部分组成。
(A)尾座　(B)床身　(C)附件　(D)走台
72. 45°车刀的(　　)都等于45°。
(A)主偏角　(B)刃倾角　(C)副偏角　(D)刀尖角
73. 切屑的种类有挤裂切屑、单元切屑和(　　)切屑。
(A)带状　(B)崩碎　(C)粉末　(D)粒状
74. 影响工件表面粗糙度的因素有(　　)。
(A)残留面积　(B)积屑瘤　(C)振动　(D)环境温度
75. 标准公差与(　　)有关。
(A)基本尺寸分段　(B)公差大小　(C)公差等级　(D)上偏差
76. 螺纹的要素有牙形、外径、(　　)。
(A)螺距　(B)头数　(C)精度　(D)旋向
77. 三检制就是操作者的(　　)和专职检验员的"专检"相结合的检验制度。
(A)自检　(B)互检　(C)巡检　(D)交检
78. 链传动主要应用在(　　)及传递功率较大的场合中。
(A)两轴垂直　(B)两轴平行　(C)中心距较大　(D)中心距较小
79. 熔断器应串接在主电路和控制电路中,起到(　　)保护的作用。
(A)短路　(B)停电　(C)过载　(D)断路
80. 前角增大,(　　),但不宜过大。
(A)切削变形减小　(B)刀头强度增强　(C)切削力降低　(D)切削温度下降
81. 当刀尖位于主刀刃最低点时,刃倾角为负值,刀头强度较好,切屑流向已加工表面,适于(　　)。
(A)断续切削　(B)精加工　(C)强力切削　(D)小余量切削
82. 精车刀应尽量选用(　　)。
(A)较大主偏角　(B)负值刃倾角　(C)较小的前角　(D)断屑槽窄而深
83. 群钻和普通麻花钻相比,(　　)。
(A)钻削较快　(B)轴向抗力下降　(C)扭矩下降　(D)强度降低
84. 麻花钻前角的大小与(　　)有关。
(A)螺旋角　(B)钻心直径　(C)顶角　(D)横刃
85. 车削特形面的方法有(　　)等。
(A)单手控制法　(B)双手控制法　(C)用样板刀法　(D)靠模

86. 车削不锈钢工件时，应选用(   )的切削液，并增大流量。
(A)抗粘附好 (B)普通 (C)散热性能好 (D)浓度大
87. 应用跟刀架时，跟刀架卡爪的压力不能调整过大，否则，(   )。
(A)工件振动 (B)加大磨损 (C)位置产生干涉 (D)工件产生变形
88. 为了保证工件达到图纸的精度和技术要求，应检查夹具定位基准与(   )是否重合。
(A)设计基准 (B)测量基准 (C)精基准 (D)粗基准
89. 评定材料加工性能的主要指标是(   )。
(A)刀具耐用度指标 (B)加工表面粗糙度指标
(C)工件尺寸精度指标 (D)工件位置精度指标
90. 切屑的形成过程可经历(   )等阶段。
(A)挤压阶段 (B)滑移阶段 (C)挤裂阶段 (D)分离阶段
91. 超硬刀具材料主要指(   )。
(A)硬质合金 (B)立方氮化硼 (C)金刚石 (D)高速钢
92. 选择测量器具时主要应考虑其(   )。
(A)规格指标 (B)精度指标 (C)重量指标 (D)操作指标
93. 滚花的花纹一般有(   )。
(A)网纹 (B)直纹 (C)斜纹 (D)光纹
94. 车床工在工作中还应做到(   )。
(A)领口紧 (B)袖口紧 (C)下摆紧 (D)裤口紧
95. 我国劳动保护三结合管理体制是(   )等方面结合起来组成。
(A)国家监察 (B)行政管理 (C)自我管理 (D)群众监督
96. 车工在工作中应佩戴(   )。
(A)工作帽 (B)护腕 (C)护眼镜 (D)口罩
97. 以工件顶尖孔定位的车床夹具有(   )。
(A)顶尖 (B)弯板 (C)花盘 (D)拨盘
98. 以工件外圆柱面定位的车床夹具有(   )。
(A)三爪自定心卡盘 (B)四爪单动卡盘
(C)弹性夹头 (D)拨盘
99. 以工件内孔定位的车床夹具有(   )。
(A)弯板 (B)花键心轴 (C)各种弹性心轴 (D)刚性心轴
100. 用于加工非回转体的车床夹具有(   )。
(A)顶尖 (B)弯板 (C)花盘 (D)拨盘
101. 车螺纹时产生扎刀主要原因是(   )。
(A)车刀前角太大 (B)中滑板丝杆间隙较大
(C)切削用量选择太大 (D)工件刚性差
102. 金属材料的性能主要有(   )。
(A)物理性能 (B)化学性能 (C)力学性能 (D)工艺性能
103. 工件材料的强度相同时，(   )的工件材料，切削加工性差。
(A)塑性小 (B)塑性大 (C)韧性大 (D)韧性小

104. 零件的毛坯有(　　)。

(A)铸件　　(B)锻件　　(C)焊件　　(D)型材

105. 零件在(　　)中,用来作为依据的那些点、线、面叫做工艺基准。

(A)加工　　(B)测量　　(C)设计　　(D)装配

106. 属于形状公差的是(　　)。

(A)直线度　　(B)平面度　　(C)圆度　　(D)平行度

107. 属于位置公差的是(　　)。

(A)垂直度　　(B)圆柱度　　(C)同轴度　　(D)位置度

108. 属于过渡配合的是(　　)。

(A)H6/f5　　(B)H6/k5　　(C)H6/n5　　(D)H6/m5

109. 属于过盈配合的是(　　)。

(A)H6/p5　　(B)H6/h5　　(C)H6/s5　　(D)H6/js5

110. 属于中碳钢的是(　　)。

(A)20　　(B)40Cr　　(C)45　　(D)T8

四、判 断 题

1. 车削螺纹使用光杠传动。(　　)

2. 小滑板可顺时针或逆时针转动角度,车削带锥度的工件。(　　)

3. 床鞍与车床导轨精密配合,纵向进给时可保证径向精度。(　　)

4. 机床的类别用汉语拼音字母表示,居型号的首位,其中字母“C”是表示车床类。(　　)

5. CQM6132 车床型号的 32 表示主轴中心高为 320 mm。(　　)

6. 在机床型号中,通用特性代号应排在机床类代号的后面。(　　)

7. 车床工作中主轴要变速时,必须先停车,变换进给箱手柄位置要在低速时进行。(　　)

8. 为了延长车床的使用寿命,必须对车床上所有摩擦部位定期进行润滑。(　　)

9. 主轴箱换油时先将箱体内部用煤油清洗干净,然后再加油。(　　)

10. 车床尾座和中、小滑板摇动手柄转动的轴承部位,应做到每班次至少加油一次。(　　)

11. 油脂杯润滑每周加油一次,每班次旋转油杯盖一圈。(　　)

12. 对车床进行保养的主要内容是清洁和必要的调整。(　　)

13. 开机前,在手柄位置正确情况下,需低速运转约 2 min 后,才能进行车削。(　　)

14. 装夹较重较大工件时,必须在机床导轨面上垫上木块,防止工件突然坠下砸伤导轨。(　　)

15. 车工在操作中严禁戴手套。(　　)

16. 切削液的主要作用是降低温度和减少摩擦。(　　)

17. 以冷却为主的切削液都呈碱性。(　　)

18. 乳化液的比热容小,黏度小,流动性好,主要起润滑作用。(　　)

19. 乳化液主要用来减少切削过程中的摩擦和降低切削温度。(　　)

20. 使用硬质合金刀具切削时,如用切削液,必须一开始就连续充分地浇注,否则,硬质合

金刀片会因骤冷而产生裂纹。(   )

21. 选用切削液时,粗加工应选用以冷却为主的乳化液。(   )

22. 车削深孔时,粗车选用乳化液,精车可选用切削油。(   )

23. 切削铸铁等脆性材料时,为了减少粉末状切屑,需用切削液。(   )

24. 刀具材料必须具有相应的物理、化学及力学性能。(   )

25. 车刀刀具硬度与工件材料硬度一般相等。(   )

26. 为了延长刀具寿命,一般选用韧性好、耐冲击的材料。(   )

27. 红硬性是刀具材料在高温下仍能保持其硬度的特性。(   )

28. 耐热性的综合指标包括高温硬度、高温强度和韧度、高温黏结性及高温化学稳定性等。(   )

29. 刀具材料应根据车削条件合理选用,要求所有性能都好是困难的。(   )

30. 高速钢车刀的韧性虽然比硬质合金好,但不能用于高速切削。(   )

31. 钨钴类合金按不同含钨量可分为 YG3、YG6、YG8 等多种牌号。(   )

32. 一般情况下,YT5 用于粗加工,YT30 用于精加工。(   )

33. 常用车刀按刀具材料可分为高速钢车刀和硬质合金车刀两类。(   )

34. 切削热主要由切屑、工件、刀具及周围介质传导出来。(   )

35. 车削有色金属和非金属材料时,应当选取较低的切削速度。(   )

36. 如果要求切削速度保持不变,则当工件直径增大时,转速应相应降低。(   )

37. 一般在加工塑性金属材料时,如背吃刀量较小,切削速度较高,刀具前角较大,则形成挤裂切屑。(   )

38. 切削用量包括背吃刀量、进给量和工件转速。(   )

39. 背吃刀量是工件上已加工表面和待加工表面间的垂直距离。(   )

40. 进给量是工件每回转 1 min,车刀沿进给运动方向上的相对位移。(   )

41. 切削速度是切削加工时,刀具切削刃选定点相对于工件的主运动的瞬时速度。(   )

42. 车铜件时应选择较高的切削速度。(   )

43. 用高速钢刀精车时,应当选取较高的切削速度和较小的进给量。(   )

44. 用硬质合金车刀车削时,切屑呈蓝色,这说明切削速度选得偏低。(   )

45. 90°车刀(偏刀),主要用来车削工件的外圆、端面和台阶。(   )

46. 为了增加刀头强度,轴类零件粗车刀的前角和后角应小些。(   )

47. 切削运动中,速度较高、消耗切削功率较大的运动是主运动。(   )

48. 车刀在切削工件时,使工件上形成已加工表面、切削平面和待加工表面。(   )

49. 车外圆时,若车刀刀尖装得低于工件轴线,则会使前角增大,后角减小。(   )

50. 为了使车刀锋利,精车刀的前角一般应取大些。(   )

51. 图样中未注公差尺寸,国家标准中规定可在 f、m、c、v 级中选用,由各企业标准规定。(   )

52. 零件图上的技术要求是指写在图样上的说明文字。(   )

53. 我国规定的锥度符号是 ▷。(   )

54. Ⅰ型万能角度尺可以测量 0°～360°范围内的任何角度。(   )

55. 我国制图标准中，剖视图分为全剖视图、半剖视图和局部剖视图三类。( )

56. 以中心线为界，一半画成剖视，另一半画成视图，称为半剖视图。( )

57. 尺寸公差是指允许尺寸的变动量。( )

58. 钢中的杂质元素中，硫使钢产生热脆性，磷使钢产生冷脆性，因而硫、磷是有害元素。( )

59. 金属材料传导热量的能力成为导热性。( )

60. 灰铸铁的牌号用 QT 表示，球墨铸铁的牌号用 HT 表示。( )

61. 碳素工具钢的含碳量都在 0.60%以上，而且都是优质钢。( )

62. 对零件划线是为了在加工时零件上有明确的尺寸界线。( )

63. 机床上常用齿轮的齿廓是渐开线。( )

64. 按划线加工就能保证零件位置精度要求。( )

65. 铰刀是用来加工尺寸精度为 H10～H5 的孔。( )

66. 机床电路中，为了起到作用，熔断器应装在总开关的前面。( )

67. 我国动力电路的电压是 380 V。( )

68. 为了保证安全，机床电器的外壳必须要接地。( )

69. 通过切削刃上某一选定点，垂直于该点切削速度方向的平面称为基面。( )

70. 在副剖面内，副后刀面与切削平面之间的夹角叫副后角。( )

71. 车端面时，车刀刀尖应稍低于工件中心，否则会使工件端面中心处留有凸头。( )

72. 刃倾角是主切削刃与基面之间的夹角，刃倾角是在切削平面内测量的。( )

73. 车刀的基本角度有前角、主后角、副后角、主偏角、副偏角和刃倾角。( )

74. 车刀前角增大，能使切削省力，当工件为脆性材料时，应选择较大的前角。( )

75. 精车时，刃倾角应取负值。( )

76. 45°车刀常用于车削工件的端面和 45°倒角，也可以用来车削外圆。( )

77. 用左偏刀车端面时，是利用副切削刃进行切削的，所以车出的表面粗糙度较粗。( )

78. 主偏角为 75°的车刀与主偏角为 45°、90°的车刀相比较，75°车刀的散热性能最好。( )

79. 车削硬度高的金属材料时，应选取较大的前角。( )

80. 黄铜硬度低，车削黄铜工件时，车刀的前角应当选大些。( )

81. 车床主轴与轴承间隙过大，车削工件时会产生圆柱度误差。( )

82. 一夹一顶装夹，适用于工序较多、精度较高的工件。( )

83. 用卡盘装夹工件，夹紧力大，可提高切削用量，装夹和测量方便，能提高生产效率。( )

84. 中心孔上有形状误差不会直接反映到工件的回转表面。( )

85. 用两顶尖装夹车光轴，经测量尾座直径尺寸比床头端大，这时应将尾座向操作者方向调整一定的距离。( )

86. 用两顶尖装夹光轴，车出工件的尺寸在全长上有 0.1 mm 锥度，在调整尾座时，应将尾座按正确方向移动 0.05 mm 可达要求。( )

87. 车床中滑板刻度每转过一格，中滑板移动 0.05 mm，有一工件试切后尺寸比图样小

0.2 mm,这时就将中滑板向相反方向转过 2 格,就能将工件车到图样要求。( )

88. 中心孔钻得过深,会使中心孔磨损加快。( )

89. 高速钢切断刀切断中碳钢时的前角比切断铸铁时的前角应大些。( )

90. 切断刀以横向进给为主,因此主偏角等于 180°。( )

91. 用硬质合金切断刀切断中碳钢,不允许使用切削液以免刀片产生裂纹。( )

92. 当工件的外圆和一个端面在一次装夹车削完时,可以用车好的外圆和端面为定位基准来装夹工件。( )

93. 涨力心轴装卸工件方便,精度较高,适用于孔径公差较小的套类工件。( )

94. 标准麻花钻的顶角为 140°。( )

95. 螺旋角是螺旋槽上最外缘的螺旋线展开成直线后与轴线垂直面之间的夹角。( )

96. 刃磨麻花钻时,钻尾向上摆动不得高出水平线,以防磨出负后角。( )

97. 麻花钻刃磨时,一般只刃磨两个主后刀面,并同时磨出顶角、后角和横刃斜角。( )

98. 用麻花钻扩大孔时,为了防止钻头扎刀,应把钻头外缘处的前角修磨得小些。( )

99. 解决车孔的刀杆刚性问题,一是尽量增加刀杆截面积,一是刀杆的伸出长度尽可能缩短。( )

100. 圆柱孔的测量比外圆测量来得困难。( )

101. 内径百分表使用前,必须先用外径千分尺按工件校正它的测量范围,然后紧固螺母拧紧,再转动百分表的刻度盘,使其零位对准指针。( )

102. 使用塞规测量圆柱孔时,孔表面粗糙度应要求在 R_a3.2 以上。( )

103. 用内径百分表(或千分表)测量内孔时,必须摆动内径百分表,所得最大尺寸是孔的实际尺寸。( )

104. 使用内径百分表不能直接测得工件的实际尺寸。( )

105. 用千分尺加上一定的辅助量具,可以测量圆锥体的角度和大小端直径的精确尺寸。( )

106. 百分表的测量头与被测表面接触时,测量杆应预先有 0.3 mm~1 mm 的压缩量,要保持一定的初始力,以免负偏差测不出来。( )

107. 三针测量法比单针测量法精度低。( )

108. 在测量梯形螺蚊时,主要是测量梯形螺蚊中径尺寸。( )

109. 解决车孔时的刀杆刚性问题,主要是尽量增加刀杆截面积。( )

110. 铰孔不能修正孔的直线度误差,所以铰孔前一般都经过车孔。( )

111. 在通过圆锥轴线的剖面内,两条圆锥母线的夹角叫锥度。( )

112. 莫氏圆锥各个号码的圆锥半角是相同的。( )

113. 车圆锥面时,只要圆锥面的尺寸精度、形位精度和表面粗糙度都符合设计要求、即为合格品。( )

114. 用转动小滑板法车圆锥时,小滑板转过的角度应等于工件的圆锥角。( )

115. 采用偏移尾座法车削圆锥体时,因为受尾座偏移量的限制,不能车削锥度很大的工件。( )

116. 铰圆锥孔时,锥度小的工件,进给量要选小些,锥度大的工件应选择较大的进给

量。(　　)

117. 宽刃刀车削法,实质是属于成形面车削法。因此,宽刃刀的切削刃必须平直,切削刃与主轴轴线的夹角应等于工件的圆锥半角 $\alpha/2$。(　　)

118. 用圆锥塞规涂色检验内圆锥时,如果小端接触,大端没接触,说明内圆锥的圆锥角太大。(　　)

119. 游标万能角度尺能测量圆锥体的角度和锥体尺寸。(　　)

120. 车内圆锥用圆锥塞规测量锥面时,塞规显示剂中间被擦去,这说明小滑板角度没有搬对。(　　)

121. 车圆球是由两边向中心车削,先粗车成形后再精车,逐渐将圆球面车圆整。(　　)

122. 锉削时在锉齿面上涂上一层粉笔末,以防锉削屑滞塞在锉齿缝里。(　　)

123. 对工件外圆抛光时,可以直接用手捏住砂布进行。(　　)

124. 工件上滚花是为了增加摩擦力和使工件表面美观。(　　)

125. 滚花时产生乱纹,其主要原因是转速太慢。(　　)

126. 圆形成形刀的主切削刃与刀体中心等高时,其后角大于零度。(　　)

127. 螺纹既可用于连接、紧固及调节,又可用来传递动力或改变运动形式。(　　)

128. 普通内螺纹大径的基本尺寸要比外螺纹大径的基本尺寸略大一些。(　　)

129. M16×1.5 是左旋螺纹。(　　)

130. 磨螺纹车刀时,两个切削刃的后角都应磨成相同的角度。(　　)

131. 精磨高速钢螺纹车刀选用 80 粒度氧化铝砂轮精磨。(　　)

132. 螺纹牙形是在通过螺纹轴线的剖面上,螺纹的轮廓形状。(　　)

133. 直进法车削螺纹,刀尖较易磨损,螺纹表面粗糙度值较大。(　　)

134. 用硬质合金车刀高速车削三角螺纹时,切削速度一般取 10～20 m/min。(　　)

135. 螺纹车刀装夹时偏斜,车出的牙型角仍为 60°,对工件的质量影响不会太大。(　　)

136. 加工脆性材料,切削速度应减小,加工塑性材料,切削用量可相应增大。(　　)

137. 塑性材料套螺纹时应加切削液。(　　)

138. 攻螺纹时孔的直径必须比螺纹的小径稍大一点。(　　)

139. 套螺纹时,必须将套螺纹前的外圆直径按螺纹大径的基本尺寸车至要求。(　　)

140. 硬质合金螺纹车刀的径向前角取零度,高速车螺纹时,它的牙型角必须磨成 60°。(　　)

141. 螺纹车刀的刀杆刚性不好,车出的螺纹表面粗糙。(　　)

142. 车一对互配的内外螺纹,配好后螺母调头却拧不进,分析原因是由于内外螺纹的牙型角都歪斜而造成的。(　　)

143. 在丝杠螺距为 12 mm 的车床上,车削螺距为 3 mm 的螺纹要产生乱牙。(　　)

144. 米制梯形螺纹的牙型角为 30°。(　　)

145. 硬质合金梯形螺纹车刀适合车削一般精度的梯形螺纹。(　　)

146. 梯形螺纹的配合是以中径尺寸定心的。(　　)

147. 高速切削梯形螺纹时应采用左右进刀法车削。(　　)

148. 对于精度要求较高的梯形螺纹,一般采用高速钢车刀低速切削法。(　　)

149. 车床低速时可以测量工件尺寸。(　　)

150. 在车床上工作时不准戴手套。(　　)

151. 高处作业是坠落高度基准面 2 m 以上(含 2 m),有可能坠落的高处进行的作业。(　　)

152. 企业三级安全教育是指厂级、车间级、班组级。(　　)

153. 事故是意外的灾祸和损失,是不可以避免的。(　　)

154. 安全装置是为预防事故所设置的各种检测控制、联锁、防护、报警等仪表仪器的总称。(　　)

155. 防护用品是为防止外界伤害或职业性毒害而佩戴使用的各种用具的总称。(　　)

156. 在车床加工中女工可以留长发。(　　)

157. 车床工工作完成后,必须清扫保养机床,清扫铁屑,做到活完地光。(　　)

158."国标"规定,在一般情况下优先采用基轴制。(　　)

159. 一张完整的零件图包括,一组视图、完整的尺寸、必要的技术要求和标题栏。(　　)

160. 退火与回火都可以消除钢中的应力,所以在生产中可以通用。(　　)

161. 淬火过程中常用的冷却介质有水、油、盐或碱水溶液。(　　)

162. 用径向前角较大的螺纹车刀车削三角螺纹,牙形两侧不是直线。(　　)

163."未注公差尺寸"表示该尺寸无公差要求。(　　)

164. 车削速度越高,切削消耗的功率越大,因而切削力也大。(　　)

165. 一般来说,硬度高的材料,耐磨性也好。(　　)

166. 调整进给箱手柄位置时,如果齿轮挂不上,应将车床开动后再挂。(　　)

167. 零件的最大极限尺寸一定大于零件的基本尺寸。(　　)

168. 切削脆性材料时,最易出现刀具前面磨损。(　　)

169. 开合螺母是接通或断开光杠传来的运动。(　　)

170. C618 车床比 C620-1 车床床身上的最大回转直径要大一些。(　　)

171. 背吃刀量是工件上已加工表面和待加工表面的垂直距离。(　　)

172. 由外向中心走刀车端面的切削速度是随工件直径的减小而减小。(　　)

173. 刀具前角愈小,切屑变形愈大。(　　)

174. 精车刀的后角可以比粗车刀的后角选大些。(　　)

175. 麻花钻靠近中心处的前角为负数。(　　)

176. 扩孔钻的主切削刃不必自外缘延伸到中心,没有横刃,因此它的切削条件比钻头好。(　　)

177. 莫氏圆锥是国际标准。(　　)

178. 车削时走刀次数决定于走刀量的大小。(　　)

179. 在同一条螺旋线上,任意处的螺旋升角是不同的。(　　)

180. 铸钢比铸铁的铸造性能差。(　　)

181. 为了使主轴箱有足够的润滑油,应把油标孔全部加满。(　　)

五、简 答 题

1. 什么叫背吃刀量、进给量和切削速度?
2. 简述车刀前角的作用。

3. 简述车刀后角的作用。
4. 工件材料对切削力有什么影响?
5. 切削用量对切削热有什么影响?
6. 车刀前角应根据什么原则来选择?
7. 为什么车削钢类塑性金属时要采取断屑措施?
8. 轴类零件用两顶尖装夹的优缺点是什么?
9. 造成切断刀折断的原因有哪些?
10. 中心钻折断的原因主要有哪些?
11. 车削内孔比车削外圆困难,主要表现在哪些方面?
12. 麻花钻的顶角一般为多少度? 如果刃磨得不对称,会产生什么后果?
13. 什么是积屑瘤?
14. 什么叫定位? 什么叫夹紧?
15. 常用的通用车床夹具有哪些类型?
16. 车床夹具具有哪些特点?
17. 圆锥面接合有哪些特点?
18. 怎样增加车孔刀的刚性?
19. 常用的心轴有哪几种? 各适用于什么场合?
20. 铰孔时,孔的表面粗糙度大是什么原因? 怎样预防?
21. 偏移尾座法车圆锥面有哪些优缺点? 适用在什么场合?
22. 靠模法车削锥度有哪些优缺点?
23. 使用成形刀时,怎样减少和防止振动?
24. 滚花时产生乱纹的原因有哪些?
25. 刃磨螺纹车刀时,应达到哪些要求?
26. 装夹螺纹车刀时,应达到哪些要求?
27. 车螺纹时,在什么情况下要采用倒顺车法? 什么情况下可使用开合螺母?
28. 高速切削螺纹时,应注意哪些问题?
29. 低速精车梯形螺纹,最好采用怎样的车刀?
30. 车螺纹时,产生扎刀是什么原因?
31. 管螺纹的公称直径指的是什么? 多线螺纹导程与螺距有什么关系?
32. 切削过程中产生切削热的主要原因是什么?
33. 为什么孔要钻透时,易损钻头? 如何预防?
34. 车削较长的轴类零件时对工件有哪几种安装方法?
35. 研磨液在研磨过程中的主要作用是什么?
36. 车削螺旋升角较大的右螺纹时,怎样决定螺纹车刀的两侧后角的数值?
37. 安装切断刀应注意什么问题?
38. 车削螺纹时有哪些方法?
39. 使用小锥度实体芯轴加工零件有什么优缺点?
40. 粗车时切削用量如何选择?
41. 为什么切断实心工件时切断刀容易折断?

42. 如何用小刀架车制要求较高的一对配套圆锥面?
43. 切削过程产生振动的原因有哪些?
44. 简述 0.02 mm 精度的游标卡尺的读数原理。
45. 车端面时产生中凹和中凸的原因是什么?
46. 如何正确使用游标卡尺类量具?
47. 车螺纹时,牙形不正确是什么原因?
48. 怎样检验圆锥的锥度正确性?
49. 保证套类工件的同轴度、垂直度有哪些方法?
50. 简述切削液的主要作用。
51. 常用的车刀材料有哪几种?
52. 简述高速钢刀具有何种特点及用途。
53. 简述硬质合金刀具有何种特点及用途。
54. 简述刀具材料有哪些基本要求。
55. 简述减少工件表面粗糙度的方法。
56. 什么是轮廓算术平均偏差 R_a?
57. 中心孔有哪些类型,这些类型各用在什么场合?
58. 简述中心孔的作用。
59. 用四爪单动卡盘装夹轴类零件时,有什么特点? 适用于什么场合?
60. 用三自定心卡盘装夹轴类零件时,有什么特点? 适用于什么场合?
61. 用两顶尖装夹轴类零件时,有什么特点? 适用于什么场合?
62. 用一夹一顶装夹轴类零件时,有什么特点? 适用于什么场合?
63. 什么叫金属切削过程?
64. K 类硬质合金(YG 类)有何特点? 适合加工何种材料的工件?
65. P 类硬质合金(YT 类)有何特点? 适合加工何种材料的工件?
66. M 类硬质合金(YW 类)有何特点? 适合加工何种材料的工件?
67. 车床型号一般应反映哪些内容?
68. 车削左右对称的内圆锥时,怎样才能较方便地使两内圆锥锥度相等?
69. 说明图 1 中形位公差的含义。

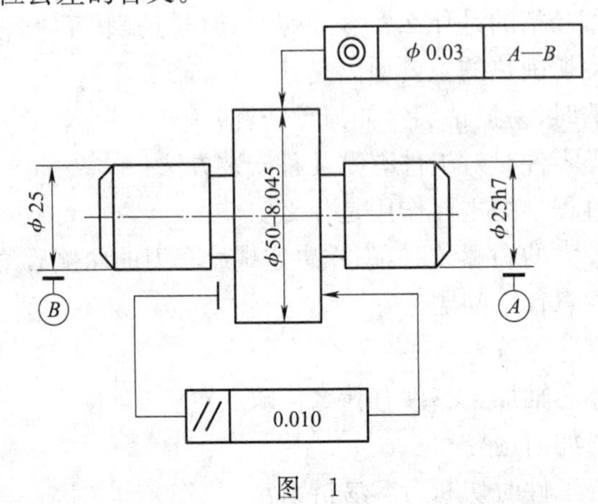

图 1

70. 简述螺纹车刀的种类,并说明使用特点。

71. 什么叫工艺基准?

72. 什么叫工艺规程?

73. 什么叫测量基准?

74. 什么叫标准公差?什么叫尺寸公差?

75. 什么叫车刀角度辅助平面的基面?什么叫刀尖角?什么叫前角?

76. 什么叫刀具耐用度?什么叫刀具的热硬性?

77. 车削加工的基本内容有哪些?

78. 什么是切削用量?它包括哪些主要参数?

79. 回答下列各组尺寸的配合基准制和配合性质。

1)孔:$\phi20^{+0.021}_{0}$　轴:$\phi20^{-0.007}_{-0.020}$

2)孔:$\phi60^{+0.030}_{0}$　轴:$\phi60^{+0.060}_{+0.041}$

80. 什么叫车削?

81. 车削的主要特点是什么?

六、综 合 题

1. 车削 $\phi60$ 直径的外圆,一刀车到 $\phi52$,工件转速为 800 r/min,问背吃刀量和切削速度各为多少?

2. 用高速车削塑性材料内螺纹 M60×1.5,问螺纹底孔直径应为多少?

3. 在车床上用 350 r/min 的转速切断外圆直径为 80 mm 的工件,问当车刀切入工件 10 mm 后,切削速度的变化值是多少?

4. 已知车床横刀架丝杆为 Tr22×P4,刻度盘等分为 100 格,现要把外圆直径为 40 mm 的工件车至 35 mm,问刻度盘进刀格数应为多少?

5. 要车制 Tr32×P6 丝杆,试求出螺旋升角的正切值。

6. 车削 Tr32×P6 的丝杆,求螺纹的中径和小径($Z=0.5$ mm)。

7. 在工件端部有一个 25×25 mm 的四方头,问四方头的外接圆直径是多少?

8. 已知主、左两图(见图 2),补俯视图。

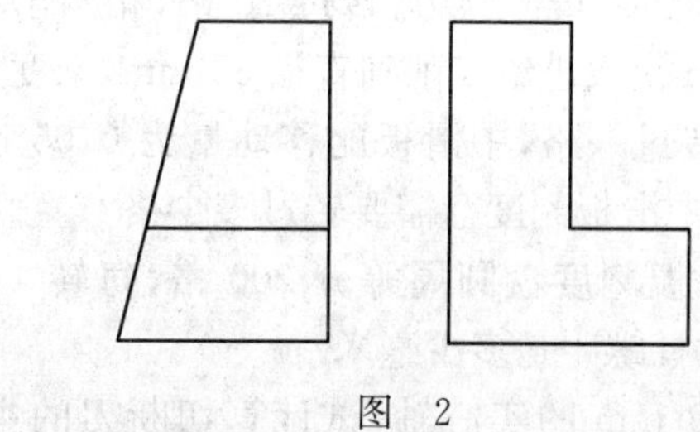

图 2

9. 在丝杠螺距为 12 mm 的车床上,车削螺距为 1.5 mm 和每英寸 8 牙的两种螺纹,试求挂轮。

10. 加工锥度为 1∶10 的圆锥孔,锥体角度已合格,但用塞规测量时孔的端面到塞规的刻线中心还有 8 mm,问需吃刀多深才能使锥孔尺寸合格?

11. 车削直径为 60 mm 的轴，选用车床主轴转速为 600 r/min，其切削速度为多少？若切削速度不变，车削直径 20 mm 的轴，求主轴转数。

12. 车削 Tr32×P6 内螺纹，问其底孔直径应为多少？

13. 车削偏心距 $e=2$ mm 的工件，试用 3 mm 垫片进行切削，试切后检查其实际偏心距，如实测偏心距为 2.04 mm，试计算垫片厚 x。

14. 已知工件毛坯直径为 70 mm，选用背吃刀量为 2.5 mm，问一次进给后，车出的工件直径是多少？

15. 在外圆直径为 80 mm、厚度为 30 mm 的圆盘上，用直径为 20 mm 的麻花钻钻孔，工件转速选用 480 r/min，求钻孔时的背吃刀量和切削速度。

16. 在外圆直径为 100 mm、厚度为 40 mm 的圆盘上，先用直径为 25 mm 的钻头钻孔，然后再用直径为 50 mm 的钻头进行扩孔，钻孔和扩孔时的切削速度均选为 35 m/min，求钻孔和扩孔时，工件转速应各选为多少？

17. 在车床上自制 60°前顶尖，最大圆锥直径为 30 mm，试计算圆锥长度。

18. 已知圆形成形刀的直径 $D=30$ mm，需要保证径向后角 $\alpha_0=8°$，求主切削刃低于圆形刀柄中心的距离 H。

19. 车削如图 3 所示的球形凹面，求深度 H。

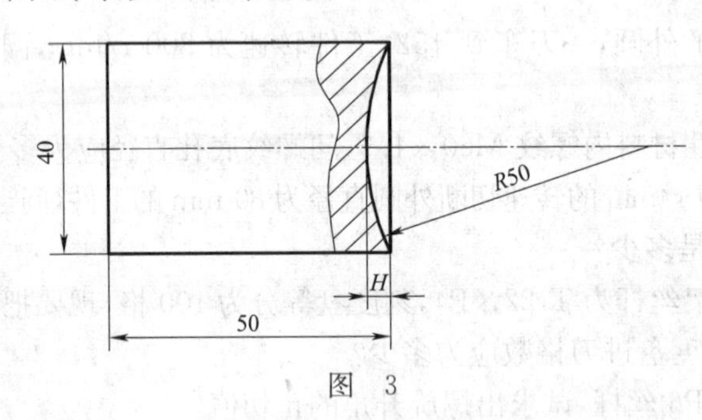

图 3

20. 车削工件外圆，选用背吃刀量 2 mm，在圆周等分为 200 格的中滑板刻度盘上正好转过 1/4 周，求刻度盘每格为多少毫米？中滑板丝杠螺距是多少毫米？

21. 已知车床中滑板丝杠螺距为 5 mm，刻度盘圆周等分 100 格，试计算：(1)当摇手柄转过 1 格时，车刀移动了多少毫米？(2)若刻度盘转过 20 格，相当于将工件直径车小了多少毫米？(3)若将工件直径从 70 mm 一次进给车削到直径 65 mm，刻度盘应转过几格？

22. 车床中滑板刻度盘每转过一格，中滑板的移动量为 0.05 mm，求工件尺寸由直径为 68.4 mm，车至直径为 68 mm，中滑板刻度盘需要转过多少格？

23. 有一台卧式车床，中滑板刻度盘圆周等分 200 格，每转 1 格时，中滑板移动距离为 0.02 mm，这台车床的中滑板丝杠螺距是多少毫米？

24. 切断一直径为 $d_w=49$ mm 的实心轴，试计算切断刀的主切削刃宽度 b_0 和刀头长度 l_0。

25. 切断一外径为 $d_w=64$ mm，孔径为 $d_{孔}=54$ mm 的工件。试计算切断刀的主切削刃宽度 b_0 和刀头长度 l_0。

26. 已知需铰削孔的尺寸为 $\phi 25H8(^{+0.03}_{0})$，计算最佳铰刀尺寸。

27. 车削锥度 $C=1:20$ 外圆锥，用套规测量时工件小端离开套规尺寸测量中心为 8 mm，问背吃刀量多少才能使直径尺寸合格?

28. 车削锥度 $C=1:5$ 内圆锥,用套规测量时,孔的端面到套规尺寸测量中心为 6 mm,问背吃刀量多少才能使直径尺寸合格?

29. 表面粗糙度对机器零件的使用性能有哪些影响?

30. 用偏移尾座法车削一长度为 400 mm 的外圆,车削后发现外圆锥度达 1:600,问当不考虑刀具磨损时,尾座轴线对主轴轴线的偏移量是多少?

31. 对刀具材料有哪些基本要求?

32. 怎样合理选用切削液?

33. 为什么要对普通麻花钻进行修磨?常用的修磨方法有哪几种?

34. 卧式车床的一级保养的内容有哪些?

35. 车削如图 4 所示的单球手柄,试计算圆球部分长度 L。

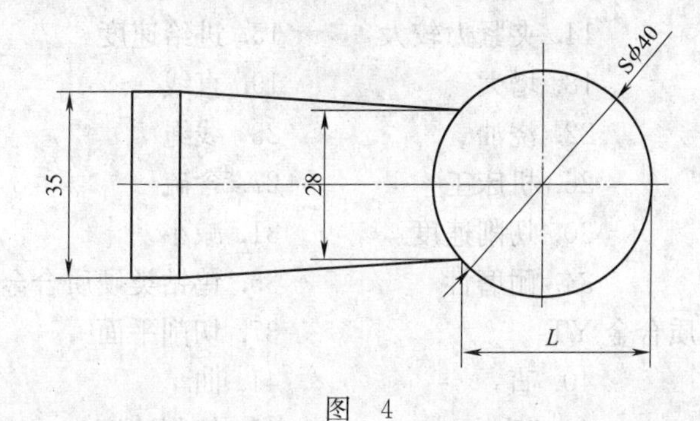

图 4

36. 已知电动机转速为 1450 r/min,小带轮直径为 130 mm,大带轮直径为 260 mm,问带轮的传动比为多少?从动轴的转速为多少?

37. 车床丝杠螺距 Px=6 mm,现要车制螺距 P 为 0.8 mm 的螺纹,求挂轮齿数。

38. 车床上车削 ϕ40 mm 直径的轴,要求一次进给车到 ϕ36 mm,选用的切削速度 $v=120$ m/min,求背吃刀量 a_p 和主轴转速。

39. 对螺距 $P=6$ mm 的标准梯形螺纹 $\alpha=30°$,进行三针法测量,求所选用的量针直径 d 的大小。

40. 计算 $\phi16^{+0.018}_{0}$ mm 孔的极限尺寸、上下偏差及公差。

41. 孔轴配合的基本尺寸为 ϕ40 mm,孔的最大极限尺寸为 ϕ40.025 mm,最小极限尺寸为 ϕ40 mm,轴的最大极限尺寸为 ϕ40.042 mm,最小极限尺寸为 ϕ40.026 mm,求最大过盈和最小过盈各是多少?

车工(初级工)答案

一、填 空 题

1. 1/10　2. 主运动　3. 主　4. 硬质合金
5. HRC60　6. 副刀刃　7. 负　8. 较大
9. 构成切削刃　10. 夹持定心　11. 刚性　12. 截面积
13. 自动定心　14. 夹紧力较大　15. 进给速度　16. 较小
17. 正　18. 增大　19. 直线　20. 距离之差
21. 乳化液　22. 浇油　23. 线绳　24. 冷却
25. 500　26. 机床工　27. 含硫　28. 中等切削
29. 副偏角　30. 切削速度　31. 减小　32. 两个主后刀面
33. 走刀量　34. 耐磨性　35. 钨钴类硬质合金 YG
36. 钨钛钴类硬质合金 YT　37. 切削平面　38. 主运动
39. 径向跳动　40. 直　41. 曲　42. 弯曲
43. 径向切削　44. 切削　45. 切削速度　46. 淬火
47. 自动断开走刀　48. $W_{18}Cr_4V$　49. 红硬　50. 较大值
51. 轴向切削阻力　52. 工件表面质量　53. 弯曲　54. 走刀量
55. 大　56. 走刀量　57. 牙数　58. 走刀量
59. 定位元件　60. 加工余量　61. 位置精度　62. 右
63. 交叉的 45°斜线　64. 剖切面　65. 45°平行线　66. 长对正
67. $\square B \times B$　68. 内径　69. 0.01　70. 直线度
71. 比较　72. 极限尺寸　73. 不得大于 3.2　74. 碳
75. 最小　76. 含碳量　77. 4　78. 洛氏
79. 表面　80. 划线　81. 的龙胆紫　82. 划线盘及划针
83. 孔的尺寸精度　84. 磨料　85. 白刚玉　86. 绿碳化硅
87. 主轴箱　88. 强度　89. 短路及过载　90. 36
91. 主要技术参数　92. 降低　93. 前角　94. 前后刀面
95. 切削速度　96. 摩擦　97. 90°偏刀　98. 等高
99. IT11～IT12　100. 精加工　101. 转动小滑板　102. 偏移尾座
103. 内圆锥和外圆锥　104. 工件轮廓　105. 0.2～0.4　106. 精度高
107. 刚性　108. 3 段圆弧　109. 定位装置　110. 一次装夹
111. 较大　112. 35～50　113. 稍低　114. 顶角
115. 靠模　116. 粘附　117. 滑动　118. 基准
119. 变形　120. 测量　121. 开合　122. 相反

123. 加工表面粗糙度指标　124. 挤裂阶段　125. 中心孔
126. 剖切　127. 工件　128. 金刚石　129. 基准孔
130. 规格　131. 零　132. 保护接地　133. 800 ℃~1 000 ℃
134. 小　135. 积屑瘤　136. 网纹　137. 正值
138. 戴手套、围巾　139. 下摆紧　140. 右手在前左手在后
141. 护眼镜　142. 2 m及2 m以上　143. 保养　144. 刃磨
145. 自动进刀　146. 力学　147. 两个侧面　148. 径向
149. 轴向　150. 12　151. 车床类　152. 卧式车床
153. 床身上最大回转直径为400 mm　154. 第一次重大改进　155. 停车
156. 螺距　157. 刃倾角　158. 基面　159. 切削速度
160. 背吃刀量　161. 进给量　162. 同轴度　163. 装夹工件
164. 纵向　165. 横向　166. 脆性金属　167. 车床主轴
168. 左　169. 硬度

二、单项选择题

1. D　2. B　3. C　4. B　5. B　6. B　7. A　8. A　9. C
10. B　11. B　12. D　13. A　14. B　15. C　16. C　17. A　18. C
19. A　20. C　21. C　22. A　23. B　24. B　25. B　26. B　27. C
28. A　29. B　30. C　31. C　32. C　33. C　34. C　35. A　36. B
37. B　38. A　39. C　40. A　41. A　42. B　43. B　44. A　45. B
46. C　47. A　48. C　49. C　50. B　51. C　52. C　53. C　54. C
55. C　56. C　57. B　58. B　59. C　60. B　61. A　62. B　63. A
64. A　65. A　66. A　67. A　68. A　69. B　70. A　71. B　72. A
73. A　74. A　75. A　76. C　77. B　78. A　79. B　80. B　81. B
82. C　83. B　84. B　85. B　86. C　87. C　88. A　89. B　90. C
91. B　92. B　93. C　94. B　95. C　96. C　97. B　98. A　99. A
100. B　101. A　102. C　103. C　104. C　105. D　106. B　107. C　108. A
109. B　110. B　111. B　112. A　113. B　114. B　115. A　116. C　117. B
118. A　119. B　120. A　121. B　122. B　123. B　124. A　125. B　126. A
127. A　128. A　129. A　130. B　131. B　132. A　133. B　134. A　135. C
136. A　137. B　138. A　139. A　140. A　141. A　142. B　143. A　144. C
145. A　146. A　147. C　148. A　149. B　150. B　151. A　152. C　153. B
154. A　155. A　156. C　157. C　158. B　159. A　160. B　161. B　162. B
163. B　164. C　165. B　166. A　167. A　168. C　169. D　170. B　171. B
172. C　173. B　174. B　175. D　176. B　177. B　178. A　179. A　180. B
181. B　182. D　183. A　184. A　185. C　186. B　187. C　188. B　189. C
190. A

三、多项选择题

1. AC　2. BC　3. AB　4. AD　5. CD　6. AD　7. AB
8. BD　9. BC　10. AD　11. AB　12. BC　13. CD　14. ABC
15. AC　16. BC　17. AB　18. BD　19. BD　20. AB　21. AB
22. AC　23. AB　24. CD　25. CD　26. AB　27. AB　28. CD
29. AB　30. AB　31. AB　32. AB　33. ABC　34. AB　35. AB
36. CD　37. AB　38. AB　39. ABD　40. AC　41. BC　42. AB
43. AB　44. AC　45. CD　46. AB　47. AB　48. BC　49. AC
50. AB　51. AD　52. BC　53. ABC　54. AB　55. ABC　56. BD
57. AD　58. BC　59. BC　60. ABCD　61. ABC　62. AB　63. BCD
64. ABD　65. AC　66. ACD　67. ABD　68. AB　69. CD　70. BC
71. ABC　72. AC　73. AB　74. ABC　75. AC　76. ABCD　77. AB
78. BC　79. AC　80. ACD　81. AC　82. ABD　83. ABC　84. ABC
85. BCD　86. AC　87. CD　88. AB　89. AB　90. ABCD　91. BC
92. AB　93. AB　94. ABC　95. ABD　96. AC　97. AD　98. ABC
99. BCD　100. BC　101. ABCD　102. ABCD　103. BC　104. ABCD　105. ABD
106. ABC　107. ACD　108. BD　109. AC　110. BC

四、判 断 题

1. ×　2. √　3. ×　4. √　5. ×　6. √　7. √　8. √　9. √
10. √　11. √　12. ×　13. √　14. ×　15. √　16. √　17. √　18. ×
19. ×　20. √　21. √　22. √　23. ×　24. √　25. ×　26. √　27. √
28. √　29. √　30. √　31. ×　32. √　33. √　34. √　35. ×　36. √
37. ×　38. ×　39. √　40. ×　41. √　42. √　43. ×　44. ×　45. √
46. √　47. √　48. ×　49. ×　50. √　51. √　52. ×　53. √　54. ×
55. √　56. √　57. √　58. √　59. √　60. ×　61. √　62. √　63. √
64. ×　65. √　66. √　67. √　68. √　69. √　70. √　71. ×　72. √
73. √　74. ×　75. ×　76. √　77. ×　78. √　79. ×　80. ×　81. ×
82. ×　83. √　84. ×　85. √　86. √　87. ×　88. √　89. ×　90. ×
91. ×　92. √　93. ×　94. ×　95. ×　96. √　97. √　98. √　99. √
100. √　101. √　102. ×　103. ×　104. √　105. √　106. √　107. ×　108. √
109. ×　110. √　111. ×　112. ×　113. ×　114. ×　115. √　116. ×　117. √
118. √　119. ×　120. ×　121. ×　122. √　123. √　124. √　125. ×　126. ×
127. √　128. ×　129. ×　130. ×　131. √　132. √　133. √　134. ×　135. ×
136. √　137. √　138. √　139. ×　140. ×　141. √　142. √　143. ×　144. √
145. √　146. √　147. ×　148. √　149. ×　150. √　151. √　152. √　153. ×
154. √　155. √　156. ×　157. √　158. ×　159. √　160. ×　161. √　162. √
163. ×　164. ×　165. √　166. ×　167. ×　168. √　169. ×　170. ×　171. √

172. √ 173. √ 174. √ 175. √ 176. √ 177. √ 178. × 179. × 180. √ 181. ×

五、简 答 题

1. 答:工件上已加工表面与待加工表面之间的垂直距离叫背吃刀量(1.5 分);工件每转一转,车刀沿进给方向移动的距离叫进给量(1.5 分);切削速度是主运动的线速度(2 分)。

2. 答:前角的作用主要是影响切削变形、切削力和刀具强度(2 分)。增大前角能使切削刃锋利,减少功率消耗,切屑变形小,从而减小切削力和切削热的产生(2 分)。若前角太大,则会使切削刃强度降低,在车削过程中容易产生崩刃(1 分)。

3. 答:后角的作用主要是减少车刀主后刀面与工件加工表面之间的摩擦,影响刀具磨损(2 分)。增大后角可以减少摩擦,减少切削热,使切削轻快(2 分)。但若后角过大,则刀具强度下降,容易崩刃(1 分)。

4. 答:工件材料对切削力影响最大的是强度、硬度和塑性(1.5 分)。强度和硬度越高的材料,切削力越大(1.5 分)。两种强度和硬度相近的材料相比,其中塑性越好的,切削变形越剧烈,和刀具的摩擦越强烈,切削力越大(2 分)。

5. 答:切削用量三要素中,切削速度对切削温度影响最大(1 分),切削温度将随切削速度的增加而明显升高(1 分)。其次是进给量(1 分),当进给量 f 增大,刀屑间接触面积略有增加,切削温度随 f 的增加而升高,但上升幅度较小(1 分)。影响最小的是背吃刀量 a_p,增大 a_p 切削层宽度也增大,增大了刀具、工件、切屑散热面积,切削温度升高甚微(1 分)。

6. 答:1)车削塑性金属时,可取较大的前角;车削脆性金属时应取较小的前角(2 分)。2)粗加工,应取较小的前角(1 分);精加工时,为减小工件表面粗糙度值,一般应取较大的前角(1 分)。3)车刀材料的强度、韧性较差,前角应取小些(0.5 分);反之,前角可取得较大(0.5 分)。

7. 答:因为切削塑性金属时,一般产生带状切屑(1 分),这种连续不断的切屑,温度高,流速快(1 分),缠绕在刀具、工件或机床部件上,会损坏刀具(1 分)和降低工件车削质量(1 分),而且切屑随时会飞散出来,给操作者造成麻烦和危险(1 分)。因此,在车削钢材类塑性金属时,必须采取断屑措施。

8. 答:轴类零件用两顶尖装夹的优点:定位精度高(1 分),可以多次重复使用(1 分),装夹方便,加工精度高(1 分),保证加工质量。缺点是:顶尖面积小,承受切削力小,给提高切削用量带来困难(2 分)。

9. 答:切断刀折断的原因有:1)切断刀的副偏角和副后角太大(0.5 分);卷屑槽过深(0.5 分);主切削刃太窄、刀头过长(1 分);刀头歪斜(0.5 分)。2)切断刀装夹时与工件轴线不垂直(0.5 分),或没有对准工件轴线(0.5 分)。3)进给量太大(0.5 分)。4)切断刀前角太大(0.5 分),中滑板松动(0.5 分)。

10. 答:中心钻折断的原因有:1)中心钻轴线与工件旋转中心不一致(1 分);2)工件端面没车平,或中心处留有凸头(1 分);3)切削用量选用不当(1 分);4)中心钻磨损(1 分);5)没有浇注充分的切削液或没及时清除切屑(1 分)。

11. 答:主要原因是:1)套类零件的车削是在圆柱孔内部进行的,观察切削情况较困难(1 分);2)刀柄尺寸由于受孔径和孔深的限制,不能有足够的强度,刚性较差(1 分);3)排屑和冷却困难(1 分);4)测量圆柱孔比测量外圆困难(1 分);5)在装夹时容易产生变形(特别是壁厚较薄的套类零件),使车削更困难(1分)。

12. 答:麻花钻的顶角一般为118°(1分),如果顶角磨得不对称,钻削时,只有一个切削刃切削,另一切削刃不起作用,因而造成两边受力不平衡,使钻出的孔扩大(2分)和歪斜(2分)。

13. 答:在一定的切削速度范围内,常在刀具前刀面的刀刃尖附近粘着一块硬而脆的楔形金属块(4分)。它的硬度比工件材料高1.5~2.5倍(1分),这一楔形块称积屑瘤(或称刀瘤)。

14. 答:确定工件在机床上或夹具中有正确位置的过程称为定位(2.5分)。工件定位后,将其固定,使其在加工过程中保持定位位置不变的操作称为夹紧(2.5分)。

15. 答:通用车床夹具大体可分为4类(1分):1)以工件外圆柱面定位的车床夹具(1分)。2)以工件内孔定位的车床夹具(1分)。3)以工件顶尖孔定位的车床夹具(1分)。4)加工非回转体的车床夹具(1分)。

16. 答:车床夹具的特点:加工过程中,夹具要带动工件一起转动(2分),夹具的回转轴线与机床主轴的回转轴线一致(1分);车床夹具大部分是定心夹具(1分);由于车床主轴的转速较高,因此对夹具的平衡问题(0.5分)、夹紧力大小和方向及夹具元件的刚度和强度、夹具的操作安全等都要求比较严格(0.5分)。

17. 答:1)当圆锥的锥角很小时,可传递很大的转矩(2分)。2)圆锥面接合同轴度高,装拆方便(2分),多次装拆仍能保持精确的定心作用(1分)。

18. 答:增加车孔刀刚性主要采取以下两项措施:1)尽量增加刀杆的截面积(2.5分);2)刀杆的伸出长度尽可能缩短(2.5分)。

19. 答:常用的心轴有:1)小锥度心轴,小锥度心轴定位精度较高(1分),只适用于批量较小、精度较高、轴向无定位要求的工件(1分);2)螺母压紧的台阶式心轴,适用于装夹多个工件以及工件精度要求不太高场合(1分);3)涨力心轴,因装卸工件方便,精度较高(1分),适用于孔径公差较大的套类零件(1分)。

20. 答:铰孔时,铰刀磨损(1分)或切削刃上有崩口(0.5分)、毛刺(0.5分),切削速度选得太高(1分)或缺少切削液(0.5分),会使孔的表面粗糙度值增大。预防办法是修磨铰刀(0.5分),刃磨后保管好,不允许碰毛。采用5 m/min以下的切削速度(0.5分),加注足够的切削液(0.5分)。

21. 答:偏移尾座法车圆锥面的优点是:可以利用车床自动进给(1分),车出的工件表面粗糙度值较小(1分),并能车较长的圆锥(1分)。缺点是不能车锥度较大的工件(1分),中心孔接触不良,精度难以控制。适用于加工锥度较小、长度较长的工件(1分)。

22. 答:靠模法车削锥度的优点是调整锥度既方便又准确(1分);因中心孔接触良好,所以锥面质量高(1分);可机动进给车外圆锥和内圆锥(1分)。但靠模装置的角度调节范围较小(1分)。适合于批量生产(1分)。

23. 答:使用成形刀时,减少和防止振动的方法如下:1)选用刚性较好的车床,并把车床主轴和车床滑板各部分的间隙调整得较小些(1分);2)成形刀要装得对准中心(1分);3)选用较小的进给量(1分)和切削速度(1分)并加注切削液(1分)。

24. 答:滚花产生乱纹主要有以下原因:1)工件外径周长不能被滚花刀节距除尽(1分);2)滚花开始时,压力太小或接触面太大(1分);3)滚花刀转动不灵活,或滚花刀跟刀杆小轴配合间隙太大(1分);4)工件转速太高(1分);5)滚花前没有清除滚花刀齿中的细屑,或滚花刀齿部磨损(1分)。

25. 答:刃磨螺纹车刀时,应达到以下要求:1)车刀的刀尖角等于牙型角(1 分); 2)车刀的径向前角等于 0°(1 分)。粗车时允许有 5°～15°的径向前角(1 分);3)车刀后角因螺纹升角的影响,应磨得不同,进给方向的后角较大(1 分);4)车刀的左右切削刃必须是直线(1 分)。

26. 答:车削三角形螺纹时为了保证螺纹牙形正确(1 分),对装夹螺纹车刀提出了严格的要求:1)装刀时刀尖高度必须对准工件旋转中心(1 分);2)车刀刀尖角的中心线必须与工件轴线严格保持垂直(1 分),装刀时可用样板来对刀(1 分)。如果车刀装斜,就会产生牙形歪斜(1 分)。

27. 答:车螺纹时,如果产生乱牙,可采用倒顺车法(2.5 分)。如果不产生乱牙,可使用开合螺母(2.5 分)。

28. 答:高速车螺纹时,应注意以下问题:1)螺纹大径应比公称尺寸小 0.2～0.4 mm(1 分);2)因切削力较大,工件必须夹持牢固(1 分);3)要及时退刀,以防碰伤工件或损坏机床(1 分);4)背吃刀量开始可大些,以后逐渐减少(1 分),车削到最后一次时,背吃刀量不能太小(一般在 0.15～0.25 mm)(1 分)。

29. 答:在低速精车梯形螺纹时,最好采用两主切削刃均有卷槽(2.5 分)的高速钢梯形螺纹精车刀(2.5 分)。

30. 答:车螺纹时产生扎刀主要原因是:1)车刀前角太大(2 分),中滑板丝杆间隙较大(1 分);2)工件刚性差(1 分),而切削用量选择太大(1 分)。

31. 答:管子的孔径作为管螺纹的公称直径(2.5 分);多线螺纹导程等于其螺距与线数的乘积(2.5 分)。

32. 答:原因是:1)金属材料产生的弹性变形(1 分)和塑性变形(1 分);2)切屑与刀具前面的相互摩擦(2 分);3)工件和刀具后面的相互摩擦(1 分)等。

33. 答:因为此时横刃不参加工作(1 分),阻力减小(1 分),若仍以同样大小压力进给,易使钻头切削刃“咬”在工件上损坏钻头(1 分),快钻透时可采取减小走刀量的措施(2 分)。

34. 答:方法有:1)用卡盘夹持一端,另一端用顶针支承(2 分);2)用前、后顶针支承(2 分),若刚性不足可加用辅助支承——跟刀架或中心架(1 分)。

35. 答:作用是:1)使磨料均匀分布(2 分);2)润滑(2 分);3)使零件表面形成氧化薄膜,从而加速研磨过程(1 分)。

36. 答:车削时须考虑螺旋升角对工件角度的影响,当车右螺纹时,车刀左侧后角应等于(3°～5°)+螺旋升角(2.5 分),车刀右侧后角应等于(3°～5°)－螺旋升角(2.5 分)。

37. 答:注意:1)刀杆不宜伸出过长(1 分)。2)刀具的中心线须和工件轴线垂直(2 分)。3)主刀刃须与工件等高(1 分),或略高(1 分)。

38. 答:方法有直进法(2 分)、左右切削法(2 分)和斜进法(1 分)。

39. 答:优点:工件的内孔和外圆可获较高的位置精度(2 分),芯轴制造容易,安装精度高(1 分)。缺点:在长度方向上工件定位不准(1 分),刚性差,装卸不便(1 分)。

40. 答:首先选较大的背吃刀量(2 分),再选一个尽可能大的走刀量(2 分),后根据刀具耐用度合理选择切削速度(1 分)。

41. 答:由于实心工件切削条件不好(2 分),切断刀又受本身几何形状限制(1 分),刀头切削部分强度较差(2 分),所以易折断。

42. 答:先把外锥体车削正确(1 分),不动小刀架角度(1 分),只需把车刀反装(1 分)使刀刃向下(1分),主轴仍正转车削锥孔(1分),这样可获配合正确的圆锥面。

43. 答:原因有:1)机床的主要运动部件配合过松(1分)。2)车刀伸出太长(1分)。3)车刀角度选择不够合理或车刀在切削过程中严重磨损(1分)。4)工件刚性不足(1分)。5)切削用量不合理(1分)。

44. 答:主尺每小格1 mm(1分),副尺刻线总长度为49 mm(1分),并等分50格(1分),因此副尺每格49/50=0.98 mm(1分),主尺和副尺相对一格之差1-0.98=0.02 mm(1分),所以测量精度为0.02 mm。

45. 答:产生中凹的原因:是由右偏刀从外向中心走刀时(1分),大拖板没固定好(1分),车刀扎入工件产生凹面(1分)。产生中凸的原因是:车刀不锋利(0.5分),小拖板太松(0.5分)或刀架未压紧(0.5分),使车刀受切削力作用"让刀"形成凸面(0.5分)。

46. 答:1)根据被测零件精度合理使用游标读数值,游标读数值有0.02 mm与0.05 mm两种(1分)。2)使用时要考虑量具、被测件与室温的一致性(1分)。3)测量时应注意测量位置的正确(1分)。4)使用前必须擦净工作面并检查量具零位的正确性。读数时应使视线与量具刻度垂直,以减小视差(1分)。5)用后需要维护保养,放入盒内(1分)。

47. 答:车螺纹时,牙形不正确主要有以下几个原因:1)车刀安装不正确,产生牙型半角误差(2分);2)车刀刀尖角磨得不正确(2分);3)车刀磨损(1分)。

48. 答:圆锥的锥度一般用圆锥量规(2分)结合涂色(2分)检验其接触面大小(1分)来确定锥度的正确性。

49. 答:保证套类零件同轴度和垂直度主要有以下几种方法:1)在一次装夹中加工内外圆和端面(2分);2)以内孔为基准使用心轴来保证位置精度(2分);3)用外圆为基准用软卡爪装夹来保证位置精度(1分)。

50. 答:切削液又称冷却润滑液,主要用来降低切削温度和减少摩擦(3分)。此外,还有冲去切屑的清洗作用(1分),从而延长刀具的使用寿命和提高表面的质量(1分)。

51. 答:常用的刀具材料有高速钢(2.5分)和硬质合金(2.5分)两类。

52. 答:高速钢刀具制造简单,刃磨方便,磨出的刀具刃口锋利(1分),而且韧性比硬质合金高,能承受较大的冲击力(1分),因此常用于承受冲击力较大的场合(1分)。高速钢也常作为小型车刀、梯形螺纹精车刀以及成形刀具的材料(1分)。但高速钢的耐热性较差,因此不能用于高速切削(1分)。

53. 答:硬质合金的耐热性好,硬度高,耐磨性也很好(1分),因此可选用比高速钢刀具高几倍甚至几十倍的切削速度(1分),并能切削高速钢刀具无法切削的难加工材料(1分)。硬质合金的缺点是韧性较差、较脆(1分)、怕冲击(1分)。但这一缺陷,可通过刃磨合理的刀具角度来弥补。所以硬质合金是目前应用最广泛的一种刀具材料。

54. 答:高的耐磨性(1分)、高的硬度(1分)、足够的强度(1分)、韧性(1分)以及高的红硬性(1分)。

55. 答:减小副偏角或磨修光刃(1分)、改变切削速度(1分)、及时重磨(1分)或更换刀具(1分)、减少振动(1分)。

56. 答:轮廓算术平均偏差 R_a 在一定取样长度上(2分)的被测表面轮廓上各点到轮廓中线距离(2分)的绝对算术平均值(1分)。

57. 答:中心孔有四种基本类型:1)A型一般是不需要重复使用中心孔(0.5分),用于精度一般的小型工件(0.5分);2)B型用于精度要求高(1分),需多次使用中心孔的工件(1分);3)C型用于需在轴向固定其他零件的工件(1分);4)R型与A型相似,但定位圆弧面与顶尖接触,配合变成线接触,可自动纠正少量的位置误差(1分)。

58. 答:中心孔是轴类零件的定位基准(2分)。轴类零件的尺寸精度都是以中心孔定位车削达到的(1分),而且中心孔能在各工序中重复使用(1分),其定位精度不变(1分)。

59. 答:四爪单动卡盘夹紧力大(2分),但找正比较费时(1分),所以适用于装夹大型(1分)或形状不规则的工件(1分)。

60. 答:三爪自定心卡盘能自动定心(2分),不需花很多时间去找正工件,装夹效率比四爪单动卡盘高(1分),但夹紧力没四爪单动卡盘大(1分)。三爪自定心卡盘适用于装夹大批量的中小型形状规则工件(1分)。

61. 答:两顶尖装夹工件方便(1分),不需找正,装夹精度高(1分)。适用于装夹精度要求较高(如同轴度要求)(1分),必须经过多次装夹才能加工好的工件(1分),或工序较多的工件(1分)。

62. 答:一夹一顶装夹工件比较安全,能承受较大的轴向切削力(2.5分)。适用于装夹较重的工件(2.5分)。

63. 答:切削时,在刀具切削刃的切削(1分)和刀面的推挤作用下(1分),被切削金属层产生变形(1分)、剪切、滑移(1分)而变成切屑的过程(1分)。

64. 答:这类硬质合金呈红色(1分),其韧性、磨削性能和导热性好(1分),适用于加工脆性材料如铸铁(1分)、有色金属(1分)和非金属材料(1分)。

65. 答:这类硬质合金为蓝色的(1分),其耐磨性比K类高(1分),但抗弯强度、磨削性能和导热系数有所下降(1分),脆性大,不耐冲击(1分),故这类合金不宜用来加工脆性材料,只适应于高速切削一般钢材(1分)。

66. 答:这类硬质合金呈黄色(1分),其高温硬度、硬度、耐磨性、黏结温度和抗氧化性、韧性都有提高(1分),具有较好的综合切削性能(1分),主要用于切削难加工材料(1分),如铸钢、合金铸铁、耐高温合金等(1分)。

67. 答:机床型号必须反映出机床的类别(2分)、结构特征(2分)和主要技术规格(1分)。

68. 答:车削左右对称的内圆锥时,先把外端内圆锥加工准确(1分),不转动小滑板的角度(1分),将车刀反装(2分),摇向对面再车里面一个内圆锥(1分)。这样,可获得两内圆锥锥度相等且同轴度很高的工件。

69. 答:1)ϕ50 mm圆周面的轴线(1分)对外圆面A和B的同轴度(1分)公差为ϕ0.03 mm(1分)。2)ϕ50 mm右端面(1分)对基准(左端面)的平行度公差为0.01 mm(1分)。

70. 答:主要有高速钢螺纹车刀和硬质合金螺纹车刀(0.5分)。高速钢螺纹车刀刃磨方便(0.5分),容易获得锋利的切削刃(0.5分),且韧性好,刀尖不易崩裂(0.5分),但耐热性差(0.5分),只适用于低速车削(0.5分)或精车螺纹(0.5分)。硬质合金螺纹车刀耐热性、耐磨性好(0.5分),但韧性差(0.5分),适用于高速车削螺纹(0.5分)。

71. 答:零件在加工(1分)、测量(1分)和装配(1分)中,用来作为依据的那些点、线、面(2分)叫做工艺基准。

72. 答:把合理的工艺过程中(2分)的各项内容写成文字(1分)用以指导生产(2分),这类文件叫工艺规程。

73. 答:用于检验(1 分)已加表面尺寸(1 分)及其相对位置所依据的点(1 分)、线(1 分)、面(1 分)叫做测量基准。

74. 答:标准公差就是国标中的标准公差数值表所列的(1 分),用以确定公差带大小的(1 分)任一公差值(1 分),标准公差以"IT"(1 分)表示。允许尺寸的变动量(1 分)称为尺寸公差。

75. 答:基面是通过刀刃上某一选定点,垂直于该点切削速度方向的平面(2 分)。刀尖角是主刀刃和副刀刃在基面上的投影之间的夹角(2 分)。前角是前刀面与基面之间的夹角(1 分)。

76. 答:刀具刃磨后(1 分),从开始切削到达到磨钝标准(1 分)所经过的切削时间(1 分)叫做刀具耐用度。车刀在高温下(1 分)仍能保持高硬度(1 分)的性能叫做刀具的热硬性。

77. 答:车削加工基本内容有:车外圆、端面、切断和切槽(3 分),钻中心孔、钻孔、镗孔(1 分),车各种螺纹,车内外圆锥面、滚花和盘绕弹簧(1 分)等。

78. 答:切削用量是衡量切削运动大小的参数(2 分),包括背吃刀量(1 分)、走刀量(1 分)、切削速度(1 分)。

79. 答:1)基孔制(1 分),间隙配合(1.5 分)。2)基孔制(1 分),过盈配合(1.5 分)。

80. 答:车削加工就是在车床上利用工件的旋转运动作主运动(1.5 分)和车刀的直线运动作进给运动(1.5 分),来改变毛坯的形状和尺寸(1 分),把它们加工成符合图样要求的零件的切削加工方法(1 分)。

81. 答:车削的主要特点:1)一般为连续切削,切削过程稳定,可高速切削和强力切削,生产效率高(2 分)。2)采用精细车削法,能加工精度较高和质量较好的工件(2 分)。3)车刀为单刃刀具,结构简单,制造和刃磨方便(1 分)。

六、综 合 题

1. 解:已知:$D=60$ mm,$d=52$ mm,$n=800$ r/min。

由公式:$t=\frac{D-d}{2}=\frac{60-52}{2}=4$(4 分)

$v=\frac{\pi Dn}{1\,000}=\frac{3.14\times 60\times 800}{1\,000}=141$ m/min (4 分)

答:背吃刀量为 4 mm,切削速度为 141 m/min(2 分)。

2. 解:已知:$d=60$ mm,$p=1.5$ mm。

根据公式 $d_1=d-p$(对塑性材料)(4 分)

$=60-1.5=58.5$ mm(4 分)

答:螺纹底孔直径为 58.5 mm(2 分)。

3. 解:已知:$D_1=80$ mm,$D_2=80-10\times 2=60$ mm,$n=350$ r/min。

$v_1=\frac{\pi D_1 n}{1\,000}=\frac{3.14\times 80\times 350}{1\,000}=88$ m/min(3 分)

$v_2=\frac{\pi D_2 n}{1\,000}=\frac{3.14\times 60\times 350}{1\,000}=66$ m/min(3 分)

$V_{\Delta}=v_1-v_2=88-66=22$ m/min(2 分)

答:切削速度变化值为 22 m/min(2 分)。

4. 解:已知:$P=4$ mm,$d_1=40$ mm,$d_2=35$ mm,$n=100$ 格。

刻度盘每一小格的实际进给量为:4÷100=0.04 mm(3 分)

把直径 40 mm 工件车至 35 mm 所需的切削深度

$t=\dfrac{40-35}{2}=2.5$(3 分)

刻度盘进刀格数为:2.5÷0.04=62.5(格)(3 分)

答:刻度盘进刀格数为 62.5 格(1 分)。

5. 解:已知:$d=32$ mm,$P=6$ mm。

由求中径公式:$d_2=d-0.5p=32-0.5\times6=29$ mm(4 分)

由公式 $\text{tg}\tau=\dfrac{l}{\pi d_2}=\dfrac{p}{\pi d_2}=\dfrac{6}{3.14\times29}=0.0659$(4 分)

答:螺旋升角的正切值为 0.065 9(2 分)。

6. 解:已知:螺纹大径 $d=32$ mm,螺距 $p=6$ mm,$Z=0.5$ mm。

(1)由中径公式 $d_2=d-0.5p=32-0.5\times6=29$ mm(4 分)

(2)由小径公式 $d_1=d-p-2z=32-6-1=25$ mm(4 分)

答:螺纹的中径为 29 mm,小径为 25 mm(2 分)。

7. 解:已知:$a=25$ mm。

由正方形外圆直径计算公式:

$D=1.414a=1.414\times25=35.35$ mm(8 分)

答:工件四方头的外接圆直径为 35.35 mm(2 分)。

8. 答:俯视图见图 1(共 10 分,少一条线段扣两分,扣完为止)。

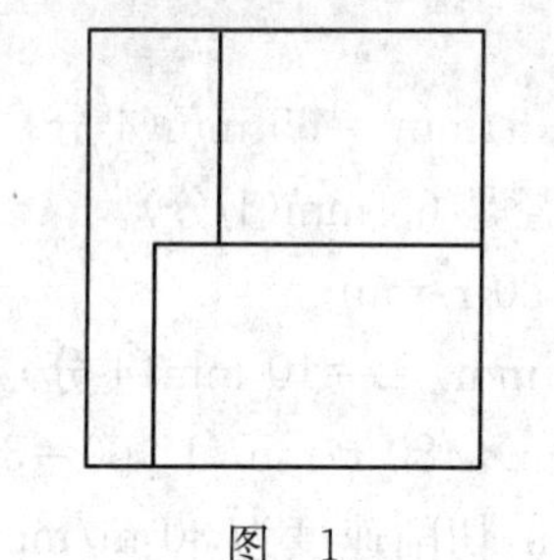

图 1

9. 解:已知:$P=P_{丝}=12$,$P_{i1}=1.5$,$P_{i2}=127/(5\times8)$。

按公式:①$i_1=\dfrac{P_{i1}}{P_{丝}}=\dfrac{1.5}{12}=\dfrac{20}{120}\times\dfrac{60}{80}$(3 分)

因为 20+120>60+15

60+80>120+15(1 分)

所以符合搭配原则(1 分)。

②$i_2=\dfrac{P_{i2}}{P_{丝}}=\dfrac{127/(5\times8)}{12}=\dfrac{30}{120}\times\dfrac{127}{120}$(3 分)

因为 30+120>127+15

127+120>120+15(1 分)

所以符合搭配原则(1 分)。

10. 解：已知：$K=\dfrac{1}{10}$，$a=8$ mm。

由计算公式 $t=\dfrac{k}{2}\cdot a=\dfrac{1/10}{2}\times 8=0.4$ mm(8分)

答：还需吃刀0.4 mm深才能使锥孔尺寸合格(2分)。

11. 解：切削速度 $V=\dfrac{\pi Dn}{1\ 000}=\dfrac{3.14\times 60\times 600}{1\ 000}=113.09$ m/min(4分)

转数 $n=\dfrac{1\ 000v}{\pi D}=\dfrac{1\ 000\times 113.09}{3.141\ 6\times 20}=1\ 800$ r/min(4分)

答：主轴转数为1 800 r/min(2分)。

12. 解：已知：Tr32×6($d=32$、$P=6$)。

据梯形螺纹内螺纹小径计算公式

$d_1=d-p=32-6=26$ mm(6分)

答：其底孔直径为26 mm(4分)。

13. 解：已知：$e=2$ mm，试垫厚 $x_1=3$ mm，$e_{测}=20.4$ mm。

先按近似公式求垫片厚：

$x=1.5e=1.5\times 2=3$ mm(2分)

偏心距误差 $\Delta e=e-e_{测}=2-2.04=-0.04$ mm(2分)

$k=1.5\Delta e=1.5\times(-0.04)=-0.06$ mm(2分)

垫片厚正确值：$x=1.5e+k=3-0.06=2.94$ mm(3分)

答：垫片厚为2.94 mm(1分)。

14. 解：已知：$d_w=70$ mm，$a_p=2.5$ mm。

$a_p=(d_w-d_m)/2$(4分)

$d_m=d_w-2a_p=70$ mm$-(2\times 2.5)$mm $=65$ mm(4分)

答：一次进给后，车出的工件直径是65 mm(1分)。

15. 解：已知：$d_w=20$ mm，$n=480$ r/min。

$a_p=(d_w-d_m)/2=(20$ mm-0 mm$)/2=10$ mm(4分)

$v_c=\pi d_w n/1\ 000=3.14\times 20$ mm$\times 480$ r/min$/1\ 000=30$ m/min(4分)

答：钻孔时的背吃刀量为10 mm，切削速度为30 m/min(2分)。

16. 解：已知：$d_{w钻}=25$ mm，$d_{w扩}=50$ mm。

$v_{c钻}=v_{c扩}=35$ m/min

$n_{钻}=1\ 000v_{c钻}/\pi d_{w钻}=1\ 000\times 35$ m/min$/3.14\times 25$ mm$=446$ r/min(4分)

$n_{扩}=1\ 000vc_{扩}/\pi d_{w扩}=1\ 000\times 35$ m/min$/3.14\times 50$ mm$=223$ r/min(4分)

答：钻孔时，工件转速为446 r/min；扩孔时工件转速为223 r/min(2分)。

17. 解：已知：$D=30$ mm，$d=0$ mm，$\alpha=60°$。

$\tan\dfrac{\alpha}{2}=\dfrac{D-d}{2L}$ (4分)

$L=\dfrac{D-d}{2\tan\dfrac{\alpha}{2}}=\dfrac{30\text{ mm}-0\text{ mm}}{2\tan 60°/2}=\dfrac{30\text{ mm}}{2\times 0.577}=30$ mm(4分)

答：圆锥长度为30 mm(2分)。

18. 解:已知:$D=30\ \text{mm}$,$\alpha_0=8°$。

$$H=\frac{D}{2}\sin\alpha_0=\frac{30\ \text{mm}}{2}\times\sin8°=2.088\ \text{mm}(8\text{分})$$

答:主切削刃低于圆形刀柄中心的距离 H 为 2.088 mm(2 分)。

19. 解:已知:$R=50\ \text{mm}$,$r=20\ \text{mm}$。

$$H=R-\sqrt{R^2-r^2}\ (4\text{分})$$

$$=50-\sqrt{50^2-20^2}=4.17\ \text{mm}(4\text{分})$$

答:深度 H 为 4.17 mm(2 分)。

20. 解:已知:$a_p=2\ \text{mm}$,$n=200$ 格。

$$a=\frac{2\ \text{mm}}{200\times1/4}=0.04\ \text{mm}(4\text{分})$$

$$P=\alpha n=0.04\ \text{mm}\times200=8\ \text{mm}(4\text{分})$$

答:刻度盘每格为 0.04 mm;中滑板丝杠螺距为 8 mm(2 分)。

21. 解:已知:$P=5\ \text{mm}$,$n=100$ 格。

$$(1)a=\frac{P}{n}=\frac{5\ \text{mm}}{100}=0.05\ \text{mm}(2\text{分})$$

$$(2)\Delta d=2\times20\times0.05\ \text{mm}=2\ \text{mm}(2\text{分})$$

$$(3)\alpha_p=(70\ \text{mm}-65\ \text{mm})/2=2.5\ \text{mm}(2\text{分})$$

$$n'=\frac{a_p}{a}=\frac{2.5\ \text{mm}}{0.05\ \text{mm}}=50\text{格}(2\text{分})$$

答:(1)车刀移动了 0.05 mm;(2)若刻度盘转过 20 格,相当于将工件直径车小了 2 mm;(3)若将工件直径从 70 mm 一次进给车削到直径 65 mm,刻度盘应转过 50 格(2 分)。

22. 解:已知:$a=0.05\ \text{mm}$。

$$n=\frac{(68.4\ \text{mm}-68\ \text{mm})/2}{0.05\ \text{mm}}=\frac{0.2\ \text{mm}}{0.05\ \text{mm}}=4\text{格}(8\text{分})$$

答:中滑板刻度盘需要转过 4 格(2 分)。

23. 解:已知:$n=200$ 格,$a=0.02\ \text{mm}$。

$$P=\alpha n=0.02\ \text{mm}\times200=4\ \text{mm}(8\text{分})$$

答:中滑板丝杠螺距是 4 mm(2 分)。

24. 解:已知:$d_w=49\ \text{mm}$。

$$b_0=(0.5\sim0.6)\sqrt{49}\ \text{mm}=(0.5\sim0.6)\times7=3.5\ \text{mm}\sim4.2\ \text{mm}(4\text{分})$$

$$l_0=d_w/2+(2\sim3)\text{mm}=49/2+(2\sim3)\text{mm}=26.5\ \text{mm}\sim27.5\ \text{mm}(4\text{分})$$

答:切断刀的主切削刃宽度 b_0 为 3.5 mm~4.2 mm,刀头长度 l_0 为 26.5 mm~27.5 mm(2 分)。

25. 解:已知:$d_w=64\ \text{mm}$,$d_{孔}=54\ \text{mm}$。

$$b_0=(0.5\sim0.6)\sqrt{64}\ \text{mm}=(0.5\sim0.6)\times8=4\ \text{mm}\sim4.8\text{mm}(4\text{分})$$

$$l_0=(d_w-d_{孔})/2+(2\sim3)\text{mm}=10/2+(2\sim3)\text{mm}=7\ \text{mm}\sim8\ \text{mm}(4\text{分})$$

答:切断刀的主切削刃宽度 b_0 为 4 mm~4.8 mm,刀头长度 l_0 为 7 mm~8 mm(2 分)。

26. 解:已知:$\phi25\text{H}8(^{+0.03}_{0})$。

铰刀基本尺寸为 ϕ25 mm

上偏差=2/3×0.03 mm=0.022 mm(4 分)

下偏差=1/3×0.03 mm=0.011 mm(4 分)

答:铰刀最佳铰刀尺寸 $\phi25^{+0.022}_{+0.011}$ mm(2 分)。

27. 解:已知:$C=1:20$,$L=8$ mm。

$D-d=CL=1/20\times8$ mm=0.4 mm(4 分)

$a_p=(D-d)/2=0.4$ mm/2=0.2 mm(4 分)

答:背吃刀量为 0.2 mm 才能使直径尺寸合格(2 分)。

28. 解:已知:$C=1:5$,$L=6$ mm。

$D-d=CL=1/5\times6$ mm=1.2 mm(4 分)

$a_p=(D-d)/2=1.2$ mm/2=0.6 mm(4 分)

答:背吃刀量为 0.6 mm 才能使直径尺寸合格(2 分)。

29. 答:对配合性质产生影响(2 分);对耐磨性质产生影响(2 分);对耐腐蚀性产生影响(2 分);对抗疲劳强度产生影响(2 分);对密封性能产生影响(2 分)。

30. 解:已知:$C=1:600$,$L=400$ mm。

尾座偏移量 $S=C/2\times L=(1/600)/2\times400$ mm=0.33 mm(8 分)

答:尾座偏移量对主轴轴线偏移量为 0.33 mm(2 分)。

31. 答:对刀具材料提出的基本要求:1)硬度高(1 分)、耐磨损(1 分);2)强度高(1 分)、抗弯曲(1 分);3)韧性好(1 分)、耐冲击(1 分);4)耐热性好(1 分);5)经济性好(1 分);6)磨削性能好(1 分);7)热塑性好(1 分)。

32. 答:切削液应根据加工性质选用(1 分)。如粗加工时应选用以冷却为主的乳化液(1 分);精加工时最好选用切削油或高含量的乳化液(1 分);钻削、铰削和深孔加工时,应选用黏度较小的乳化液和切削油,并加大流量和压力(1 分),一方面冷却、润滑(1 分),另一方面把切屑冲洗出来(1 分)。此外切削液还应根据工件材料选用,如钢材粗加工一般用乳化液(1 分),精加工用切削油(1 分);铸铁、铜、铝等脆性材料一般不加切削液(1 分);切削有色金属和铜合金时,不宜采用含硫的切削液,以免腐蚀工件(1 分)。

33. 答:由于普通麻花钻有以下几个缺点:1)主切削刃上各点前角是变化的,靠外缘处前角大(2 分),接近钻心处已变为很大的负前角,使切削阻力增加,切削条件变差(1 分);2)横刃太长(1 分),并且该处有很大的负前角,钻孔时实际上是挤压,产生的热量大,轴向力大,定心差(1 分);3)棱边上无后角(1 分),直接与孔壁发生摩擦以及外缘处速度最高,容易磨损(1 分)。因此,在使用变通麻花钻时,需要进行修磨。

常用的修磨方法有:1)修磨横刃(1 分);2)修磨前刀面(1 分);3)双重刃磨(1 分)。

34. 答:卧式车床的一级保养的内容有:

1)外保养(0.5 分):清洗机床外表面及各罩盖(0.5 分),保持内外清洁,无锈蚀,无油污;清洗长丝杠、光杠和操纵杠(0.5 分);检查并补齐螺钉、手柄等,检查清洗机床附件。

2)主轴变速箱(0.5 分):清洗滤油器,使其无杂质;检查主轴螺母有无松动,紧固螺钉是否锁紧(0.5 分);调整摩擦片间隙及制动器的松紧(0.5 分)。

3)溜板(0.5 分):拆卸刀架,调整中、小溜板镶条间隙(0.5 分);清洗并调整中、小滑板丝扛螺母的间隙(0.5 分)。

4)交换齿轮箱(0.5分):清洗齿轮、轴套并注入新油脂(0.5分);调整各齿轮啮合间隙(0.5分);检查轴套有无晃动现象。

5)尾座:清洗尾座,保持内外清洁(0.5分)。

6)冷却润滑系统(0.5分):清洗冷却泵、滤油器、盛液盘,清除贮液箱杂物(0.5分);清洗油绳、油毡,保证油孔、油路清洁畅通(0.5分);检查油质是否良好,油杯要齐全,油窗应明亮(0.5分)。

7)电器部分(0.5分):清扫电动机、电器箱(0.5分);电器装置应固定完好,并保持清洁整齐(0.5分)。

35. 解:已知:$D=40$ mm,$d=28$ mm。

$L=\frac{1}{2}(D+\sqrt{D^2-d^2})$(4分)

$=\frac{1}{2}(40\ \text{mm}+\sqrt{40^2-28^2}\ \text{mm})=32.28\ \text{mm}$(4分)

答:圆球部分长度L为32.28 mm(2分)。

36. 解:1)带轮传动比$i=130/260=0.5$(4分)

2)从动轴的转速为$n=1450\times0.5=725$ r/min(4分)

答:带轮的传动比为0.5(1分),从动轴的转速为725 r/min(1分)。

37. 解:二者的传动比$i=P/P\text{x}=0.8/6=(0.8\times10)/(6\times10)=8/60$(2分)

根据传动比求挂轮齿数

$8/60=(1\times8)/(4\times15)$(2分)

$=(1\times20)/(4\times20)\times(8\times5)/(15\times5)$(2分)

$=(20\times40)/(80\times75)$(2分)

答:采用复式挂轮传动:第一对主动齿轮为20齿,从动齿数为80齿;第二对主动齿轮为40齿,从动齿数75齿(2分)。

38. 解:1)计算背吃刀量$a_p=(D-d)/2=(40-36)/2=2$ mm(4分)

2)计算主轴转速$n=1\,000v/\pi D=1\,000\times120/(3.14\times40)=955$ r/min(4分)

答:背吃刀量为2 mm,主轴转速为955 r/min(2分)。

39. 解:根据30°牙形角选用量针直径计算公式$d=0.518P$(4分)

量针直径$d=0.518\times6=3.108$ mm(4分)

答:所选用的量针直径d的大小为3.108 mm(2分)。

40. 解:基本尺寸D为ϕ16 mm孔的最大极限尺寸$D_{max}=16.018$ mm(2分)

孔的最小极限尺寸$D_{min}=16$ mm(2分)

孔的上偏差$ES=D_{max}-D=16.018-16=0.018$ mm(2分)

孔的下偏差$EI=D_{min}-D=16-16=0$ mm(2分)

孔的公差$=ES-EI=0.018-(-0)=0.018$ mm(2分)

41. 解:最大过盈$Y_{max}=D_{min}-d_{max}=40-40.042=-0.042$ mm(4分)

最小过盈$Y_{min}=D_{max}-d_{min}=40.025-40.026=-0.001$ mm(4分)

答:最大过盈为0.042 mm,最小过盈为0.001 mm(2分)。

车工(中级工)习题

一、填 空 题

1. 布氏硬度主要用于测量较(　　)的金属材料及半成品。

2. 常用的淬火方法主要有单液淬火法、分级淬火法、(　　)三种。

3. 零件表面被(　　)所切而产生的表面交线称截交线。

4. 半剖视是以零件对称中心线为界,一半画成剖视,另一半画成(　　)所得到的图形。

5. 在零件加工过程中,最后得到的尺寸,称该零件尺寸链的(　　)环,除此以外的各尺寸称尺寸链的组成环。

6. 尺寸代号 ϕ80K7,表示基本尺寸 ϕ80,标准公差为 7 级,基本偏差为 K 的(　　)。

7. 相关公差是指图样上给定的形位公差与(　　)相互有关。

8. 标准公差用于确定公差带的(　　),基本偏差用于确定公差带位置。

9. Ra 表示表面粗糙度高度参数轮廓的(　　)平均偏差值。

10. 螺旋测微量具是利用(　　)原理,使其达到测微目的。

11. 三角带上的压印标识 A2500,表示 A 型三角带,标准长,即(　　)长度为 2 500 mm。

12. 延长渐开线蜗杆在垂直于轴线的横截面内呈延长渐开线,在垂直于螺旋线的法截面内呈(　　)。

13. 常用的淬火介质有水、油、(　　)、溶盐、空气等。

14. 粗车时吃刀深、走刀快、断屑槽要磨得(　　)一些,浅一些。

15. 安装棱形样板刀时,其定位基准平面应(　　)于零件的轴线。

16. 硬质合金不重磨机夹刀具的刀片形状有正三边形、凸三边形、(　　)、五边形四种。

17. 基本型群钻有三尖(　　)刃。

18. 增大后角可提高刀具的耐用度,(　　)工件表面粗糙度。

19. 断屑槽位置与切削刃平行时,切屑通常在(　　)上折断,或者盘旋成发条形排出。

20. 工件采用一面两孔定位时,使用一个短圆柱销和一个短圆柱削边销,这是为了避免(　　)。

21. 夹具夹紧力的大小,必须大于夹紧工件所需的最小夹紧力,小于工件在允许范围内产生(　　)误差的最大夹紧力。

22. 切削时,被切削层金属在刀具切削刃的切割和前刀面的(　　)作用下,产生变形、剪切滑移而形成切屑。

23. 减小刀具负倒棱宽度以及(　　)倒棱前角,可减小切削力。

24. 影响切削温度的主要因素除切削用量和切削液的使用情况外,还有(　　)和刀具角度。

25. 在三爪卡盘上车偏心件,适用于加工精度要求(　　),偏心距在 10 mm 以下的短偏心件。

26. 刀具正常磨损除磨粒磨损、黏结磨损外,还有相变磨损和(　　)。

27. 当切屑内部产生的(　　)应力超过材料的许用弯曲应力时,切屑就会折断。

28. 影响工件表面粗糙度的主要因素除积屑瘤外,还有(　　)和振动。

29. 切削热是通过切屑、(　　)、刀具和周围介质传散的。

30. 工件在四爪卡盘和后顶尖间定位,限制了五个自由度,它属于(　　)定位。

31. 车削细长轴时,应掌握跟刀架的使用、(　　)、合理选择刀具几何形状三个关键技术。

32. 车削细长轴前,对机床进行的调整内容包括调整(　　)位置和调整大、中、小拖板塞铁。

33. 深孔钻削的方式有单刃外排屑深孔钻、高压内排屑深孔钻、(　　)和套料钻四种。

34. 车偏心件除可使用三爪、四爪卡盘、花盘外,还可采用(　　)和专用夹具装夹进行加工。

35. 为了减小车螺纹时的牙形角误差,装刀时必须使刀尖对分线与工件轴线(　　)。

36. 滚花时出现乱纹,除与刀具、工件本身有关外,还与(　　)和主轴转速有关。

37. 车床主轴转一转时,主轴被测部位的(　　)在测量面内的径向变动量,称车床主轴径向跳动。

38. 车削塑性金属时,为了保证切削顺利进行,应在车刀前刀面上磨出(　　),其形状有直线和圆弧两种,其尺寸主要取决于进给量和背吃刀量。

39. C620-1 型车床光杠与车床变速箱输出轴是通过套筒用圆锥销来连接的,它在机床过载时可起到(　　)作用。

40. 前角增大,切削力显著降低;主偏角增大时,径向力 Py(　　),轴向力 Px 增大;刀尖圆弧半径增大时,径向力 Py 增大。

41. 卧式车床与立式车床的区别之一是,卧式车床的主轴是水平布置,立式车床的主轴是(　　)布置。

42. 当形位公差采用最大实体原则时,尺寸公差可补偿给(　　)。

43. 螺纹中径的母线通过牙形上的沟槽和凸起的宽度应(　　)。

44. 作传动用的螺纹精度要求较高,它们的螺距和螺纹升角(　　)。

45. 两顶尖安装工件精度高,但(　　)较差。

46. 在花盘角铁上安装工件时,被加工表面回转轴线上基准面应互相平行,加工时工件转速不宜(　　),否则会因离心力影响而使工件飞出。

47. 内孔余量和材料组织不匀,会使车出的内孔(　　)。

48. 单件或数量较少的特形面零件可采用(　　)进行车削。

49. 用大平面定位时,可以限制(　　)自由度。

50. 一夹一顶安装工件刚性好,轴向(　　)准确,适用于轴类重型工件的安装。

51. 用窄长面定位时可以限制(　　)自由度。

52. 机械性能是指金属材料在外力作用下所表现的(　　)能力。

53. 钻头愈近(　　)处的螺旋角愈小。

54. 公差带的位置由(　　)确定。

55. 定位误差由基准不重合误差和(　　)误差组成。

56. 齿轮传动基本要求是瞬时传动比(　　)和承载能力强。

57. 在蜗轮齿数不变的情况下,蜗轮头数少时则传动比就(　　)。

58. 机械性能又称(　　)性能。

59. 衡量金属材料塑性的指标有(　　)和断面收缩率。

60. 外圆粗车刀必须适应粗车外圆切深大、进给快的特点,要求车刀有足够的(　　),能在一次进给中车去较多的余量,以提高生产效率。

61. 刀具的磨损形式有后刀面的磨损、前刀面的磨损、(　　)同时磨损。

62. 工件材料的强度和硬度越高,刀具磨损(　　)。

63. 麻花钻的螺旋角是螺旋槽上最外缘的螺旋线展开成直线后与(　　)之间的夹角。

64. 公差带的大小由(　　)确定。

65. 代号中的(+)是形位公差的附加要求,只许中间向材料(　　)。

66. 孔轴在相对运动中,接触面的凸锋就很快磨损,(　　)随之增大,因而引起配合性质的改变。

67. 当零件表面粗糙度低时,在轮轴压入过程中,会使(　　)挤平,减小了实际有效过盈量,降低了配合的连接强度。

68. 用三针测量螺纹选择三最佳直径,应该使三针的横截面与螺纹(　　)相切。

69. 刀具角度中,对切削温度影响显著的是(　　)。前角增大,切削温度降低;前角过大,切削温度不会进一步降低。

70. 夹紧力的方向应尽量垂直于工件的主要定位基准面,同时应尽量与(　　)方向一致。

71. 车细长轴最好采用三爪的跟刀架,使用时跟刀架的支承爪与工件的接触力不宜过大,如果压力过大,会把工件车成(　　)。

72. 检验高精度的圆锥面时,其精度是以(　　)来评定的。

73. 机床夹具按通用化程度可分为通用夹具、(　　)夹具、组合夹具等。

74. 切削铸铁等脆性材料时,由于(　　)会堵塞冷却系统,容易使机床磨损,因此,一般不加切削液。

75. 用带有径向前角的普通螺纹车刀,由于切削不通过工件的轴心线,车出的螺纹牙侧不是直线而是(　　)。

76. 阿基米德蜗杆在轴向截面内的牙侧是(　　)。

77. 铰刀修光部分的棱边起(　　)、修光孔壁、保证铰刀直径和便于测量等作用。

78. 普通外螺纹大径可用(　　)测量,中径用螺纹千分尺或三针测量,螺距用螺纹量规或钢直尺测量。

79. 一般讲,背吃刀量增加一倍,主切削力(P_Z)增加(　　)。走刀量增加一倍,P_Z只增加70%左右。

80. 前角增大,切削力显著(　　)。

81. 主偏角有增大时、径向力 P_y(　　),进给力增大。

82. 刀具圆弧半径增大径向力 P_y(　　)。

83. 车削塑性金属时,为了保证切削顺利进行,应在车刀前刀面上磨出(　　)。

84. 刀具角度中,对切削温度影响显著的是(　　)。

85. 副偏角的作用是减少副刀刃与工件(　　)之间的摩擦,还影响工件表面的粗糙度。

86. 外圆粗车刀必须适应粗车外圆(　　)、进给量大的特点。要求车刀有足够的强度。

87. 麻花钻横刃修磨原则是:工件材料越软,横刃修磨得越(　　)。

88. 麻花钻横刃修磨原则是:工件材料越硬,横刃应(　　)修磨。

89. 切断刀主切削刃太宽,切削时容易产生(　　)。

90. 切断刀的刀头宽度取决于工件直径,而切槽刀的刀头宽度一般情况下与(　　)有关。

91. 硬质合金刀具切削时,如用切削液,必须一开始就(　　)地浇注。否则,硬质合金刀具会因骤冷而产生裂纹。

92. 对零件的加工误差及其(　　)范围所制定的技术标准,称为公差与配合标准。

93. 锥度标注符号所示方向应与锥度方向(　　)。

94. 图样上表面粗糙度常用的符号 R_a,它的单位是(　　)。

95. 图样上符号◎是位置公差的(　　)度。

96. 切断刀(　　)太宽,切削时容易产生振动。

97. 当一条直线倾斜于投影面时,其投影长度比原直线长度(　　)。

98. Ra 数值越大,零件表面就越(　　)。

99. 齿轮画法中,齿顶圆用粗实线表示,分度圆用(　　)表示。

100. 空间主体上的平面是由直线围成的封闭线框,所以平面的投影可化解为(　　)的投影进行作图。

101. 切屑的类型有带状切屑、挤裂切屑、粒状切屑和(　　)切屑四种。

102. 带状切屑出现在加工(　　)的金属的过程中。

103. 崩碎切屑出现在加工(　　)中。

104. 切削力可分解为主切削力 F_Z、切深力 F_y、进给力 F_X,其中(　　)消耗功率最多。

105. 造成刀具磨损的主要原因是(　　)。

106. 刀具的寿命与(　　)有密切关系。取大切削用量促使切削力增大,切削温度上升,造成刀具寿命降低。

107. 切削过程中金属的变形与(　　)所消耗的功,绝大部分转变成热能。

108. 磨削加工本质上属于切削加工,砂轮的砂粒相当于(　　)刀具。

109. 零件的加工精度反映在尺寸精度、形状精度、(　　)精度三个方面。

110. 车圆柱类零件时,其圆度、圆柱度(几何形状精度)主要取决于(　　)和导轨精度及相对位置精度。

111. 机床、夹具、刀具和工件组成的加工工艺系统在受力与(　　)的作用下会产生变形误差。

112. 组合夹具适用于(　　)和小批量生产中。

113. 夹具中的定位装置用以确定工件在夹具中的位置,使工件在加工时相对(　　)及切削运动处于正确位置。

114. 定位的任务是要限制工件的(　　)。

115. 工件的六个自由度都得到限制的定位称为(　　)。

116. 夹紧力的方向应尽量(　　)于工件的主要定位基准面。

117. 一夹一顶装夹工件。当卡盘夹持部分较长时,卡盘限制工件(　　)个自由度,后顶尖限制 2 个自由度。

118. CA6140 型车床主轴的最大通过直径是(　　)mm。

119. 双向多片式摩擦离合器是一个可操纵机构,通过操作实现机床的(　　)、停止和反转。

120. 车床中摩擦离合器的主要功能是(　　),另一功能是起过载保护作用。

121. 开合螺母机构可以接通或断开从丝杠传递的运动,主要功能是(　　)。

122. 开合螺母与溜板箱箱体上的燕尾导轨间有间隙时,能造成车削螺纹的螺距误差或(　　)现象。

123. 溜板箱内的超越离合器的功能是实现(　　)和机动进给互不干涉下的自动转换。

124. CA6140 车床的安全离合器是装在(　　)中。

125. 转塔车床与卧式车床结构上的区别在于转塔车床(　　)和丝杠。

126. 切断刀的刀头宽度取决于工件直径,而切槽刀的刀头宽度一般情况下与(　　)有关。

127. 高速车削梯形螺纹时,为了防止切屑向两侧排出而拉毛螺纹表面,所以不宜采用左右切削法,只能用(　　)车削。

128. 蜗杆精车刀的刀尖角等于牙形角,左、右刀刃应平直,刀刃的前角应为(　　)。

129. 精车轴向直廓蜗杆时,应采用(　　)装刀法。

130. 蜗杆精度的检验方法有单针测量法、三针测量法、(　　)法。

131. 车削多线螺纹的分线方法有(　　)分线法和圆周分线法两类。

132. 测量普通外螺纹,中径可用(　　)测量。

133. 用三针测量螺纹应选择三针最佳直径,即使三针的(　　)与螺纹中径处牙侧相切。

134. 蜗杆根据齿形可分为轴向直廓(阿基米德螺旋线)蜗杆和(　　)(延长渐开线)蜗杆。

135. 企业按生产类型分成(　　)生产、成批生产、单件生产三个类型。

136. 企业生产过程的组织形式有(　　)形式、对象专业形式和综合形式三种。

137. 对象专业化形式是以(　　)为对象设置生产单位(车间与工段)。

138. 反映产品制造质量的指标有(　　)、一等品率、优质品率、废品率。它们反映了企业技术水平和管理水平。

139. 企业技术管理是对企业的技术活动进行(　　)、组织、协调、控制和激励等方面工作。

140. 小革新、小发明也是(　　)的一部分。

141. 新产品按其具备新质的程度可分为(　　)新产品、换代新产品和全新产品。

142. 产品标准可分为国家标准、地方标准、(　　)标准三级。

143. 带状切屑的特点是切屑的变形(　　),切削过程平稳。

144. 崩碎切屑的特点是切削力的变动(　　),易形成振动,对刀尖冲击力大。

145. 工件定位少于六点的定位称为(　　)。

146. 副偏角的作用是减少(　　)与工件已加工表面之间的摩擦,还影响工件的表面结构。

147. CA6140 型车床主轴孔锥度是(　　)号莫氏锥度。

148. CA6140 车床的安全离合器的功能是防止(　　)。

149. 测量普通外螺纹螺距用(　　)测量。

150. 工件定位点少于应限制的自由度数称为(　　)。

151. 尺寸基准按尺寸基准性质,可分为设计基准、(　　)。

152. 用以确定零件在部件或机器中位置的基准叫(　　)。

153. 在零件加工过程中,为满足加工和测量要求而确定的基准叫(　　)。

154. 尺寸标注的形式有链式、坐标式和(　　)三种。

155. 零件的某一部分向基本投影面投影而得到的视图称为(　　)。

156. 零件向不平行任何基本投影面的平面投影所得的视图,称为(　　)。

157. 外花键在平行于花键轴的投影面的视图中大径用(　　)表示。

158. 外花键在平行于花键轴的投影面的视图中小径用(　　)表示。

159. 内花键在平行于花键轴的投影面上的剖视图中大径用(　　)表示。

160. 内花键在平行于花键轴的投影面上的剖视图中小径用(　　)表示。

161. 淬火后进行高温(　　),称为调质处理。

162. 把合理的工艺过程中的各项内容写成文字用以指导生产,这类文件叫(　　)。

163. 相互联系且按一定顺序排列的封闭尺寸组合叫(　　)。

164. 为改善碳素工具钢的切削切加工性,其预先热处理应该采用(　　)。

165. 确定下列代号所表示的配合性质:(1) Φ50H7/s6 为过盈配合;(2) Φ50G8/h7 为(　　)。

166. 当形位公差采用(　　)原则时,尺寸公差可补偿给形位公差。

167. 螺纹中径的母线通过牙形上的沟槽和凸起的宽度应(　　)。

168. 车床工在工作时严禁(　　)。

169. 车床工在工作中还应做到三紧:领口紧、袖口紧、(　　)。

170. 在车床上用锉刀修锉工件时应(　　)修锉。

171. 车工在工作中应佩戴工作帽和(　　)。

172. 作传动用的螺纹精度要求(　　),它们的螺距和螺纹升角较大。

173. 劳动保护是保护(　　)在生产过程中的安全健康。

174. 在车床工作完成后必须进行(　　)保养。

175. 两顶尖安装工件(　　)高,但刚性较差,一夹一顶安装工件刚性好,轴向定位正确,适用于轴类重型工件的安装。

176. 在花盘角铁上安装工件时,被加工表面回转轴线上基准面应互相(　　),加工时工件转速不宜太高,否则会因离心力影响而使工件飞出。

177. 内孔余量和(　　)不匀,会使车出的内孔不圆。

178. 研磨工具的材料应比工件材料(　　),要求组织均匀,并最好有微小的针孔。

179. 在履行岗位职责时,应(　　)相结合。

180. 窄长面可以限制(　　)个自由度。

181. 齿轮传动的基本要求是瞬时传动比(　　)和承载能力强。

182. 在蜗轮齿数不变的情况下,蜗轮头数少时则传动比就(　　)。

183. 机械性能又称(　　)性能。是指金属材料在外力作用下所表现的抵抗的能力,它包括塑性、硬度、韧性、疲劳强度等几个方面。

184. 衡量金属材料(　　)好坏的指标有延伸率和断面收缩率。

185. 车细长轴时为了防止工件产生振动和弯曲，应尽量减小(　　)力，且应选主偏角80°～90°车刀。

186. 凸轮基圆半径越小，则压力角越(　　)，有效推力越小，有害分力越大。

187. 液压元件泄漏必然导致(　　)损失。

188. 刀具的磨损形式有后刀面的磨损、(　　)的磨损、前后刀面同时磨损。

189. 工件材料的强度和(　　)越高，刀具磨损越快。

190. 麻花钻的螺旋角是螺旋槽上最外缘的螺旋线展开成直线后与轴线之间的夹角，钻头愈近(　　)处的螺旋角愈小。

191. 公差带的大小由标准公差确定，公差带的位置由(　　)确定。

192. 当零件表面粗糙度降低时，在轮轴压入过程中，会使顶峰挤平，减小了实际有效过盈量，降低了配合的(　　)。

193. 检验高精度的圆锥面时，其(　　)是以接触面的大小来评定的。

194. 齿轮渐开线上任一点的法线必定与基圆(　　)。

195. 切削铸铁等脆性材料时，由于切削碎末会堵塞冷却系统，容易使机床(　　)，因此，一般不加切削液。

196. 用带有径向前角的普通螺纹车刀，由于切削不通过工件的(　　)，车出的螺纹牙侧不是直线而是曲线。

197. 阿基米德蜗杆在(　　)内的牙侧是直线。

198. 一般讲，背吃刀量增加一倍，主切削力(Pz)增加一倍，走刀量增加一倍，Pz只增加(　　)左右。

199. 麻花钻横刃修磨原则是：工件材料越(　　)，横刃修磨得越短。

200. 硬质合金刀具切削时，如用切削液，必须一开始就连续充分地浇涂。否则，硬质合金刀具会因(　　)而产生裂纹。

201. 对零件的(　　)误差及其控制范围所制定的技术标准，称为公差与配合标准。

二、单项选择题

1. 国标规定螺纹的小径的表示方法采用(　　)。

(A)细实线表示螺纹小径　　(B)用虚线表示螺纹小径

(C)点划线　　(D)双点划线

2. 空间一直线垂直于投影平面的投影应当是(　　)。

(A)点　　(B)线　　(C)缩短的线　　(D)伸长的线

3. 蜗杆蜗轮适用于(　　)运动的传递机构中。

(A)减速　　(B)增速　　(C)等速　　(D)变化

4. 蜗杆相当于一个(　　)。

(A)螺纹　　(B)丝杠　　(C)齿条　　(D)齿轮

5. 米制蜗杆的齿形角为(　　)。

(A)14°30′　　(B)30°　　(C)20°　　(D)24.5°

6. 法向直廓蜗杆的代号为(　　)。

(A)ZA　　(B)ZN　　(C)ZK　　(D)ZM

7. 蜗杆粗车刀左右切削刃之间的夹角要(　　)两倍齿形角。
(A)小于　(B)等于　(C)大于　(D)无要求
8. 用可转位切削头车削(　　)直廓蜗杆时,可转位切削头必须倾斜。
(A)法向　(B)轴向　(C)端面　(D)切向
9. 用车槽法粗车模数(　　)3 mm 的蜗杆时可先用车槽刀将蜗杆车至根圆直径尺寸。
(A)大于、等于　(B)小于　(C)非　(D)小于、等于
10. 精车蜗杆时的切削速度应选为(　　)。
(A)15～20 m/min　(B)>5 m/min　(C)<5 m/min　(D)5 m/min
11. 采用分层切削法车削蜗杆时,蜗杆粗车车刀刀头宽度应(　　)齿槽宽度。
(A)等于　(B)小于　(C)大于　(D)无要求
12. 车削多线螺纹时,选择车床进给箱手柄位置或判断是否乱牙时,都应根据(　　)来确定。
(A)导程　(B)螺距　(C)齿距　(D)节距
13. 多线螺纹的分线误差会造成螺纹的(　　)不等。
(A)螺距　(B)导程　(C)齿厚　(D)牙型角
14. 在小滑板刻度每格为 0.05 mm 的车床上车削导程为 6 mm 的双线螺纹时,用小滑板刻度来分线,小滑板应转过(　　)格。
(A)120　(B)60　(C)30　(D)50
15. 用百分表分线法车削多线螺纹时,其分线齿距一般在(　　)mm 之内。
(A)5　(B)10　(C)20　(D)15
16. 用分度插盘(　　)。
(A)只能车削多线外螺纹　(B)只能车削多线内螺纹
(C)能车削多线内外螺纹　(D)不能车多线螺纹
17. 用交换齿轮齿数分线法车削多线螺纹时,当交换齿轮的齿数是(　　)时,才可以用交换齿轮进行分线。
(A)奇数　(B)偶数
(C)螺纹线数的整数倍　(D)奇数或偶数
18. 用分度插盘车削多线外螺纹时,被加工工件应在(　　)装夹。
(A)两端顶尖之间　(B)卡盘上
(C)分度插盘上　(D)卡盘上或分度插盘上
19. 采用直进法或左右切削法车削多线螺纹时,(　　)将一条螺旋槽车好后,再车另外的螺旋槽。
(A)不能　(B)可以　(C)应该　(D)可以或应该
20. 用圆周分线法车削多线螺纹时,粗车第一条螺旋槽后,记住中、小滑板刻度盘上的刻度值,车另外的螺旋槽时,(　　)滑板的刻度应跟车第一条螺旋槽时相同。
(A)中　(B)小　(C)中、小　(D)不要求
21. 法向直廓蜗杆的齿形在蜗杆的轴平面内为(　　)。
(A)阿基米德螺旋线　(B)曲线
(C)渐开线　(D)直线

22. 车削钢料蜗杆的粗车刀应磨有(　　)纵向前角。

(A)<5° (B)>15° (C)10°～15° (D)等于5°

23. 由于蜗杆的导程较大,一般在车削蜗杆时都采用(　　)切削。

(A)高速 (B)中速 (C)低速 (D)中速或低速

24. 量块分线法属于(　　)一类。

(A)轴向分线法 (B)径向分线法 (C)圆周分线法 (D)切向分线法

25. 蜗杆车刀左、右刃后角大小的选择与被加工蜗杆的(　　)有关。

(A)齿形角 (B)螺旋角 (C)导程角 (D)螺旋角或导程角

26. 国家标准GB5796.4—86中,对梯形外螺纹的(　　)规定了三种公差带位置。

(A)大径 (B)中径 (C)小径 (D)大径和小径

27. 标准梯形螺纹的牙型角为(　　)。

(A)20° (B)30° (C)60° (D)50°

28. 用于三针测量法的量针最佳直径应该是使量针的(　　)与螺纹中径处牙侧相切。

(A)直径 (B)横截面 (C)斜截面 (D)法线

29. 三针测量法中用的量针直径尺寸(　　)。

(A)与螺距有关、与牙型角无关 (B)与牙型角有关、与螺距无关

(C)与螺距和牙型角都有关 (D)与螺距和牙型角都无关

30. 用齿厚游标卡尺测量蜗杆齿厚时,齿厚卡尺的测量面应与蜗杆牙侧面(　　)。

(A)平行 (B)垂直 (C)倾斜 (D)相切

31. 用游标高度划线尺对单偏心工件放在V形块槽中划线时,工件沿轴线最少需转动(　　)次。

(A)2 (B)3 (C)4 (D)5

32. 偏心工件的车削方法有(　　)种。

(A)4 (B)5 (C)6 (D)3

33. 在四爪单动卡盘上,用百分表(满量程10 mm)找正偏心圆时,只能加工偏心距在(　　)mm以内的偏心工件。

(A)5 (B)10 (C)20 (D)15

34. 粗车偏心圆时,外圆车刀可取(　　)刃倾角。

(A)正 (B)负 (C)0° (D)正或负

35. 用游标卡尺测量偏心轴两外圆间最高点数值为7 mm,最低点数值为3。其偏心距应为(　　)mm。

(A)4 (B)2 (C)10 (D)3

36. 用四爪单动卡盘加工偏心轴时,若测得偏心距偏大时,可将(　　)卡盘轴线的卡爪再紧一些。

(A)远离 (B)靠近 (C)对称于 (D)非对称于

37. 在三爪自定心卡盘上车削偏心工件时,应在一个卡爪上垫一块厚度为(　　)偏心距的垫片。

(A)1倍 (B)1.5倍 (C)2倍 (D)0.8倍

38. 在三爪自定心卡盘的一个卡爪上垫一个6 mm的垫片,车削后的外圆轴线将偏移

(　　)mm。

(A)3　　(B)4　　(C)6　　(D)5

39. 用丝杠把偏心卡盘上的两测量头调到相接触后，偏心卡盘的偏心距为(　　)。

(A)最大值　　(B)中间值　　(C)零　　(D)最大值的 1/3

40. 在两顶尖间测量偏心距时，百分表上指示出的最大值与最小值(　　)就等于偏心距。

(A)之差　　(B)之和　　(C)差的一半　　(D)和的一半

41. 在四爪单动卡盘上加工偏心工件时(　　)划线。

(A)一定要　　(B)不必要

(C)视加工要求决定是否要　　(D)视操作者水平

42. 车一批精度要求不很高、数量较大的小偏心距的短偏心工件，宜采用(　　)加工。

(A)四爪单动卡盘　　(B)双重卡盘　　(C)两顶尖　　(D)三爪垫垫片

43. 在 V 形架上测量偏心距时(　　)方式。

(A)仅有一种　　(B)分两种　　(C)分多种　　(D)分三种

44. 在车床上用百分表和中滑板刻度配合测量一偏心距为 8 mm 的曲轴的偏心距误差，最高点测好后，把曲柄颈转过 180°后，将中滑板依照刻度应朝里摇进(　　)mm。

(A)4　　(B)8　　(C)16　　(D)20

45. 长度与直径之比大于(　　)的轴类零件称为细长轴。

(A)5　　(B)25　　(C)50　　(D)30

46. 使用中心架支承车削细长轴时，中心架(　　)支承在工件中间。

(A)必须直接　　(B)必须间接　　(C)可直接亦可间接　(D)不需要

47. 中心架支承爪磨损至无法使用时，可用(　　)调换。

(A)青铜　　(B)钢　　(C)塑料　　(D)木材

48. 跟刀架支承爪跟工件的接触压力过大，会把工件车成(　　)形。

(A)腰鼓　　(B)锥　　(C)竹节　　(D)波浪线

49. 车削细长轴时，为了减少切削力和切削热，车刀的前角应取为(　　)。

(A)＜15°　　(B)＞30°　　(C)15°～30°　　(D)35°～40°

50. 车削细长轴时，为了减小切削力和切削热，车刀的前角应取得(　　)。

(A)大些　　(B)小些

(C)和一般车刀一样　　(D)负前角

51. 车削细长轴时，应选择(　　)刃倾角。

(A)正的　　(B)负的　　(C)0°　　(D)正的或 0°

52. 用牌号为 YT15 的车刀车削细长轴时，应该(　　)切削液。

(A)不用　　(B)用油　　(C)用乳液　　(D)用油或乳液

53. 用两顶尖装夹方法车削细长轴，在工件两端各车两级直径相同的外圆后，用(　　)只百分表就可找正尾座中心。

(A)1　　(B)2　　(C)4　　(D)3

54. 用三爪自定心卡盘装夹、车薄壁套，当松开卡爪后，外圆为圆柱形而内孔呈弧状三边形的变形称为(　　)变形。

(A)变直径　　(B)等直径　　(C)仿形　　(D)三角

55. 车削薄壁工件的外圆精车刀的前角应(　　)。

(A)适当增大　(B)适当减小

(C)和一般车刀同样大　(D)为0

56. 车削薄壁工件的外圆精车刀和内孔精车刀的(　　)应基本相同。

(A)主偏角　(B)副后角　(C)后角　(D)主偏角和后角

57. 车削薄壁工件的内孔精车刀的副偏角,应比外圆精车刀的副偏角选得(　　)。

(A)大一倍　(B)小一半　(C)同样大　(D)大两倍

58. 加工薄壁工件时,应设法(　　)装夹接触面。

(A)减小　(B)增大　(C)避免　(D)跟一般工件一样

59. 当零件具有对称平面时,在垂直于对称平面的投影面上投影所得的图形,可以以对称中心为界,一半画成剖视,另一半画成视图的图形,叫(　　)视图。

(A)局部　(B)局部剖　(C)半剖　(D)全剖

60. 加工直径较小的深孔时,一般采用(　　)。

(A)枪孔钻　(B)喷吸钻　(C)高压内排屑钻　(D)一般麻花钻

61. 枪孔钻刀柄上的V形槽是用来(　　)。

(A)减小阻力的　(B)增加刀柄强度的

(C)排屑的　(D)进润滑液

62. 喷吸钻工作时,大部分切削液是从(　　)。

(A)内套管流入钻头的　(B)内、外套管之间流入钻头的

(C)内套管月牙孔直接流出的　(D)内套管流出

63. 喷吸钻工作时,切屑(　　)出来。

(A)全靠切削液冲　(B)全靠切削液吸

(C)靠切削液喷和吸的双重作用排　(D)从月牙孔

64. 加工深孔时,应尽量采用(　　)。

(A)枪孔钻　(B)喷吸钻　(C)高压内排屑钻　(D)群钻

65. 角铁(　　)类型。

(A)只有一种　(B)可以分为两种　(C)可以分为三种　(D)可以分为四种

66. 角铁面上有长短不同的通槽,是用来(　　)。

(A)去重的　(B)减小加工面的　(C)安插螺钉的　(D)作为工艺槽

67. V形块的工作部位是V形槽的(　　)。

(A)两侧面　(B)槽顶的两条线　(C)槽底　(D)两侧面和槽底

68. V形块上加工出的螺钉孔或圆柱孔,是起(　　)作用的。

(A)平衡　(B)减重　(C)固定和装夹　(D)平衡和减重

69. 花盘面的平面度误差不应大于(　　)mm。

(A)0.01　(B)0.02　(C)0.05　(D)0.03

70. 检查花盘时,要求花盘面的平面度误差比端面对主轴轴线的端面全跳动误差(　　)。

(A)高一级　(B)低一级　(C)小于同一数值　(D)高两级

71. 在车床花盘上加工双孔工件时,主要解决的问题应是两孔的(　　)公差。

(A)尺寸　(B)形状　(C)中心距　(D)尺寸和形状

72. 车床花盘上用于找正两孔中心距的专用心轴和定位圆柱之间距离尺寸的公差一般应(　　)工件中心距公差。

(A)大于　(B)等于　(C)取 1/3～1/2　(D)大于或等于

73. 直角形角铁装夹在花盘上，其另一工作面与主轴轴线的平行度误差不应大于(　　)mm。

(A)0.01　(B)0.02　(C)0.03　(D)0.04

74. 用划针找正法找正工件时，找正工件的位置精度一般为(　　)mm。

(A)<0.05　(B)0.10～0.05　(C)>0.10　(D)等于 0.05

75. 四爪单动卡盘的每个卡爪都可以单独在卡盘范围内作(　　)移动。

(A)圆周　(B)轴向　(C)径向　(D)切向

76. 对于精度要求高和项目多的工件，经四爪单动卡盘装夹找正后，为防止正确位置变化，可采用(　　)的方法来加工。

(A)分粗、精车　(B)一刀车出

(C)粗车后复验找正精度　(D)不分粗、精车

77. 车床精车外圆的圆度误差与(　　)。

(A)长度无关　(B)长度有关　(C)直径有关　(D)直径无关

78. 切削时的切削热大部分由(　　)传散出去。

(A)刀具　(B)工件　(C)切屑　(D)空气

79. 电动机的转速通过多级传动副传到主轴，若每级传动副的主动轮的直径或齿数最大，从动轮的最小时，主轴得到的是(　　)转速。

(A)最高　(B)最低　(C)中等　(D)不确定的

80. CA6140 型车床进给箱传动系统是按(　　)种传动路线设计的。

(A)2　(B)3　(C)4　(D)5

81. CA6140 型车床车削(　　)的传动路线最短。

(A)蜗杆　(B)大螺距　(C)精密螺纹　(D)小螺距

82. CA6140 型车床主轴前支承采用了(　　)个轴承的组合方式。

(A)4　(B)3　(C)2　(D)5

83. CA6140 型车床主轴采用了三支承结构形式，其中(　　)支承为辅助支承。

(A)中间　(B)前　(C)后　(D)中间和后

84. 车削工件外圆时，表面上有混乱的波纹，并产生圆度误差；精车端面时平面度超差等，就必须(　　)。

(A)进行大修　(B)调整主轴轴承间隙

(C)调换轴承　(D)无法修复

85. CA6140 型车床主轴箱内的双向多片式摩擦离合器(　　)作用。

(A)只起开停　(B)只起换向　(C)起开停和换向　(D)起安全

86. 多片式摩擦离合器的(　　)摩擦片空套在花键轴上。

(A)外　(B)内　(C)内、外　(D)没有

87. CA6140 型车床制动器中的杠杆的下端与齿条轴上的圆弧(　　)部接触时，主轴处于转动状态。

(A)凹　(B)凸　(C)齿条　(D)过渡

88. 采用较低的切削速度、较小的刀具前角和较大的切削厚度切削塑性金属材料时，易形成(　　)切屑。

(A)带状　(B)挤裂　(C)粒状　(D)崩碎

89. 超越离合器和安全离合器起(　　)的作用。

(A)相同　(B)不同　(C)互补　(D)换向

90. 安全离合器由端面带(　　)形齿爪的左右两半部离合器和压力弹簧组成。

(A)矩　(B)三角　(C)螺旋　(D)圆

91. 安全离合器的轴向分力超过弹簧压力时，其左右两半离合器的端面齿爪之间会(　　)。

(A)打滑　(B)分离开　(C)啮合　(D)断裂

92. 开合螺母的作用是接通或断开从(　　)传来的运动的。

(A)丝杠　(B)光杠　(C)床鞍　(D)丝杠和光杠

93. 开合螺母的燕尾导轨间隙一般应(　　)mm。

(A)<0.05　(B)等于0.03　(C)<0.005　(D)等于0.05

94. 床鞍与导轨之间的间隙(　　)方向上的进给精度。

(A)只影响纵　(B)只影响横

(C)将影响纵横两个　(D)不影响纵横两个

95. 用0.04 mm厚度的塞尺检查床鞍外侧压板垫块与床身导轨间的间隙时，塞尺塞入深度以不超过(　　)mm为宜。

(A)10　(B)20　(C)40　(D)30

96. 中滑板丝杠与螺母间的间隙应调到使中滑板手柄正、反转之间的空程量在(　　)转以内。

(A)1/5　(B)1/10　(C)1/20　(D)1/15

97. 卧式车床小滑板丝杠与螺母间的间隙是由制造精度保证的，所以小滑板手柄正、反转之间空行程量(　　)。

(A)不会变　(B)越用越大　(C)可用螺母锁紧　(D)越用越小

98. CA6140型车床主轴前端锥孔为(　　)号莫氏。

(A)3　(B)4　(C)6　(D)5

99. 单轴转塔自动车床的回转刀架除能自动转位外，还可作(　　)进给运动。

(A)纵向　(B)横向　(C)斜向　(D)切向

100. 单轴转塔自动车床的回转刀架进给运动是用(　　)控制的。

(A)液压　(B)电气　(C)凸轮　(D)手动

101. 数控装置的脉冲当量一般为(　　)mm。

(A)0.1　(B)0.01　(C)0.001　(D)0.03

102. 加工工件的程序有错时，数控机床会自动(　　)。

(A)报警　(B)停机　(C)加工下去　(D)改错

103. 单轴转塔自动车床回转刀架在一个工作循环中最多可以转(　　)次位。

(A)3　(B)4　(C)6　(D)5

104. 车床主轴的径向圆跳动和轴向窜动属于(　　)精度项目。
(A)几何　(B)工作　(C)运动　(D)几何和工作
105. 卧式车床的工作精度检验项目主要有(　　)种。
(A)2　(B)3　(C)4　(D)5
106. 车床主轴轴线与床鞍导轨平行度超差会引起加工工件外圆的(　　)超差。
(A)圆度　(B)圆跳动　(C)圆柱度　(D)圆跳动和圆柱度
107. 用一夹一顶装夹工件时,如果夹持部分较短,属于(　　)定位。
(A)完全　(B)部分　(C)重复　(D)欠
108. 主轴的轴向窜动太大时,工件外圆表面上会有(　　)波纹。
(A)混乱的振动　(B)有规律的　(C)螺旋状　(D)斜向
109. 加工工件外圆圆周表面上出现有规律的波纹,与(　　)有关。
(A)主轴间隙　(B)主轴轴向窜动
(C)溜板滑动表面间隙　(D)床鞍导轨
110. 精车工件端面时,平面度超差,与(　　)无关。
(A)主轴轴向窜动　(B)床鞍移动对主轴轴线的平行度
(C)床身导轨　(D)主轴轴向窜动和床身导轨
111. 精车大平面工件时,在平面上出现螺旋状波纹,与车床(　　)有关。
(A)主轴后轴承　(B)中滑板导轨与主轴轴线的垂直度
(C)车床传动链中传动轴及传动齿轮　(D)A 项和 B 项
112. 车螺纹时,螺距精度达不到要求,与(　　)无关。
(A)丝杠的轴向窜动　(B)传动链间隙
(C)主轴轴颈的圆度　(D)A 项和 B 项
113. 车床加工中产生波纹缺陷的情况比较复杂,一般可以归纳为(　　)种。
(A)3　(B)5　(C)7　(D)4
114. 立式车床主轴及其轴承的载荷(　　)。
(A)较轻　(B)较重
(C)和普通卧式车床一样　(D)无要求
115. 立式车床的主运动是(　　)。
(A)刀架的移动　(B)工作台带动工件的转动
(C)横梁的移动　(D)A 项和 C 项
116. 立式车床的横梁用于(　　)。
(A)调整立刀架的上下位置的　(B)调整侧刀架的上下位置的
(C)垂直进给的　(D)调整侧刀架的左右位置的
117. 用普通压板压紧工件时,压板的支承面要(　　)工件被压紧表面。
(A)略高于　(B)略低于　(C)等于　(D)无要求
118. 立式车床上用卡盘爪装夹工件时,卡盘爪是(　　)。
(A)单动的　(B)成对联动　(C)自动定心的　(D)自动的
119. 立式车床上的工件找正,是指使(　　)与工作台旋转中心相重合。
(A)刀尖位置　(B)刀架中心　(C)工件中心　(D)刀架上面

120. C521-1A 型号是(　　)车床。

(A)普通卧式　(B)单柱立式　(C)数控　(D)双柱立式

121. 立式车床的最高转速在每分钟(　　)转左右。

(A)300　(B)1 000　(C)1 500　(D)100

122. 一般立式车床的转速级数和进给量级数均(　　)卧式车床。

(A)多于　(B)少于　(C)近似于　(D)等于

123. 在操作立式车床时,应(　　)。

(A)先起动润滑泵　(B)先起动工作台

(C)就近起动任一个　(D)先移动横刀架

124. 在立式车床上,为了保证平面定位的精度和可靠性,通常采用(　　)等高块来定位。

(A)2 个　(B)3 个　(C)4 个以上　(D)1 个

125. 在立式车床上找正工件时,一般先找正(　　)位置。

(A)立刀架　(B)轴线　(C)水平　(D)切线

126. 立式车床工作台转速大于(　　)r/min 时即为高速。

(A)150　(B)300　(C)500　(D)1 000

127. 在立式车床上,找正圆形毛坯工件时,一般应以(　　)圆为找正基准。

(A)精度要求高的　(B)余量少的　(C)余量多的　(D)好找正的表面

128. 在立式车床上装夹工件时,应(　　)。

(A)先定位、再找正、后夹紧　(B)先找正、再定位、后夹紧

(C)夹紧、定位、找正同时完成　(D)先定位、后夹紧

129. 在生产过程中,凡是改变生产对象的形状、尺寸、相对位置和性质等,使其成为成品或半成品的过程,称为(　　)过程。

(A)加工　(B)工艺　(C)制造　(D)准备

130. 规定产品或零部件工艺过程和操作方法等的工艺文件,称为工艺(　　)。

(A)流程　(B)规范　(C)规程　(D)标准

131. 在车床上,用 3 把刀具同时加工一个工件的 3 个表面的工步为(　　)工步。

(A)1 个　(B)3 个　(C)复合　(D)2 个

132. 工厂每年所制造的产品的(　　),称为生产纲领。

(A)产值　(B)批量　(C)数量　(D)质量

133. 车削时用台阶心轴定位装夹工件,可限制(　　)个自由度。

(A)3　(B)4　(C)5　(D)6

134. 定位基准、测量基准和装配基准(　　)基准。

(A)都是工艺　(B)都是设计

(C)既是设计基准,又是工艺基准　(D)测量

135. 工件上各表面不需要全部加工时,应以(　　)作为粗基准。

(A)加工面　(B)不加工面　(C)中心线　(D)任意表面

136. 采用设计基准、测量基准、装配基准作为定位基准时,称为基准(　　)。

(A)统一　(B)互换　(C)重合　(D)互换和统一

137. 对于所有表面都需要加工的工件,应选择(　　)表面作为粗基准。

(A)光洁、平整和幅度最大的　　(B)加工余量最大的
(C)加工余量最小的　　(D)最大的

138. 杠杆式卡规主要用于高精度零件的(　　)。
(A)绝对测量　　(B)相对测量　　(C)内孔测量　　(D)齿形测量

139. 在单件生产中,常采用(　　)法加工。
(A)工序集中　　(B)工序分散　　(C)分段　　(D)调整

140. 在卧式车床上加工工件,应(　　)加工。
(A)采用工序集中法　　(B)采用工序分散法
(C)视工件要求选加工方法　　(D)采用调整法

141. 在安排工件表面加工顺序时,应遵循(　　)原则。
(A)先粗后精　　(B)先精后粗　　(C)粗、精交叉　　(D)先小后大

142. 对于碳的质量分数大于 0.7%的碳素钢和合金钢毛坯,常采用(　　)作为预备热处理。
(A)正火　　(B)退火　　(C)回火　　(D)调质

143. 采用正火热处理,可以提高(　　)碳钢的硬度。
(A)低　　(B)中　　(C)高　　(D)低和高

144. 锻件、铸件和焊接件,在毛坯制造之后,一般都安排(　　)热处理。
(A)退火或正火　　(B)调质　　(C)时效　　(D)淬火

145. 调质热处理用于各种(　　)碳钢。
(A)低　　(B)中　　(C)高　　(D)低和高

146. 在一个工件的加工过程中,有必要多次安排的热处理工序是(　　)热处理。
(A)调质　　(B)退火或正火　　(C)时效　　(D)淬火

147. 精车法向直廓蜗杆装刀时,车刀两侧刀刃组成的平面应与齿面(　　)。
(A)平行　　(B)垂直　　(C)重合　　(D)相切

148. 渗碳层深度一般为(　　)mm。
(A)不大于 0.5　　(B)不小于 2　　(C)0.5～2　　(D)等于 0.5

149. 低碳钢经渗碳、淬火、回火后,可提高(　　)硬度。
(A)表面层　　(B)心部　　(C)全部　　(D)中部

150. 用四爪单动卡盘加工偏心套时,若测得偏心距偏大时,可将(　　)偏心孔轴线的卡爪再紧一些。
(A)远离　　(B)靠近　　(C)对称于　　(D)均有

151. 跟刀架(　　)用下支承爪。
(A)不必　　(B)必须
(C)视加工条件可用可不用　　(D)操作者习惯

152. 用 YT15 车刀粗车细长轴时,切削速度以(　　)m/min 为宜。
(A)<50　　(B)55±5　　(C)>60　　(D)均可

153. 用跟刀架作辅助支承,车削细长轴时,跟刀架支承爪应跟在车刀(　　)。
(A)后面　　(B)前面
(C)前或后需视加工情况而定　　(D)均可

154. 用弹性涨力心轴(　　)车削薄壁套外圆。

(A)不适宜　(B)最适宜　(C)仅适宜粗　(D)均可

155. 在花盘上平衡工件时,(　　)。

(A)只能调整平衡块的质量　(B)只能调整平衡块的位置

(C)可以调整平衡块的质量和位置　(D)不能调整平衡块的质量和位置

156. 在直角形角铁上找正加工孔的中心位置时,(　　)找正工件上侧基准线,否则工件会歪斜。

(A)还应　(B)不必再　(C)不要　(D)可找可不找

157. 四爪单动卡盘的夹紧力较之三爪自定心卡盘的(　　)。

(A)大　(B)小　(C)一样大　(D)不一定

158. 床身上最大工件回转直径相同的车床,最大工件长度(　　)。

(A)都相同　(B)不相同　(C)有多种　(D)有两种

159. CA6140 型车床主轴的径向全跳动和轴向窜动都不得(　　)mm。

(A)$>$0.01　(B)超过 0.01～0.015

(C)$<$0.015　(D)均可

160. CA6140 型车床车削扩大螺距螺纹时,主轴处于(　　)转速范围中。

(A)高　(B)中　(C)低　(D)均可

161. CA6140 型车床快速电动机起动后,超越离合器的齿轮套(　　)。

(A)停止转动　(B)转向与星形轮相反

(C)和星形轮转动相同　(D)与星形轮同步转动

162. CA6140 型车床快速电动机起动后,超越离合器的星形轮的转速与齿轮套相比(　　)。

(A)较快　(B)较慢　(C)同样快慢　(D)时快时慢

163. 在 CA6140 型车床主轴传动系统中,当各级齿轮转动副都处在相同状态下,主轴反转时时速(　　)于正转时的时速。

(A)高　(B)等　(C)低　(D)不高

164. 对在花盘和角铁上车削工件时用的平衡块有(　　)要求。

(A)形状　(B)质量　(C)精度　(D)材料

165. 要求外圆的公差等级为 IT5,表面粗糙度为 Ra0.025 μm 时,其最后加工方法应选择(　　)。

(A)研磨或超精磨　(B)精磨或精镗　(C)铣削加工　(D)车削加工

166. 一对外啮合标准直齿轮,已知齿距 $P=9.42$ mm,中心距 $a=150$ mm,传动比 $i=4$,大齿轮齿数为 80,小齿轮齿数为(　　)。

(A)20　(B)25　(C)80　(D)50

167. 在液压传动系统中,用(　　)来改变液体流动方向。

(A)溢流阀　(B)换向阀　(C)节流阀　(D)调速阀

168. 液压系统中滤油器的作用是(　　)。

(A)散热　(B)连接液压管路　(C)保护液压元件　(D)储存油液

169. 加工钢料用的(　　)车刀,一般都应磨出适当的负倒棱。

(A)硬质合金　(B)高速钢　(C)碳素工具钢　(D)陶瓷

170. 车刀的角度中对切削力影响最大的因素是车刀的(　　)。

(A)前角　(B)主偏角　(C)刃倾角　(D)后角

171. 同一工件上有数个圆锥面,最好采用(　　)法车削。

(A)转动小滑板　(B)偏移尾座　(C)靠模　(D)宽刃刀具切削

172. 单件或数量较少的型面零件可采用(　　)进行车削。

(A)成形刀　(B)双手控制法　(C)靠模法　(D)专用工具

173. 车刀前角大小取决于工件材料、背吃刀量和进给量,后角的大小取决于(　　)。

(A)切削速度　(B)工件材料

(C)背吃刀量和进给量　(D)刀具材料

174. 基准不重合误差是由于(　　)而产生的。

(A)工件和定位元件的制造误差　(B)定位基准和设计基准不重合

(C)夹具安装误差　(D)加工过程误差

175. 卧式车床主轴的窜动量应该在(　　)mm 范围内。

(A)0.01　(B)0.02　(C)0.03　(D)0.05

176. 车削塑性金属材料时,车刀的前角大,切削速度高切削厚度小就容易形成(　　)切屑。

(A)带状　(B)挤裂　(C)单元　(D)崩碎

177. 切断时防止振动的措施是(　　)。

(A)适当增大前角　(B)减小前角　(C)增加刀头宽度　(D)减小走刀量

178. 为了克服细长轴车削时的热变形伸长,可用(　　)来补偿。

(A)中心架　(B)跟刀架　(C)弹性活顶夹　(D)死顶夹

179. 固定电气设备的绝缘电阻不低于(　　)kΩ。

(A)50　(B)100　(C)200　(D)500

180. 车削时用台阶心轴安装齿轮,能限制 4 个自由度,因此是(　　)。

(A)完全定位　(B)部分定位　(C)重复定位　(D)欠定位

181. 切削时的切削热大部分由(　　)传散出去。

(A)刀具　(B)工件　(C)切屑　(D)空气

182. 采用较低的切削速度、较小的刀具前角和较大的切削厚度切削塑性金属材料时,易形成(　　)切屑。

(A)带状　(B)挤裂　(C)粒状　(D)崩碎

183. 工件在小锥度心轴上定位,可限制(　　)个自由度。

(A)3　(B)4　(C)5　(D)6

184. 用一夹一顶装夹工件时,如果夹持部分较短,属于(　　)定位。

(A)完全　(B)部分　(C)重复　(D)欠

185. 轴承座的两平面及底面已加工过,视需要在弯板上车削 ϕ28H7 孔,外形要求正确,一般应该限制(　　)自由度。

(A)3 个　(B)2 个　(C)4 个　(D)5 个

186. 杠杆式卡规主要用于高精度零件的(　　)。

(A)绝对测量　(B)相对测量　(C)内孔测量　(D)齿形测量

187. 车刀的角度中对切削力影响最大的因素是车刀的(　　)。
(A)前角　(B)主偏角　(C)刃倾角　(D)后角
188. 采用基孔制,用于相对运动的各种间隙配合时,轴的基本偏差应在(　　)之内选择。
(A)$a\sim g$　(B)$h\sim n$　(C)$s\sim u$　(D)$a\sim u$

三、多项选择题

1. 轴类零件轴线水平放置的优点是(　　)。
(A)有利于标注尺寸　(B)便于加工和测量
(C)有利于反映出轴的结构特征　(D)基准正确
2. 轴类零件图的轴肩槽采用局部放大的表达方法,该表达方法有利于(　　)。
(A)基准选择　(B)加工
(C)对其几何形状的了解　(D)尺寸标注
3. 车削薄壁工件时,为减小工件的夹紧变形,增大装夹时接触面积的措施是采用(　　)。
(A)辅助支撑　(B)工艺肋　(C)软卡爪
(D)支撑板　(E)开缝套筒　(F)轴向夹具
4. 防止或减小薄壁工件变形的方法有(　　)。
(A)实施微量进给　(B)增大接触面积　(C)采用轴向加紧装置
(D)使工件的伸出长度尽量短些　(E)采用辅助支撑或工艺肋
5. 用三爪自定心卡盘装夹工件时,若夹持部分较长,则被限制的自由度有(　　)。
(A)沿 X 轴移动　(B)沿 X 轴转动　(C)沿 Y 轴移动
(D)沿 Y 轴转动　(E)沿 Z 轴移动　(F)沿 Z 轴转动
6. 采用一夹一顶装夹工件时,若夹持部分较短,则被限制的自由度有(　　)。
(A)沿 X 轴移动　(B)沿 X 轴转动　(C)沿 Y 轴移动
(D)沿 Y 轴转动　(E)沿 Z 轴移动　(F)沿 Z 轴转动
7. 重复定位能提高工件的刚性,但对工件的定位精度有影响,一般是不允许的。如果(　　)精度很高,重复定位也可采用。
(A)工件的定位基准　(B)工件尺寸　(C)工件表面粗糙度
(D)工件形位　(E)夹具中的定位元件　(F)夹具尺寸
8. 下面几种工件的装夹方法,属于部分定位的是(　　)。
(A)三爪自定心卡盘装夹　(B)四爪单动卡盘装夹　(C)一夹一顶夹持较长
(D)一夹一顶夹持较短　(E)V 形架装夹　(F)两顶尖装夹
9. 夹紧力的方向应尽量(　　)。
(A)垂直于工件表面　(B)平行于工件表面
(C)垂直于工件的主要定位基准面　(D)平行于工件的主要定位基准面
(E)与切削力的方向保持一致　(F)与切削力的方向垂直
10. 夹紧力的作用点(　　)。
(A)不能落在主要定位面上　(B)应尽量落在主要定位面上
(C)尽量作用在工件刚性较好的部位　(D)应与支撑点相对
(E)应远离加工表面　(F)应尽量靠近加工表面

11. 采用一夹一顶装夹工件时,后顶尖限制的自由度有(　　)。

(A)沿 X 轴移动　(B)沿 X 轴转动　(C)沿 Y 轴移动
(D)沿 Y 轴转动　(E)沿 Z 轴移动　(F)沿 Z 轴转动

12. 圆柱体工件在长 V 形架上定位,限制了(　　)四个自由度。

(A)沿 X 轴移动　(B)沿 X 轴转动　(C)沿 Y 轴移动
(D)沿 Y 轴转动　(E)沿 Z 轴移动　(F)沿 Z 轴转动

13. 用三个支撑点对工件的平面进行定位,能限制(　　)三个自由度。

(A)沿 X 轴移动　(B)沿 X 轴转动　(C)沿 Y 轴移动
(D)沿 Y 轴转动　(E)沿 Z 轴移动　(F)沿 Z 轴转动

14. 常用的夹紧装置有(　　)等多种。

(A)支撑钉夹紧装置　(B)辅助支撑夹紧装置　(C)螺旋夹紧装置
(D)模块夹紧装置　(E)偏心夹紧装置　(F)垂直夹紧装置

15. 常用的螺旋夹紧装置有(　　)。

(A)塞铁式夹紧装置　(B)螺钉式夹紧装置　(C)螺母式夹紧装置
(D)模块式夹紧装置　(E)螺旋压板式夹紧装置　(F)螺旋杠杆式夹紧装置

16. 适于在花盘上装夹的零件是(　　)。

(A)双孔连杆　(B)轴承座　(C)齿轮泵体
(D)单拐曲轴　(E)减速器壳体　(F)连杆

17. 花盘盘面的平面度及花盘对主轴轴线的垂直度可用(　　)检查。

(A)量块　(B)划线盘　(C)内径表
(D)百分表　(E)水平仪　(F)平尺

18. 轴承座常装夹在花盘角铁上车削,当角铁安装后及工件装夹后,应进行的工作是(　　)。

(A)检验角铁平面对主轴轴线的垂直度　(B)检验角铁平面对主轴轴线的平行度
(C)检查轴承座孔的圆度　(D)检查轴承座孔轴线的直线度
(E)找正孔轴线与主轴轴线重合　(F)将工件压紧,然后装上平衡铁平衡

19. 对刀具切削部分材料的要求是(　　)。

(A)有足够的强度和韧性　(B)硬度高、耐磨性好
(C)有良好的工艺性能　(D)耐热性好

20. 正火的目的之一是(　　)。

(A)形成网状渗碳体　(B)提高钢的密度
(C)提高钢的熔点　(D)消除网状渗碳体

21. 一般碳钢淬火冷却介质为(　　)。

(A)机油　(B)淬火油　(C)水　(D)空气

22. 以下(　　)生产类型不适合使用组合夹具。

(A)新产品的试制　(B)单件生产
(C)临时性的突击任务　(D)成批生产

23. 钨钛钽(铌)钴类(M 类)硬质合金主要用于加工(　　)等难加工材料。

(A)高温合金　(B)高速钢　(C)不锈钢　(D)合金铸铁

24. 常用的成形车刀有(　　)等。

(A)矩形成形刀　(B)普通成形刀　(C)棱形成形刀　(D)圆形成形刀

25. 车削作业时常用的车刀材料有(　　)。

(A)碳素工具钢　(B)合金工具钢　(C)高速钢
(D)硬质合金　(E)高锰钢　(F)优质碳素工具钢

26. 高速钢是含有(　　)等合金元素较多的合金钢。

(A)钨　(B)铬　(C)钒
(D)锡　(E)钼　(F)锌

27. 高速钢主要适合制造(　　)等刀具。

(A)小型车刀　(B)外圆粗车刀　(C)端面精车刀
(D)螺纹车刀　(E)多刃车刀　(F)形状复杂的成形刀具

28. 硬质合金的优点是(　　)。

(A)韧性好　(B)耐冲击　(C)硬度高
(D)耐高温,可高速车削　(E)耐磨性好　(F)容易磨得锋利

29. 加工细长轴时,减小或补偿工件热变形伸长的措施有(　　)。

(A)一夹一顶装夹　(B)两顶尖装夹　(C)加注充分的切削液
(D)使用弹性活顶尖　(E)使车刀保持锋利　(F)用中心架和跟刀架

30. 轴向直廓蜗杆又称(　　)。

(A)ZN 蜗杆　(B)ZA 蜗杆　(C)阿基米德蜗杆　(D)延长渐开线蜗杆

31. 量块的用途是(　　)。

(A)作为长度基准进行尺寸传递　(B)作为调整用的垫块
(C)用来鉴定和校准量具、量仪　(D)测量时用来调整仪器零位
(E)精密划线和精密机床的调整

32. 正弦规是由(　　)等部分组成的。

(A)工作台　(B)两个直径相同的精密圆锥
(C)两个直径相同的精密圆柱　(D)百分表和量块
(E)侧挡板和后挡板

33. 下面米制蜗杆的计算公式中,正确的是(　　)。

(A)$P=\pi m_s$　(B)$Pz=\pi m_s$　(C)$h_a=m_s$
(D)$h_f=1.2m_s$　(E)$h=2.2m_s$　(F)$\alpha=40°$

34. 适于在花盘角铁上装夹的零件是(　　)。

(A)轴承座　(B)减速器壳体　(C)双孔连杆　(D)环首螺钉

35. 钨钴类硬质合金是由(　　)组成的。

(A)碳化钨　(B)碳化钛　(C)钴　(D)锰

36. 在两顶尖间装夹、车削偏心工件的优点是(　　)。

(A)装夹方便,不用找正　(B)定位精度较高
(C)可选择较高的切削用量　(D)测量方便

37. 深孔加工的关键是如何解决(　　)问题。

(A)切削用量　(B)深孔钻的几何形状

(C)进给方法　　(D)冷却排屑

38. 车细长轴的关键技术问题是(　　)。

(A)合理使用中心架和跟刀架　　(B)解决工件的热变形伸长

(C)合理选择车刀的几何形状　　(D)选用专用夹具

39. 深孔加工困难的主要原因有(　　)。

(A)刀杆细长,刚性差　　(B)装夹刀具困难

(C)观察、测量都比较困难　　(D)排屑困难

(E)冷却困难

40. 关于前角的选择原则,下面叙述正确的有(　　)。

(A)加工塑性材料或硬度较低的材料时应选择较大的前角

(B)高速钢车刀应选择较小的前角,硬质合金车刀应选择较大的前角

(C)粗加工应选择较小的前角

(D)精加工应选择较小的前角

(E)粗加工应选择较大的前角

(F)负前角仅适用于硬质合金车刀车削锻件、铸件毛坯和硬度很高的材料

41. 关于后角的选择原则,下面叙述正确的有(　　)。

(A)粗车时应选择较小的后角　　(B)精车时应选择较小的后角

(C)粗车时应选择较大的后角　　(D)精车时应选择较大的后角

(E)断续切削或切削力较大时,应选择较小的后角

(F)断续切削或切削力较大时,应选择较大的后角

42. 关于主偏角的选择原则,下面叙述正确的有(　　)。

(A)加工台阶轴时,主偏角应等于或大于 90°

(B)加工台阶轴时,主偏角应等于或小于 90°

(C)当工件的刚性较差时,主偏角应选较大值

(D)当工件的刚性较差时,主偏角应选较小值

(E)当车削硬度较高的工件时,应选较大的主偏角

(F)当车削硬度较高的工件时,应选较小的主偏角

43. 关于副偏角的选择原则,下面叙述正确的有(　　)。

(A)副偏角一般采用 12°～15°　　(B)副偏角一般采用 6°～8°

(C)粗车时应选择较小的副偏角　　(D)粗车时应选择较大的副偏角

(E)精车时,为减小工件的表面粗糙度值,一定要选择较小的副偏角

(F)精车时应选择较大的副偏角

44. 工件的精度和表面粗糙度,在很大程度上决定于主轴部件的(　　)。

(A)刚度　　(B)强度　　(C)回转精度

(D)转动灵活性　　(E)挠度

45. CA6140 卧式车床主轴箱内装有(　　)离合器。

(A)安全　　(B)多片摩擦　　(C)啮合式

(D)超越　　(E)过载保护

46. 当前角增大时,下述说法正确的有(　　)。

(A)切屑变形小 (B)切屑变形大 (C)切削力减小
(D)切削力增大 (E)切削刃锋利 (F)切削刃变钝

47. 离合器的作用是使同一轴线的两根轴,或轴与轴上的空套传动件随时接通或断开,以实现机床的( )等。
(A)启动 (B)停车 (C)扩大螺距
(D)变速 (E)换向

48. 车削外圆时,若车刀装得高于工件中心,则会使车刀的( )。
(A)前角增大 (B)前角减小 (C)后角增大
(D)后角减小 (E)刃倾角增大 (F)刃倾角减小

49. 在车床上切断工件时,下述说法正确的有( )。
(A)切削速度变大 (B)切削速度变小 (C)切削速度不变
(D)背吃刀量不变 (E)进给量不变 (F)进给量变小

50. 车床制动器的作用是( )。
(A)增大主轴箱内各转动件的惯性旋转
(B)阻止主轴箱内各转动件的惯性旋转
(C)减少制动带和制动轮的磨损
(D)使主轴迅速停转
(E)使主轴缓慢停转
(F)使多片摩擦离合器迅速停转

51. 关于互锁机构的作用,下述说法正确的有( )。
(A)纵向进给接通时,横向进给不能接通
(B)横向进给接通时,纵向进给不能接通
(C)车螺纹时,横向进给和纵向进给都不能接通
(D)保证开合螺母合上时,机动进给不能接通
(E)当机动进给接通时,开合螺母可以合上
(F)当机动进给接通时,开合螺母不能合上

52. 过载保护机构在( )的情况下不起保护作用。
(A)主轴受阻 (B)交换齿轮受阻 (C)纵向进给受阻
(D)车螺纹受阻 (E)横向进给受阻 (F)进给箱受阻

53. 在CA6140卧式车床上,螺距的扩大倍数有( )倍。
(A)2 (B)4 (C)6
(D)8 (E)16 (F)32

54. 车床刹车不灵的主要原因是( )。
(A)摩擦片间隙过小 (B)摩擦片间隙过大
(C)主轴转速太高 (D)离合器接触不良
(E)制动装置中制动带过紧 (F)制动装置中制动带过松

55. 车床发生闷车的主要原因是( )。
(A)主轴转速太高 (B)切削速度过高
(C)背吃刀量太大 (D)进给量太大

(E)多片摩擦离合器中的摩擦片间隙过大
(F)多片摩擦离合器中的摩擦片间隙过小
56. 强力车削时,自动进给停止的主要原因是(　　)。
(A)进给量太大
(B)背吃刀量太大
(C)机动进给手柄的定位弹簧压力过松
(D)多片摩擦离合器中的摩擦片间隙过大
(E)溜板箱内过载保护机构的弹簧压力过紧
(F)溜板箱内过载保护机构的弹簧压力过松
57. 当(　　)时,会造成主轴间隙过大。
(A)主轴长时间满负荷工作　　(B)主轴轴承润滑不良
(C)主轴轴承磨损　　(D)主轴调整后未锁紧
(E)主轴轴向窜动量超差　　(F)主轴调整得太紧
58. 车削时,(　　)均会造成主轴温度过高。
(A)主轴轴承间隙过小　　(B)多片摩擦离合器中的摩擦片间隙过小
(C)主轴长时间全负荷工作　　(D)制动带调整过紧
(E)主轴箱内油泵循环供油不足　　(F)离合器接触不良
59. 对于矩形螺纹,下面叙述中正确的有(　　)。
(A)是一种标准螺纹　　(B)是一种非标准螺纹
(C)传动精度较低　　(D)多用于台虎钳和起重螺旋工具中
(E)磨损产生松动后可调整　　(F)磨损产生松动后不能调整
60. 对于锯齿形螺纹,下面叙述中正确的有(　　)。
(A)多用于传动机构中　　(B)常用于起重和压力机械设备上
(C)能承受较大的双向压力　　(D)能承受较大的单向压力
(E)牙型角有 33°和 45°两种　　(F)牙型不对称
61. 多线螺纹和多线蜗杆的轴向分线方法有(　　)等几种。
(A)利用小滑板刻度分线　　(B)利用卡盘分线
(C)利用百分表和量块分线　　(D)利用交换齿轮分线
62. 多线螺纹和多线蜗杆的圆周分线方法有(　　)等几种。
(A)利用交换齿轮分线　　(B)利用卡盘分线
(C)利用百分表和量块分线　　(D)利用多孔插盘分线
63. 立式车床的结构特点是(　　)。
(A)工作台竖直布置　　(B)主轴竖直布置
(C)工作台水平布置　　(D)主轴水平布置
(E)工件及工作台的重力由机床导轨和推力轴承承担
64. 车削轴向直廓蜗杆的装刀方法有(　　)。
(A)水平装刀法
(B)垂直装刀法
(C)粗车用水平装刀法,精车用垂直装刀法

(D)粗车用垂直装刀法,精车用水平装刀法

65. 爱护设备的做法是(　　)。

(A)私自拆装设备　　(B)正确使用设备

(C)保持设备清洁　　(D)及时保养设备

66. 爱护工、卡、刀、量具的做法有(　　)。

(A)按规定维护工、卡、刀、量具　　(B)工、卡、刀、量具放在床面上

(C)正确使用工、卡、刀、量具　　(D)工、卡、刀、量具要放在指定地点

67. 下列说法不正确的是(　　)。

(A)两个基本体表面相交时,两表面相交处不应画出交线

(B)两个基本体表面不平齐时,视图上两基本体之间无分界线

(C)两个基本体表面相切时,两表面相切处应画出切线

(D)两个基本体表面平齐时,视图上两基本体之间无分界线

68. 下列说法不正确的是(　　)。

(A)画局部放大图时应在视图上用粗实线圈出被放大部分

(B)局部放大图不能画成剖视图或剖面图

(C)回转体零件上的平面可用两相交的细实线表示

(D)将机件的肋板剖开时,必须画出剖面线

69. 用“几个相交的剖切平面”画剖视图,说法正确的是(　　)。

(A)相邻的两剖切平面的交线应垂直于某一投影面

(B)应先剖切后旋转,旋转到与某一选定的投影面平行时再投影

(C)旋转部分的结构必须与原图保持投影关系

(D)位于剖切平面后的其他结构一般仍按原位置投影

70. 分组装配法属于典型的不完全互换法,它一般不用在(　　)。

(A)加工精度要求很高时　　(B)装配精度要求很高时

(C)装配精度要求较低时　　(D)厂际协作或配件的生产

71. 在尺寸符号 ϕ50F8 中,不用于限制公差带位置的代号是(　　)。

(A)F8　　(B)8　　(C)F　　(D)50

72. 当零件所有表面具有相同的表面粗糙度要求时,不可以在图样的(　　)进行标注。

(A)左上角　　(B)右上角　　(C)空白处　　(D)任何地方

73. 以下不属于金属物理性能的参数有(　　)。

(A)屈服点　　(B)熔点　　(C)伸长率　　(D)韧性

74. 不会使钢产生冷脆性的元素是(　　)。

(A)锰　　(B)硅　　(C)磷　　(D)硫

75. 45 号钢不属于(　　)。

(A)普通钢　　(B)优质钢　　(C)高级优质钢　　(D)最优质钢

76. 属于摩擦式带传动的有(　　)。

(A)平带传动　　(B)V 带传动　　(C)同步带传动　　(D)多楔带传动

77. 以下(　　)属于组合夹具的同一分类范畴。

(A)气动组合夹具　　(B)液压组合夹具

(C)电磁和电动组合夹具　　(D)车床组合夹具

78. 实际存在的千分尺是(　　)。

(A)分度圆千分尺　(B)深度千分尺　(C)螺纹千分尺　(D)内径千分尺

79. 万能角度尺不是用来测量工件(　　)的量具。

(A)内外角度　(B)外圆弧度　(C)内圆弧度　(D)直线度

80. 车床主轴的工作性能有(　　)。

(A)回转精度　(B)刚度　(C)硬度

(D)强度　(E)热变形　(F)抗震性

81. 圆柱齿轮传动的精度要求有(　　)等几方面。

(A)几何精度　(B)平行度　(C)运动精度

(D)工作平稳性　(E)垂直度　(F)接触精度

82. 常用润滑油有(　　)。

(A)齿轮油　(B)机械油　(C)石墨

(D)二硫化钼　(E)冷却液

83. 以下属于切削液作用的是(　　)。

(A)冷却　(B)润滑　(C)提高切削速度　(D)清洗

84. 以下属于切削液的是(　　)。

(A)水溶液　(B)乳化液　(C)切削油　(D)防锈剂

85. 车床必须具有(　　)运动。

(A)向上　(B)剧烈　(C)主

(D)辅助　(E)进给

86. 识读装配图的目的是了解装配图的(　　)。

(A)名称　(B)用途　(C)性能

(D)结构　(E)精度等级　(F)工作原理

87. 润滑剂的作用有(　　)等。

(A)防锈作用　(B)磨合作用　(C)静压作用

(D)润滑作用　(E)冷却作用　(F)密封作用

88. 过载保护机构在(　　)的情况下不起保护作用。

(A)主轴受阻　(B)交换齿轮受阻　(C)纵向进给受阻

(D)车螺纹受阻　(E)横向进给受阻　(F)进给箱受阻

89. 装配图中标注的尺寸包括(　　)等。

(A)规格尺寸　(B)装配尺寸　(C)安装尺寸　(D)总体尺寸

90. 当(　　)时,会造成主轴间隙过大。

(A)主轴长时间满负荷工作　(B)主轴轴承润滑不良

(C)主轴轴承磨损　(D)主轴调整后未锁紧

(E)主轴轴向窜动量超差　(F)主轴调整得太紧

91. 制定工艺规程的目的主要是(　　)。

(A)充分发挥机床的效率　(B)减少工人的劳动强度

(C)指导工人的操作　(D)便于组织生产和实施工艺管理

(E)按时完成生产计划 (F)改善工人的劳动条件

92. 粗车时,选择切削用量一般是(　　)。

(A)以保证质量为主 (B)兼顾生产效率

(C)以提高生产效率为主 (D)兼顾刀具的寿命

93. 润滑剂的作用有(　　)。

(A)润滑作用 (B)冷却作用 (C)磨合作用

(D)稳定作用 (E)防锈作用 (F)密封作用

94. 常用固体润滑剂有(　　)。

(A)钠基润滑脂 (B)锂基润滑脂 (C)二硫化钼

(D)聚四氟乙烯 (E)N7 (F)石墨

95. 划线基准一般可用以下(　　)类型。

(A)以两个相互垂直的平面(或线)为基准

(B)以一个平面和一条中心线为基准

(C)一条中心线

(D)两条中心线

(E)一条或两条中心线

(F)三条中心线

96. 符合熔断器选择的原则是(　　)。

(A)根据使用环境选择类型 (B)根据负载性质选择类型

(C)根据线路电压选择其额定电压 (D)分断能力应小于最大短路电流

97. 接触器适用于(　　)。

(A)频繁通断的电路 (B)电动机控制电路

(C)大容量控制电路 (D)室内照明控制电路

98. 电流对人体的伤害程度与(　　)有关。

(A)通过人体电流的大小 (B)通过人体电流的时间

(C)电流通过人体的部位 (D)触电者的性格

99. 车床电气控制线路要求(　　)。

(A)必须有过载、短路、欠压、失压保护 (B)主电动机启动、停止采用按钮操作

(C)工作时必须启动冷却泵电机 (D)具有安全的局部照明装置

100. 正确的触电救护措施是(　　)。

(A)迅速切断电源 (B)人工呼吸 (C)胸外挤压 (D)打强心针

101. 符合安全用电措施的是(　　)。

(A)电气设备要有绝缘电阻 (B)电气设备要安装正确

(C)采用各种保护措施 (D)使用手电钻不准戴绝缘手套

102. 工业企业对环境污染的防治措施包括(　　)。

(A)防治固体废弃物污染 (B)开发防治污染新技术

(C)防治能量污染 (D)防治水体污染

103. 企业的质量方针是(　　)。

(A)企业总方针的重要组成部分 (B)规定了企业的质量标准

(C)每个职工必须熟记的质量准则　　(D)企业的岗位工作职责

104. 属于岗位质量措施与责任的是(　　)。

(A)明确岗位质量责任制度

(B)岗位工作要按作业指导书进行

(C)明确上下工序之间相应的质量问题的责任

(D)满足市场的需求

105. 主轴零件图的键槽采用(　　)的方法表达,这样有利于标注尺寸。

(A)局部剖　　(B)移出剖面　　(C)旋转剖视图

(D)全剖视　　(E)剖视图

106. 表面粗糙度对零件使用性能的影响包括(　　)。

(A)对配合性质的影响　　(B)对摩擦、磨损的影响

(C)对零件抗腐蚀性的影响　　(D)对零件塑性的影响

107. CA6140 车床尾座锁紧装置有(　　)。

(A)位置紧固装置　　(B)压板锁紧装置

(C)偏心锁紧装置　　(D)套筒锁紧装置

(E)螺纹锁紧装置

108. C630 型车床主轴的(　　)视图反应出了零件的几何形状和结构特点。

(A)旋转剖　　(B)局部剖　　(C)全剖

(D)办剖　　(E)剖视图

109. 画零件图的方法步骤包括(　　)。

(A)选择比例和图幅　　(B)布置图面,完成底稿

(C)检查底稿后,再描深图形　　(D)填写标题栏

(E)标注尺寸　　(F)存档保存

110. 有关"表面粗糙度",下列说法正确的是(　　)。

(A)是指加工表面上所具有的较小间距和峰谷所组成的微观几何形状特性

(B)表面粗糙度不会影响到机器的工作可靠性和使用寿命

(C)表面粗糙度实质上是一种微观的几何形状误差

(D)一般是在零件加工过程中,由于机床—刀具—工件系统的振动等原因引起的

111. 防止或减小薄壁工件变形的方法包括(　　)。

(A)采用轴向夹紧装置　　(B)采用辅助支撑

(C)减小接触面积　　(D)增大接触面积工艺肋

(E)增大刀具尺寸　　(F)采用专用夹具

112. 增大装夹时的接触面积,可采用特制的(　　),这样可使夹紧力分布均匀,减小工件的变形。

(A)软卡爪　　(B)套筒　　(C)夹具

(D)开缝套筒　　(E)定位销

113. 在切削过程中,对切削力有影响的因素包括(　　)。

(A)背吃刀量　　(B)进给量　　(C)切削速度　　(D)工件材料

114. 刀具材料应具有足够的(　　),以抵抗切削时的冲击力。

(A)强度 (B)韧性 (C)耐热性
(D)硬度 (E)耐磨性

115. 高速钢是含有( )等合金元素较多的合金钢。
(A)钨 (B)铬 (C)钒
(D)钼 (E)汞

116. 高速钢具有( )等优点。
(A)制造简单 (B)刃磨方便 (C)刃口锋利
(D)韧性好 (E)硬度高 (F)耐冲击

117. 离合器的作用是使同一轴线的两根轴，或轴与轴上的空套传动件随时接通或断开，以实现机床的( )等动作。
(A)启动 (B)停止 (C)自控
(D)变速 (E)换向 (F)挂轮

118. 开合螺母不是安装在车床( )的背面，它的作用是接通或断开由丝杠传来的运动。
(A)导轨 (B)溜板箱 (C)床头箱 (D)挂轮箱

119. 工件的精度和表面粗糙度在很大程度上决定于主轴部件的( )。
(A)硬度 (B)刚度 (C)尺寸
(D)疲劳强度 (E)回转精度

120. 离合器的种类较多，常用的有( )。
(A)啮合式离合器 (B)摩擦离合器 (C)叶片离合器
(D)齿轮离合器 (E)超越离合器 (F)无极离合器

121. 啮合式离合器可分为( )。
(A)螺旋面 (B)超越 (C)摩擦片
(D)齿轮 (E)牙嵌式

122. 加工细长轴要使用( )以增加工件的安装刚性。
(A)顶尖 (B)中心架 (C)三爪
(D)跟刀架 (E)夹具

123. 跟刀架的种类有( )跟刀架。
(A)一爪 (B)两爪 (C)铸铁
(D)铜 (E)三爪

124. 车削细长轴时一般选用45°车刀、75°左偏刀、( )和中心钻等。
(A)钻头 (B)螺纹刀 (C)切槽刀
(D)锉刀 (E)90°左偏刀 (F)铣刀

125. 车削细长轴时量具应选用( )、钢板尺、螺纹环规等。
(A)游标卡尺 (B)千分尺 (C)样板
(D)附件 (E)工具

126. 跟刀架由( )、螺钉、螺母等组成。
(A)调整螺钉 (B)支撑爪 (C)套筒
(D)弹簧 (E)架体 (F)顶尖

127. 跟刀架的种类有跟刀架和(　　)跟刀架。
(A)两爪　(B)一爪　(C)三爪
(D)铸铁　(E)铜
128. 跟刀架主要用来车削(　　)。
(A)短丝杠　(B)细长轴　(C)油盘
(D)锥度　(E)长丝杠
129. 偏心工件的装夹方法有(　　)和专用偏心夹具装夹等。
(A)两顶尖装夹　(B)四爪卡盘　(C)三爪卡盘
(D)偏心卡盘装夹　(E)双重卡盘装夹
130. 车削偏心轴主要用(　　)。
(A)45°车刀　(B)90°外圆车刀　(C)圆弧车刀
(D)内孔刀　(E)切槽刀
131. 车削曲轴刀具有(　　)和螺纹车刀、中心钻等。
(A)45°车刀　(B)90°车刀　(C)圆头刀
(D)镗孔刀　(E)切槽刀
132. 测量曲轴量具有(　　)和钢直尺、螺纹环规等。
(A)游标卡尺　(B)万能角度尺　(C)内径表
(D)千分尺　(E)塞规
133. 梯形螺纹的车刀材料主要有(　　)两种。
(A)高速钢　(B)铝合金　(C)硬质合金
(D)高温合金　(E)铁碳合金
134. 车削矩形螺纹丝杆的刀具主要有(　　)和中心钻等。
(A)外圆车刀　(B)端面车刀　(C)矩形螺纹车刀
(D)圆弧刀　(E)切槽刀
135. 锯齿型螺纹牙侧角是(　　)。
(A)3°　(B)40°　(C)30°
(D)33°　(E)60°
136. 加工梯形螺纹一般采用和(　　)装夹。
(A)一夹一顶　(B)两顶尖　(C)专用夹具
(D)偏心　(E)花盘
137. 车削梯形螺纹的刀具有(　　)和中心钻等。
(A)45°车刀　(B)90°车刀　(C)梯形螺纹刀
(D)合金刀　(E)切槽刀　(F)圆弧刀
138. 梯形螺纹的车刀材料主要有(　　)。
(A)硬质合金　(B)高锰钢　(C)高速钢
(D)中碳钢　(E)不锈钢
139. 测量梯形螺纹的量具主要有(　　)和钢直尺等。
(A)游标卡尺　(B)千分尺　(C)齿形样板
(D)螺纹环规　(E)量针　(F)塞规

140. 粗车削梯形螺纹时，应首先把螺纹的(　　)尽快车出。

(A)中径　(B)大径　(C)牙型

(D)螺距　(E)牙高

141. 梯形螺纹分(　　)梯形螺纹。

(A)美制　(B)厘米制　(C)米制

(D)英制　(E)苏制

142. 加工飞轮的刀具有立式车床用的(　　)。

(A)外圆车刀　(B)端面车刀　(C)切槽刀

(D)螺纹车刀　(E)内孔车刀

143. 当检验高精度轴向尺寸时量具应选择(　　)和活动表架等。

(A)检验平板　(B)量块　(C)百分表

(D)样板　(E)千分尺

144. 测量偏心距时的量具有(　　)和顶尖。

(A)百分表　(B)活动表架　(C)检验平板

(D)V型架　(E)环规

145. 测量两平行非完整孔的中心距时应采用(　　)。

(A)内径百分表　(B)外径百分表　(C)内径千分尺

(D)千分尺　(E)杠杆百分表

146. 用正弦规检验锥度的量具有(　　)。

(A)正弦规　(B)检验平板　(C)量块

(D)塞规　(E)百分表　(F)活动表架

147. 测量多线螺纹的量具、辅具有(　　)。

(A)游标卡尺　(B)深度卡尺　(C)齿厚卡尺

(D)公法线千分尺　(E)量针　(F)数显卡尺

148. 正弦规由(　　)等零件组成。

(A)工作台　(B)两个直径相同的精密圆柱　(C)上挡板

(D)前挡板　(E)后挡板　(F)侧挡板

149. 单位时间定额是由(　　)五部分组成的。

(A)基本时间　(B)辅助时间　(C)布置工作场地时间

(D)测量时间　(E)准备与结束时间　(F)休息和生理需要时间

150. 机床照明灯应选(　　)V电压供电。

(A)220　(B)110　(C)36　(D)24

151. 交流接触器是由(　　)四部分组成。

(A)触头　(B)消弧装置　(C)铁芯

(D)壳体　(E)线圈　(F)弹簧

152. 车床的精度主要是指车床的(　　)。

(A)尺寸精度　(B)形状精度　(C)几何精度

(D)位置精度　(E)工作精度

153. 关于跟刀架的作用，下面叙述中正确的是(　　)。

(A)跟刀架和工件的接触应松紧适当　(B)支承部长度应小于支承爪的宽度
(C)使用中要不断注油,良好润滑　(D)精车时通常跟刀架支承在待加工表面

154. 现代机床夹具发展的方向是(　　)。
(A)标准化　(B)精密化　(C)高效自动化　(D)不可调整

155. 夹紧机构的形式有(　　)等。
(A)斜楔夹紧机构　(B)螺纹夹紧机构　(C)偏心夹紧机构
(D)铰链夹紧机构　(E)定心夹紧机构　(F)联动夹紧机构

156. 用车床加工的工件,在以内孔定位时,常采用的定位四种心轴有(　　)。
(A)刚性心轴　(B)柔性心轴　(C)小锥度心轴
(D)弹性心轴　(E)可调心轴　(F)液压塑性心轴

157. 使用内径百分表可以测量深孔件的(　　)。
(A)尺寸精度　(B)圆度精度　(C)圆柱度　(D)跳动度

158. 车螺纹、蜗杆时,产生中径(分度圆直径)误差的原因是(　　)。
(A)车刀刃磨不正确　(B)车刀切深不正确
(C)刻度盘使用不当　(D)切削用量选择不当

159. 粗车选择切削速度时,应在(　　)许可的情况下选择一个合理的切削速度。
(A)工艺系统刚性　(B)表面质量　(C)刀具的寿命　(D)机床功率

160. 制订零件的车削顺序时,应根据工件的(　　)等综合考虑。
(A)形状特点　(B)技术要点　(C)数量的多少　(D)安装方法

161. 预防螺纹、蜗杆牙形误差的措施有(　　)等。
(A)正确刃磨及修磨车刀　(B)采用对刀样板或万能角度尺对刀、装刀
(C)选择合理的切削液　(D)选择合理的切削用量,减小车刀磨损

162. 属于形状公差的是(　　)。
(A)直线度　(B)平面度　(C)圆度　(D)平行度

163. 属于位置公差的是(　　)。
(A)垂直度　(B)圆柱度　(C)同轴度　(D)位置度

164. 属于中碳钢的是(　　)。
(A)20　(B)40Cr　(C)45　(D)T8

165. 金属材料的性能主要有(　　)。
(A)物理性能　(B)化学性能　(C)力学性能　(D)工艺性能

166. 以工件外圆柱面定位的车床夹具有(　　)。
(A)三爪自定心卡盘　(B)四爪单动卡盘
(C)弹性夹头　(D)拨盘

167. 车螺纹时产生扎刀主要原因是(　　)。
(A)车刀前角太大　(B)中滑板丝杆间隙较大
(C)切削用量选择太大　(D)工件刚性差

168. 超硬刀具材料主要指(　　)。
(A)硬质合金　(B)立方氮化硼　(C)金刚石　(D)高速钢

169. 工件材料愈硬时,(　　),越易产生崩碎切削。

(A)刀具前角越小 (B)刀具前角越大
(C)背吃刀量越大 (D)背吃刀量越小

170. 用一夹一顶法装夹工件，工件定位的特点是(　　)。
(A)夹紧力小 (B)轴向精度高 (C)刚性好 (D)刚性差

171. 用两顶尖装夹工件，工件定位的特点是(　　)。
(A)精度低 (B)精度高 (C)刚性差 (D)夹紧力大

四、判 断 题

1. 蜗杆蜗轮常用于传递两轴交错 60°的传动。(　　)
2. 蜗轮通常采用青铜材料制造，蜗杆通常采用中碳钢或中碳合金钢制造。(　　)
3. 蜗杆蜗轮的参数和尺寸规定在主平面内。(　　)
4. 蜗杆蜗轮分米制和英制两种。(　　)
5. 轴向直廓蜗杆的齿形在法平面内为阿基米德螺旋线，因此又称阿基米德蜗杆。(　　)
6. 车削模数小于 5 mm 的蜗杆时，可用分层切削法。(　　)
7. 由于蜗杆的导程大，所以一般都采用高速车削加工。(　　)
8. 在丝杆螺距为 6 mm 的车床上采用提起开合螺母手柄车削螺距为 2 mm 的双线螺纹是不会发生乱牙的。(　　)
9. 用小滑板刻度分线法车削多线螺纹比较简便，但分线精度低，一般用作粗车。(　　)
10. 精车多线螺纹时，必须依次将同一方向上各线螺纹的牙侧面车好后，再依次车另一个方向上各线螺纹的牙侧面。(　　)
11. 米制蜗杆和英制蜗杆的导程角计算公式是相同的。(　　)
12. 使用交换齿轮车削蜗杆时，凡是计算出来的复式交换齿轮，都能安装在车床的交换齿轮架上。(　　)
13. 精车蜗杆时，为了保证左右切削刃切削顺利，车刀应磨有较小的前角。(　　)
14. 车削轴向直廓蜗杆时，车刀左右切削刃组成的平面应与工件轴心线重合。(　　)
15. 车削法向直廓蜗杆时，车刀左右切削刃组成的平面应垂直于齿面。(　　)
16. 粗车蜗杆时，为了防止三个切削刃同时参加切削而造成“扎刀”现象，一般可采用左右切削法车削。(　　)
17. 采用直进法或左右切削法车削多线螺纹时，决不能将一条螺旋槽车好后再车另外的螺旋槽。(　　)
18. 蜗杆车刀左右刃后角应磨成一样大小。(　　)
19. 梯形外螺纹的大径减小，内螺纹的小径增大，都不影响配合性质。(　　)
20. 国家标准中，对梯形内螺纹的大径、中径和小径都规定了一种公差带位置。(　　)
21. Tr60×18(P9)－8e 代表的是一个螺距为 9 mm 的双线梯形内螺纹。(　　)
22. 三针测量法是用三根直径相等的钢针，放在被测螺纹两面对应的螺旋槽内，用外径千分尺测出钢针之间的距离 M 来判断螺纹中径是否合格的。(　　)
23. 对于螺距较大的零件，可用公法线千分尺测量中径。(　　)
24. 齿厚游标卡尺是由互相垂直的齿高卡尺和齿厚卡尺组成的。(　　)
25. 偏心零件两条母线之间的距离称为“偏心距”。(　　)

26. 外圆和外圆偏心的零件叫偏心轴。(　　)

27. 用游标高度划线尺对放置在V形块槽中的偏心轴划线时,工件只要做一次90°转动即可划好偏心轴线。(　　)

28. 在四爪单动卡盘上,用划线找正偏心圆的方法只适用于加工精度要求较高的偏心工件。(　　)

29. 在刚开始车削偏心套偏心孔时,切削用量不宜过小。(　　)

30. 找正偏心轴包括找正偏心圆中心和侧面素线。(　　)

31. 找正工件侧面素线时,移动床鞍,若百分表在工件两端的读数差值在0.02 mm以内,则认为已找正。(　　)

32. 在三爪自定心卡盘上加工偏心工件时应选用铜、铝等硬度较低的材料作为垫块。(　　)

33. 在两顶尖间车削偏心工件,不需要用很多的时间来找正偏心。(　　)

34. 采用双重卡盘车削偏心工件时,在找正偏心距的同时,还须找正三爪自定心卡盘的端面。(　　)

35. 偏心卡盘的偏心距不能用百分表测量。(　　)

36. 用满量程为10 mm的百分表,不能在两顶尖间测量偏心距。(　　)

37. 用偏心轴作为夹具不能加工偏心套。(　　)

38. 不能用测量偏心轴偏心距的方法来测量偏心套的偏心距。(　　)

39. 车曲轴时,为了防止变形,应在曲柄颈空档处加支撑螺杆。(　　)

40. 细长轴通常用一顶一夹或两顶尖装夹的方法来加工。(　　)

41. 三爪跟刀架的下支承爪是用手柄转动锥齿轮,传动丝杠来带动其上下移动的。(　　)

42. 车削细长轴时,最好采用两个支承爪的跟刀架。(　　)

43. 使用跟刀架时,应对各支承爪的接触情况进行跟踪监视和检查,并注油润滑。(　　)

44. 车削细长轴时,一定要考虑到热变形对工件的影响。(　　)

45. 用弹性回转顶尖加工细长轴,可有效地补偿工件的热变形伸长量。(　　)

46. 只要采用了反向进给车削法,就能有效地减小受热后的弯曲变形。(　　)

47. 低速车削细长轴时,可不使用切削液进行冷却。(　　)

48. 车削细长轴时,为了减小刀具对工件的径向作用力,应尽量增大车刀的主偏角。(　　)

49. 采用一夹一顶装夹方法车细长轴时,夹住部分长度要长一些。(　　)

50. 为防止和减少薄壁工件加工时产生变形,加工时应分粗、精车,且粗车时夹松些,精车时夹紧些。(　　)

51. 车削薄壁工件时,一般尽量不用径向夹紧方法,最好应用轴向夹紧方法。(　　)

52. 车削短小薄壁工件时,为了保证内、外圆轴线的同轴度,可用一次装夹车削。(　　)

53. 用四爪单动卡盘装夹弹性涨力心轴时,应用百分表找正装夹定位基准。(　　)

54. 枪孔钻头部的狭棱在钻孔时起承受切削力和导向作用。(　　)

55. 钻深孔时,都须使用导向套。(　　)

56. 花盘装在主轴上,其盘面与主轴轴线必须垂直。(　　)

57. 花盘盘面应平整，表面粗糙度 R_a 不大于 1.6 μm。(　　)

58. 两个平面相交角大于或小于 90°的角铁叫角度角铁。(　　)

59. 角铁的两个平面不必精刮。(　　)

60. 装在花盘上的平衡块，应能使工件在转动时达到平衡。(　　)

61. 工件在花盘上装夹的基准面，一般在铣削之后还要进行磨削或精刮。(　　)

62. 在花盘上用于找正双孔中心距的定位圆柱或定位套，其定位端面对轴线有较高的垂直度要求。(　　)

63. 装平衡块时，将主轴箱手柄放在空挡，用手转动花盘，如果花盘转至任一角度都不能立即停止，说明花盘已达到平衡。(　　)

64. 角铁应具有较高的平面度和角度要求。(　　)

65. 在花盘的角铁上加工工件时，转速不宜太低。(　　)

66. 在车床上用四爪单动卡盘装夹外形复杂的工件时，通常须用划针找正划线。(　　)

67. 按照划线车削工件，是为了保证后道工序能正常进行加工。(　　)

68. 在四爪单动卡盘上不能加工有孔间距要求的工件。(　　)

69. 用四爪单动卡盘装夹找正，不能车削位置精度及尺寸精度要求高的工件。(　　)

70. 用四爪单动卡盘装夹，车削有孔间距工件时，一般按找正划线、预车孔、测量孔距实际尺寸、找正偏移量、车孔至尺寸的工艺过程加工。(　　)

71. 车床技术规格中的最大工件长度就是最大车削长度。(　　)

72. 车床刀架上最大工件回转直径应是床身上最大回转直径的一半。(　　)

73. 车床精车外圆的圆柱度误差有长度范围规定。(　　)

74. 车床精车螺纹的螺距精度是按不同长度段规定误差的。(　　)

75. 溜板箱传动系统包括纵向传动路线和横向传动路线。(　　)

76. 主轴轴承间隙过大，切削时会产生径向圆跳动和轴向窜动，但不会引起振动。(　　)

77. 主轴轴承间隙过小，不会影响机床正常工作。(　　)

78. 在检验主轴轴向窜动时，在主轴锥孔中插入检验棒，在检验棒端部中心孔内粘一钢球，用百分表测头触及钢球，在测量方向上不能加力，慢转主轴，即可测得主轴的轴向窜动。(　　)

79. 调整 CA6140 型车床主轴前支承间隙时，先拧松前端螺母和后端锁紧螺钉，然后拧紧后螺母，间隙调整适当后，再将锁紧螺钉和前端螺母拧紧。(　　)

80. 检查主轴轴承调整后的间隙时，先用手转动主轴，感觉应灵活、无阻滞现象；用外力旋转时，主轴转动在 3～5 圈内应能自动平稳地停止，然后再进行测量。(　　)

81. 调整 CA6140 型车床中摩擦片离合器间隙时，先用一字形旋具把弹簧销压入调节螺母的缺口内，然后旋转调节螺母，间隙适当后，再让弹簧销弹出，重新卡入另一个缺口中即可。(　　)

82. 制动器的作用是在车床停机过程中，克服主轴箱内各转动件的旋转惯性，使主轴迅速停止转动。(　　)

83. CA6140 型车床制动器是由制动轮、制动带和杠杆等主要零件组成的。(　　)

84. CA6140 型车床主轴箱中的双向多片式摩擦离合器和制动器是用两个手柄同时操纵的。(　　)

85. 安全离合器的作用是在机动进给过程中,进给力过大或刀架运动受阻时,自动断开机动传动路线,使刀架停止进给,避免传动机构损坏。( )

86. 安全离合器就是超越离合器。( )

87. 安全离合器的调定压力取决于机床许可的最大进给抗力。( )

88. 调整 CA6140 型车床的安全离合器时,将溜板箱左边的箱盖打开,拧动拉杆上的螺母,即可调整弹簧压力的大小。( )

89. 开合螺母分开时,溜板箱及刀架都不会运动。( )

90. 开合螺母与镶条要调整适当,否则会影响螺纹的加工精度。( )

91. 床鞍与导轨之间的间隙,应保持刀架在移动时平稳、灵活、无松动和无阻滞状态。( )

92. 中滑板与床鞍导轨间隙可用导轨两端的螺钉调节斜镶条的前后位置来调整。( )

93. 中滑板丝杠与螺母间隙是用楔块来调整的。( )

94. 卧式车床小滑板丝杠与螺母的间隙由制造精度保证,一般不作调整。( )

95. 车削米制螺纹时和车削英制螺纹时用的交换齿轮是不相同的。( )

96. 车削螺纹时用的交换齿轮和车削蜗杆时用的交换齿轮是不相同的。( )

97. CA6140 型车床溜板箱内的安全离合器可在车螺纹时起保护作用。( )

98. 单轴转塔自动车床的横刀架可用来车槽、车成形面和切断等工作。( )

99. 单轴转塔自动车床回转刀架可以钻孔、扩孔、铰孔、攻螺纹,但不能车外圆和螺纹。( )

100. 数控车床是用电子计算机数字化信号控制的车床。( )

101. 数控机床每加工一种工件,都得编写和输入一个对应的程序。( )

102. 数控机床都有快进、快退和快速定位等功能。( )

103. 机床的精度包括几何精度和工作精度。( )

104. 机床几何精度是指某些基础零件本身的几何形状精度,与其相互位置及运动的精度无关。( )

105. 车床丝杠的轴向窜动不属于几何精度的项目。( )

106. 几何精度高的机床,工作精度一定好。( )

107. 用两顶尖装夹工件时,尾座套筒轴线与主轴轴线不重合时,会产生工件外圆的圆柱度误差。( )

108. 床身固定螺钉松动,导致车床水平变动,不会影响加工工件的质量。( )

109. 主轴前、后轴承间隙过大时,会引起加工工件外圆圆度超差。( )

110. 主轴轴颈的圆度误差过大,不会引起加工工件的外圆圆度超差。( )

111. 车床前、后顶尖不等高,会使加工的孔呈椭圆状。( )

112. 立式车床用于加工径向尺寸小而轴向尺寸大的形状复杂的工件。( )

113. 立式车床的立刀架和侧刀架都可以作垂直进给和水平进给运动。( )

114. 在立式车床上,可以加工大直径盘、套类工件,但不能加工薄壁工件。( )

115. 用普通压板在立式车床上用压紧端面法装夹工件时,压板要分布均匀,夹紧力大小要一致。( )

116. 立式车床上的卡盘爪可以自动定心。( )

117. 在起动立式车床工作台时,要求平稳,不能过急,在转速大于150 r/min时,起动时间不应小于10s。( )

118. 为了提高定位基准的精度,在立式车床上通常采用四个以上等高块来实现平面定位。( )

119. 在立式车床上装夹毛坯工件时,一般按划线调整千斤顶或卡盘爪来粗找正工件的位置,然后再用百分表进行精找正。( )

120. 每次下降立式车床横梁时,应先将其上升20～30 mm,以消除间隙,保证位置精度。( )

121. 在立式车床上车削内圆锥时,车刀刀尖必须对准内圆锥轴心线。( )

122. 立式车床立刀架沿滑枕垂直方向没有锁紧,或侧刀架垂直方向没有锁紧,都会造成工件内、外径尺寸超差。( )

123. 对工件进行热处理,使之达到所需要的化学性能的过程称为热处理工艺过程。( )

124. 定位基准是用以确定加工表面与刀具相互关系的基准。( )

125. 测量工件形状和尺寸时没有基准。( )

126. 采用基准统一原则,可减少定位误差,提高加工精度。( )

127. 粗基准是不加工表面,所以可以重复使用。( )

128. 选择加工余量小的表面作为粗基准,有利于加工和保证质量。( )

129. 在半精加工阶段,除为重要表面的精加工作准备外,可以完成一些次要表面的最终加工。( )

130. 采用工序集中法加工时,容易达到较高的相对位置精度。( )

131. 当工人的平均操作技能水平较低时,宜采用工序集中法进行加工。( )

132. 预备热处理包括退火、正火、时效和调质。( )

133. 退火或正火,可以消除毛坯制造时的内应力,但不能改善切削性能。( )

134. 高碳钢采用退火处理,有降低硬度的作用。( )

135. 时效热处理的主要作用是消除内应力。( )

136. 工件经淬火后,表面硬度很高,一般不再用金属切削刀具进行切削加工。( )

137. 低碳钢经渗碳、淬火、回火处理后,其表面层硬度可达59HBS以上。( )

138. 工件渗氮处理有提高抗腐蚀性的目的。( )

139. 工件在渗氮处理之前,常安排一道时效热处理工序。( )

140. 渗氮处理一般安排在工件工艺路线中的最后一道工序。( )

141. 确定工序余量时,要考虑加工误差、热处理变形、定位误差及切痕和缺陷等因素的影响。( )

142. 在机械加工中,为了保证加工可靠性,工序余量留得过多比留得太少好。( )

143. 渗氮层较厚,工件渗氮后仍可进行精车和粗磨。( )

144. 渗氮可以解决工件上部分表面不淬硬的工艺问题。( )

145. 渗氮一般适用于45Cr、40Cr等中碳钢或中碳合金钢。( )

146. 热处理工序的安排对车削工艺影响不大,因此,车工不需要了解。(　　)

147. 用球墨铸铁作跟刀架支承爪时,可在支承爪上加工出圆弧,以改善支承的稳定性。(　　)

148. 跟刀架支承爪的圆弧半径应略小于车削外圆的半径。(　　)

149. 车削传动丝杠时,毛坯本身弯曲时应校直。(　　)

150. 车削细长轴工件时,为了减少工件变形,应尽量增加校直次数。(　　)

151. 在精车传动丝杠螺纹前,应纠正粗车、半精车的变形量,并使跟刀架支承爪与工件接触良好。(　　)

152. 中心孔是加工传动丝杠的基准,在每次热处理后,都应进行修研加工。(　　)

153. 布氏硬度主要用于测量较硬的金属材料及半成品。(　　)

154. 相关公差是指图样上给定的形位公差与尺寸公差相互关系。(　　)

155. R_a 表示用去除材料方法获得的表面粗糙度。(　　)

156. 零件表面被平面所切而产生的表面交线称相贯线。(　　)

157. 标准公差用于确定公差带的位置。(　　)

158. 基本偏差用于确定公差带大小。(　　)

159. 常用的淬火介质有水、油、水溶液盐类、溶盐、空气等。(　　)

160. 当形位公差采用最大实体原则时,尺寸公差可补偿给形位公差。(　　)

161. 机械性能又称力学性能。(　　)

162. 当一条直线倾斜于投影面时,其投影长度比原直线长度长。(　　)

163. 图样上表面粗糙度常用的符号 Ra,它的单位是 mm。(　　)

164. 常用的淬火方法主要有单液淬火法、双液淬火法、分级淬火法、等温淬火法四种。(　　)

165. 劳动保护就是指劳动者在生产过程中的安全、健康。(　　)

166. 保持生产过程的连续性可以缩短生产周期,加速资金周转,减少生产过程的损失。(　　)

167. 我国安全生产方针是“安全第一,防治结合”。(　　)

168. 企业标准要求应低于国家标准。(　　)

169. 产品质量检查以数量分类,有全数检查和抽样检查两种。(　　)

170. 按检查的职责分类,检查有自检、互检和专职检查三种。(　　)

171. 车工工作时可以戴手套。(　　)

172. 数控机床运动部件的移动是靠电脉冲信号来控制的。(　　)

173. 车细长轴时,产生竹节形的原因是跟刀架的卡爪压得过紧。(　　)

174. 多线螺纹的轴向分线方法中,分线精度高的是利用百分表分线法。(　　)

175. 防护用品是为防止外界伤害或职业性毒害而佩戴使用的各种用具总称。(　　)

176. 在车床加工中女工可以留长发。(　　)

177. 车床工工作完成后,必须清扫保养机床,清扫铁屑,做到活完地光。(　　)

178. 塞规通端的基本尺寸等于孔的最小极限尺寸。(　　)

179. 标准公差与基本尺寸分段和公差等级有关。(　　)

180. 精基准可以重复使用。(　　)

181. 渗碳的目的是使低碳钢表面的含碳量增大,在淬火后表面具有较高的硬度,心部仍保持原有塑性及韧性。(　　)

182. 新产品没有经过生产定型鉴定,也可以转入正式生产。(　　)

五、简 答 题

1. 米制蜗杆分哪几种？其齿形在各平面内为何形状？
2. 粗车蜗杆时,应如何选择车刀的几何角度和形状？
3. 精车蜗杆时,对车刀有哪些要求？车削时应注意什么问题？
4. 装夹蜗杆车刀时,有哪些要求？
5. 蜗杆的车削方法有哪几种？各适用于何种情况？
6. 多线螺纹的分线方法有哪两大类？每一类中有哪些具体方法？
7. 什么叫多线螺纹？多线螺纹的导程与螺距有什么关系？
8. 什么是偏心工件？何谓偏心轴？何谓偏心套？
9. 简述偏心轴的划线方法。
10. 偏心工件的车削方法有哪几种？
11. 在四爪单动卡盘上,如何按划线找正偏心圆？
12. 在两顶尖间如何测量偏心距？
13. 在V形架上如何测量偏心距？
14. 车削细长轴时,产生变形和振动的原因有哪些？
15. 采用跟刀架车削细长轴时,产生“竹节形”的原因是什么？
16. 采用一夹一顶车削细长轴时,为什么要用弹性回转顶尖？
17. 车削细长轴时,应怎样选择外圆车刀的几何角度？
18. 影响薄壁类工件加工质量的因素有哪些？
19. 防止和减少薄壁类工件变形的方法有哪些？
20. 精车薄壁类工件时,对车刀有什么要求？
21. 车削薄壁类工件时,可以采用哪些装夹方法？
22. 常用的深孔加工方法有哪几种？试述内排屑喷吸钻的结构特点及排屑原理。
23. 在花盘和角铁上加工工件时,为什么要使用平衡块？如何使用平衡块？
24. 在花盘上装夹工件前,应如何检查花盘？
25. 用花盘加工工件时,若检查花盘不符合要求时,应如何修整？
26. 在花盘和角铁上装夹和加工工件时,应注意哪些事项？
27. 装夹畸形工件时如何防止变形？
28. 四爪单动卡盘有什么优点？有何不足之处？
29. 用四爪单动卡盘可以装夹、车削哪些类型的工件？
30. 简述用划针找正夹在四爪单动卡盘中一圆柱体工件对主轴轴线的对称度的方法。
31. 试计算图1所示尺寸的大小及公差,以保证在车削中不便测量的尺寸 $18^{0}_{-0.020}$ mm 的要求。

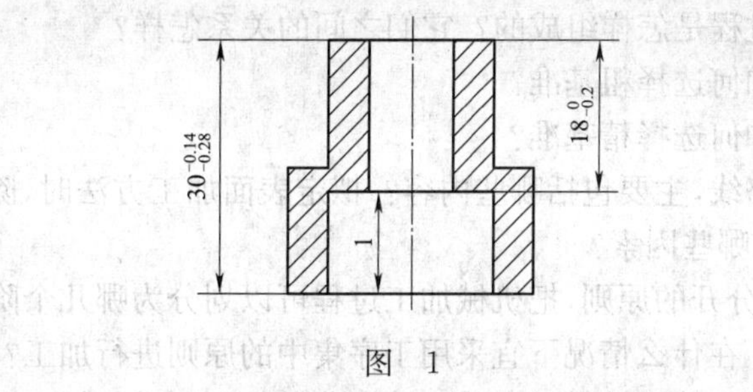

图 1

32. 车削如图 2 所示衬套,如用 $\phi36^{-0.01}_{-0.02}$ mm 圆柱心轴定位,求定位基准误差是多少? 该心轴能否保证工件的加工精度?

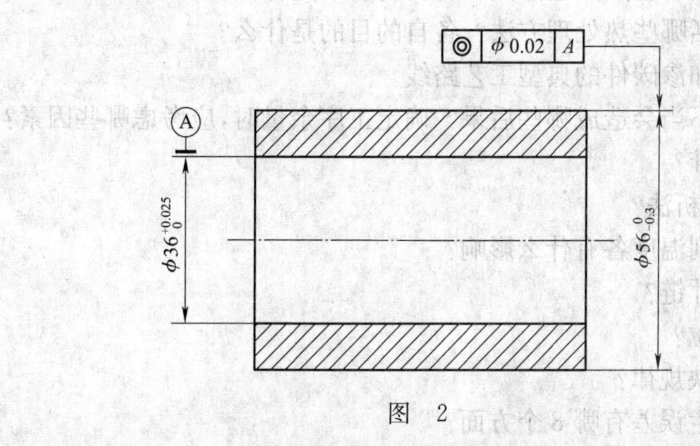

图 2

33. 片式摩擦离合器在松开状态时,间隙太大和太小各有哪些害处?

34. 车床的哪些原因可影响加工工件的圆柱度超差?

35. 加工工件外圆表面上有混乱的振动波纹,可能是由车床的哪些原因造成的?

36. 图 3 所示锥体上标出的技术要求——位置公差,哪一种不合理? 为什么? 应如何标注才合理?

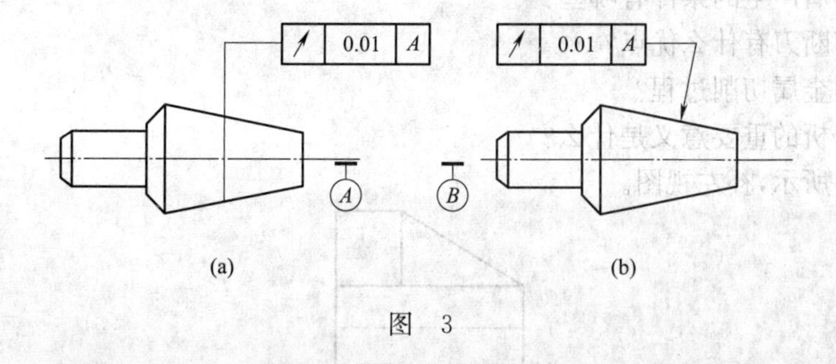

图 3

37. 工件外圆圆周表面上出现有规律的波纹,是车床哪些不良因素造成的?

38. 从车床方面考虑,造成车削螺纹的螺距超差的原因有哪几个方面?

39. 数控车床是怎样加工工件的? 有哪些特点?

40. 立式车床有哪些主要组成部分? 在布局上有何特点?

41. 在立式车床上可以加工哪几种类型的工件?

42. 在立式车床上应怎样找正工件?

43. 机械加工工艺过程是怎样组成的？它们之间的关系怎样？

44. 何谓粗基准？如何选择粗基准？

45. 何谓精基准？如何选择精基准？

46. 拟定工件工艺路线，主要包括哪些内容？拟定表面加工方法时，除考虑生产类型和现有生产条件外，还应考虑哪些因素？

47. 按照粗、精加工分开的原则，把机械加工过程可以划分为哪几个阶段？

48. 何谓工序集中？在什么情况下宜采用工序集中的原则进行加工？

49. 何谓工序分散？在什么情况下宜采用工序分散的原则进行加工？

50. 安排工件表面加工顺序时，通常应遵循哪些原则？

51. 预备热处理包括哪些热处理方法？各自的目的是什么？

52. 最终热处理包括哪些热处理方法？各自的目的是什么？

53. 简述一般主轴和渗碳件的典型工艺路线。

54. 工序余量选择不当会造成哪些后果？确定工序余量时，应考虑哪些因素？

55. 什么叫尺寸基准？

56. 什么叫线、面分析法？

57. 切削用量对切削温度各有什么影响？

58. 什么叫工艺尺寸链？

59. 什么是六点定位？

60. 什么是误差复映规律？

61. 加工中可能产生误差有哪 8 个方面？

62. 工件以内孔定位，常采用哪几种心轴？

63. 机床误差有哪些？对加工件质量的主要影响是什么？

64. 什么叫车床的几何精度和工作精度？CA6140 车床的工作精度是多少？

65. 什么叫多线螺纹？多线螺纹的导程与螺距有什么关系？

66. 与普通机床相比，数控机床有哪些主要优点？

67. 带状切屑产生的条件有哪些？

68. 弹性切断刀有什么优点？

69. 什么叫金属切削过程？

70. 工艺分析的重要意义是什么？

71. 如图 4 所示，补左视图。

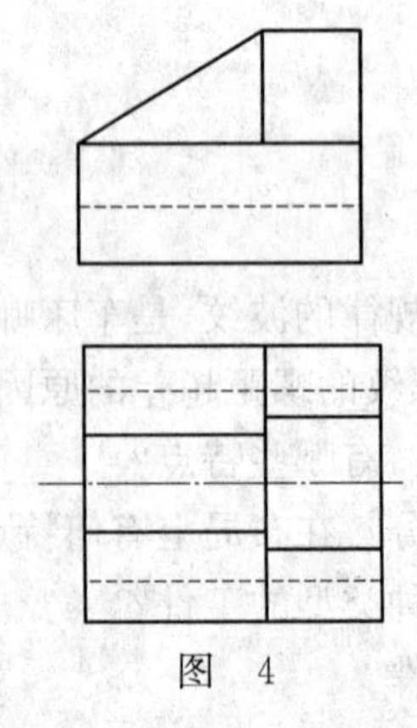

图　4

72. 如图 5 所示,补俯视图。

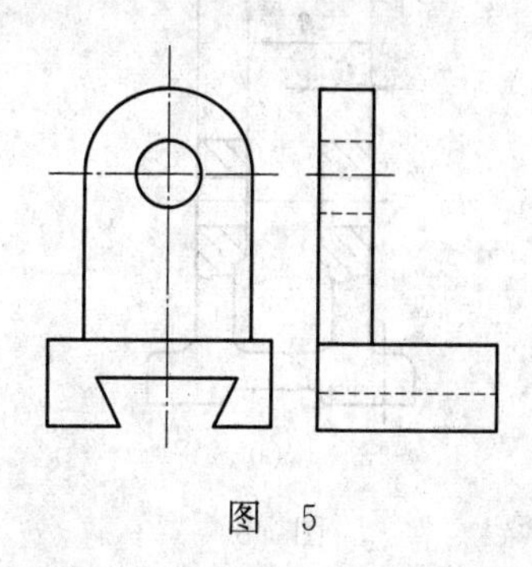

图　5

73. 图 6 所注套筒的部分尺寸,哪一种不合理?为什么?应当如何标注这部分尺寸?

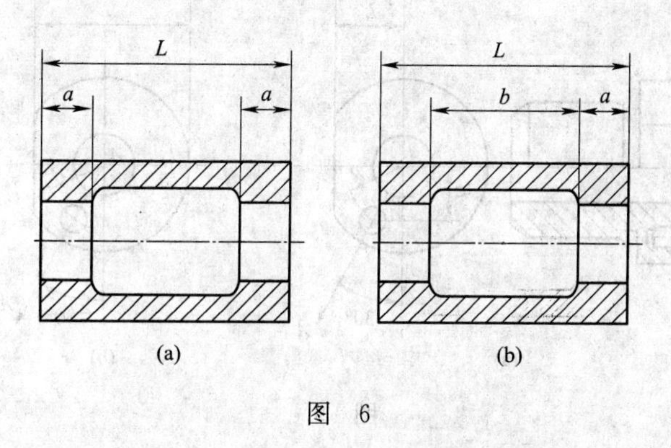

(a)　　(b)

图　6

74. 图 7 所注端盖的部分尺寸,试分析当车削表面粗糙度为 $R_a6.3\mu m$ 的表面时哪一组尺寸不合理?为什么?应当如何标注?

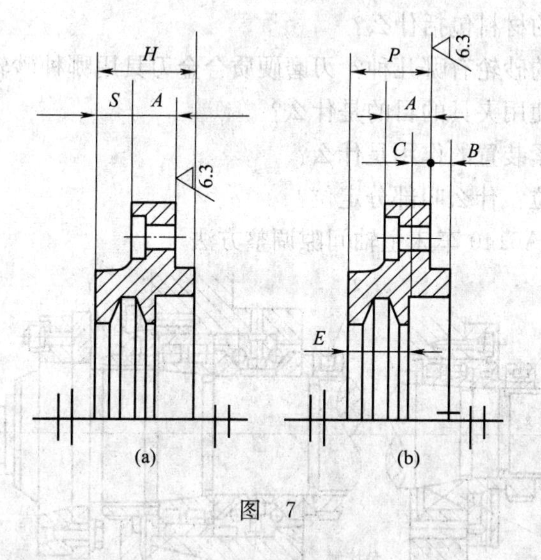

(a)　　(b)

图　7

75. 参照装配图 8 分析支架(a)、(b)所标注的部分尺寸,哪一种合理?为什么?

76. 图 9 所注轴套的部分尺寸,哪一种不合理?为什么?应当如何标注这部分尺寸?

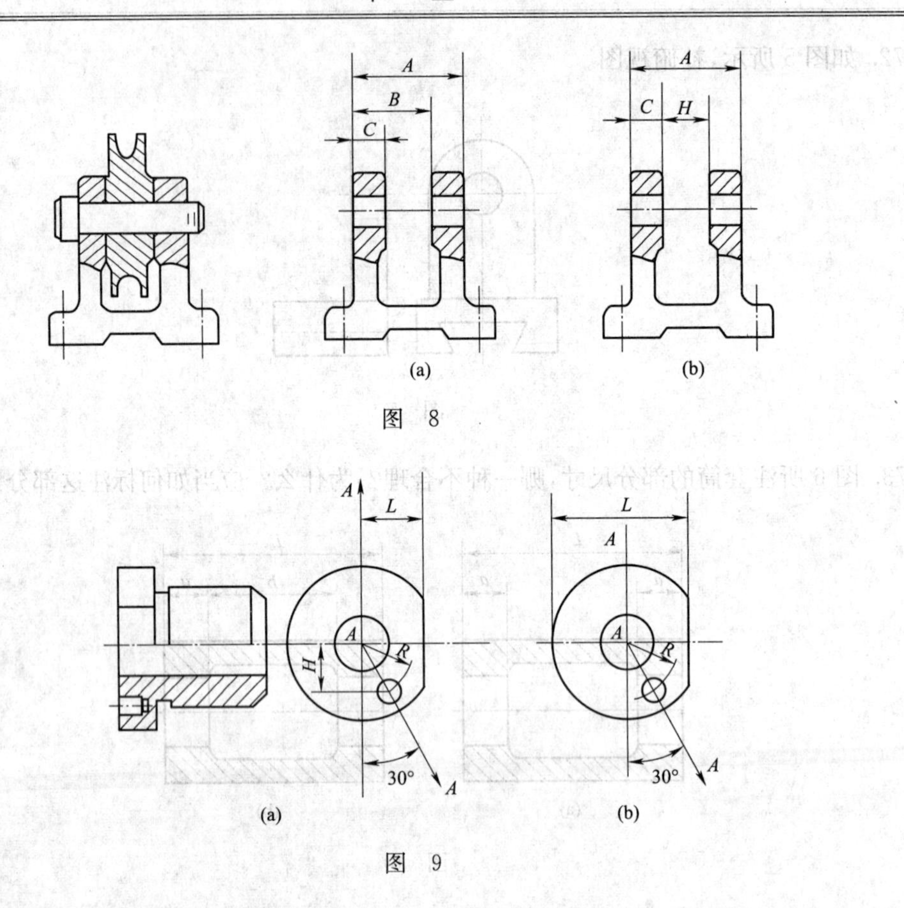

图 8

图 9

77. 什么叫车刀的工作角度？
78. 切削用量对切削力各有什么影响？
79. 刀具切削部分的材料包括什么？
80. 刃磨刀具常用的砂轮有哪几种？刃磨硬质合金刀具用哪种砂轮？
81. 在机械制造中使用夹具的目的是什么？
82. 定位装置和夹紧装置的作用是什么？
83. 什么叫重复定位？什么叫部分定位？
84. 按图 10 说明 CA6140 车床主轴间隙调整方法。

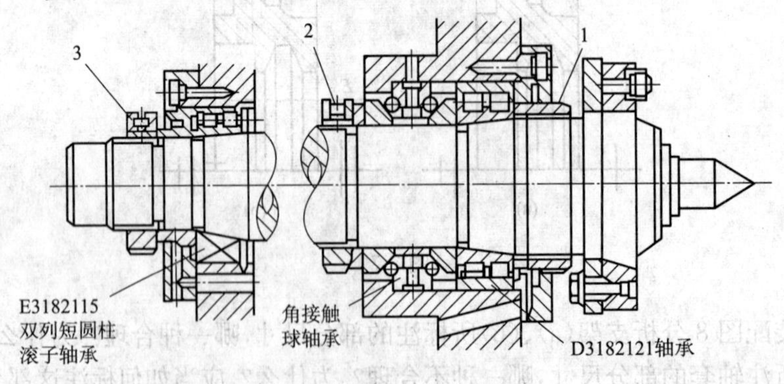

图 10

85. 按图 11 说明多片式摩擦离合器的调整方法。

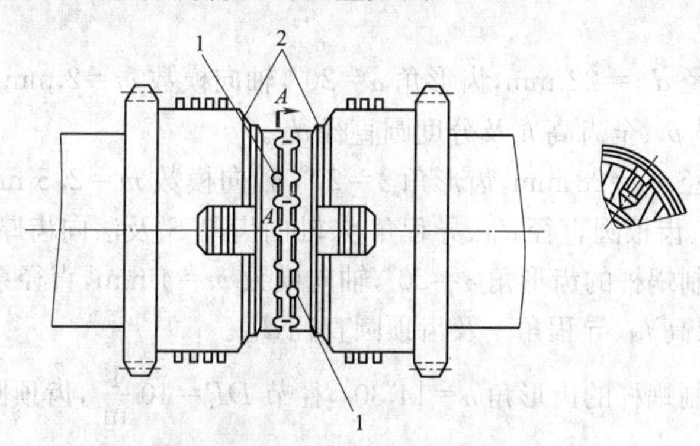

图 11　多片式磨擦离合器的调整

1—定位销；2—螺母

86. 按图 12 说明如何调整中滑板丝杠螺母间隙。

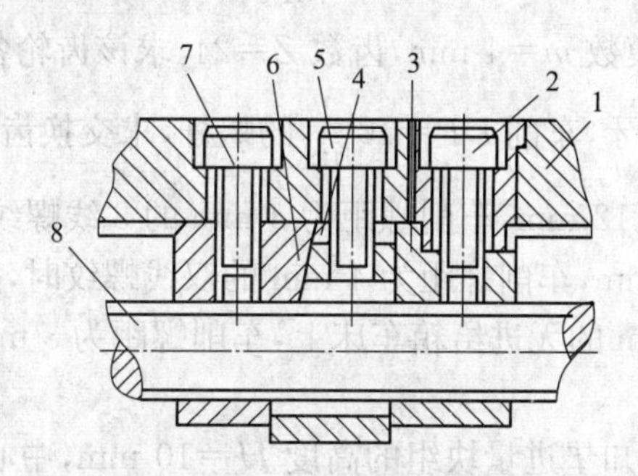

图 12　中滑板丝杠螺间隙的调整

1—中滑板；2—前螺钉；3—前螺母；4—斜铁；5—中间螺钉；6—后螺母；7—后螺钉；8—中滑板丝杠

87. 按图 13 说明如何调整开合螺母与镶条间的间隙？

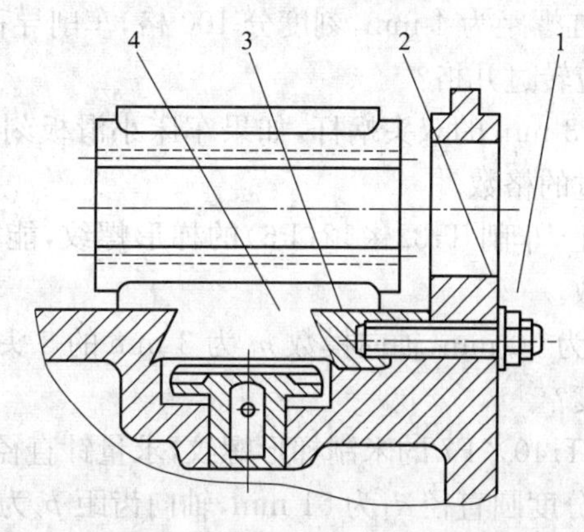

图 13　开合螺母镶条间隙的调整

1—调节螺钉；2—紧固螺母；3—镶条；4—开合螺母体

88. 车削梯形螺纹的方法有哪几种？

89. 如何用齿轮卡尺测量蜗杆的法向齿厚？测量时应注意什么？

六、综 合 题

1. 车削齿顶圆直径 $d_{a1}=22$ mm，齿形角 $\alpha=20°$，轴向模数 $m=2$ mm 双头米制蜗杆，求蜗杆的轴向齿距 p_x、导程 p_z、全齿高 h 及分度圆直径 d_1。

2. 车削分度圆直径 $d_1=28$ mm，齿形角 $\alpha=20°$，轴向模数 $m=2.5$ mm 双头米制蜗杆，求蜗杆的齿顶圆直径 d_{a1}、齿根圆直径 d_{f1}、导程角 γ、轴向齿厚 S_x 及法向齿厚 S_n。

3. 已知一 4 头米制蜗杆的齿形角 $\alpha=20°$，轴向模数 $m=4$ mm，直径系数 $q=10$，试求该蜗杆的轴向齿距 p_x、齿根高 h_f、导程角 γ 及齿顶圆直径 d_{a1}。

4. 已知一双头英制蜗杆的齿形角 $\alpha=14°30'$，径节 $DP=10\frac{1}{\text{in}}$，齿顶圆直径 $d_a=2\text{in}$，试求其轴向齿距 p_x、分度圆直径 d_1 和齿根圆直径 d_f。

5. 在丝杠螺距为 6 mm 的车床上，车削模数 m 为 2.5 mm 的蜗杆，求交换齿轮齿数。

6. 车床丝杠螺距为 12 mm，车削 DP 为 $10\frac{1}{\text{in}}$ 的蜗杆，求交换齿轮齿数。

7. 有一标准直齿轮，其模数 $m=4$ mm，齿数 $Z=24$，求该齿轮各部分尺寸。

8. 车床丝杠为每英寸 2 牙，车削 $DP=10\frac{1}{\text{in}}$ 的蜗杆，求交换齿轮齿数。

9. 已知车床丝杠螺距为 12 mm，车削螺距为 3 mm 的 3 线螺纹，问是否乱牙？

10. 车床丝杠螺距为 6 mm，车削螺距为 4 mm 的双线螺纹时，是否乱牙？

11. 在丝杠螺距为 12 mm 的无进给箱车床上，车削螺距为 3 mm 的双线螺纹，求交换齿轮齿数。

12. 测量圆锥斜角时，已知垫进量块组的高度 $H=10$ mm，中心距 $C=200$ mm，试计算圆锥斜角 α（计算到斜角函数即可）。

13. 在小滑板刻度每格为 0.05 mm 的车床上，用小滑板刻度分线法车削导程为 12 mm 的 3 线螺纹，求分线时，小滑板应转过的格数。

14. 已知车床小滑板丝杠螺距为 4 mm，刻度分 100 格，车削导程为 6 mm 的双线螺纹，如果用小滑板分线时，小滑板应转过几格？

15. 车削轴向模数 m 为 3 mm 的双头蜗杆，如果车床小滑板刻度每格为 0.05 mm，求用小滑板分线时，小滑板应转过的格数。

16. 在 CA6140 型车床上，车削 Tr32×12(P6) 的梯形螺纹，能否采用交换齿轮齿数分线法车削？若能，请求分数齿数。

17. 车削分度圆直径 d_1 为 60 mm，轴向模数 m 为 3 mm 的 3 头蜗杆。如果用分度盘分头法分头时，分度盘应转过几度？

18. 用三针测量法测量 Tr40×P7 的米制梯形螺纹，求量针直径 d_D 和量针测量距 M。

19. 已知一米制蜗杆的分度圆直径 d_1 为 51 mm，轴向齿距 p_x 为 9.425 mm，齿形角为 20°，导程角 γ 为 10°，头数为 3，用三针测量法测量，求量针直径 d_D 和量针测量距 M。

20. 已知一梯形螺纹 Tr60×18(P9)−8e 的实际大径尺寸为 $\phi59.84$ mm，欲用单针测量，求量针直径 d_D 和测量距 A。

21. 用齿厚游标卡尺测量分度圆直径 d_1 为 50 mm，轴向模数 m 为 5 mm 的 3 线米制蜗杆的法向齿厚 S_n，问齿高卡尺应调整到什么尺寸？法向齿厚的基本尺寸应为多少？

22. 已知一米制蜗杆的法向齿厚要求为 3.92 mm,若用三针测量时,量针测量距的偏差为多少?

23. 车削偏心距 e 为 2 mm 的工件时,在三爪自定心卡盘的卡爪中应垫入多少厚度的垫片进行试切削?试车后测得偏心距为 2.05 mm 时,试计算正确的垫片厚度。

24. 在三爪自定心卡盘上用厚度为 4.5 mm 的垫片车削偏心距为 3 mm 的偏心工件,试切后,实测偏心距为 2.92 mm,应如何调整垫片的厚度才能达到要求的偏心距离。

25. 车削直径为 $\phi30$ mm,长度 L 为 1400 mm,线胀系数 α_1 为 11×10^{-6}/℃的 40Cr 细长轴时,当工件温度由 20℃上升到 50℃时,求轴的热变形伸长量为多少?

26. 车削直径为 $\phi50$ mm,长度 L 为 1500 mm,材料的线胀系数 α_1 为 11.59×10^{-6}/℃的细长轴时,测得工件伸长了 0.522 mm,问工件的温度升高了多少度?

27. 某箱盖上有两个直径要求为 $\phi35$H7 的孔,中心距要求为 100 mm±0.043 mm,其中一孔和端面已加工完毕,欲在车床花盘上加工另一个孔。已做好的专用心轴的直径为 $\phi34.986$ mm,定位圆柱的直径为 $\phi34.995$ mm,试问专用心轴和定位圆外侧之间的距离应调到多少?其公差应取多少?

28. 按图 14 所示,测量工件上两孔轴线的平行度误差。已知孔长 L_1 为 30 mm,百分表的测量距 L_2 为 80 mm,工件竖置时,将 M_1 处表的指针校为零,测得 M_2 处为+0.03 mm;工件水平放置时,将 M'_1 处表的指针校为零,测得 M'_2 处为−0.025 mm。问两孔轴线的平行度误差 f 为多少?

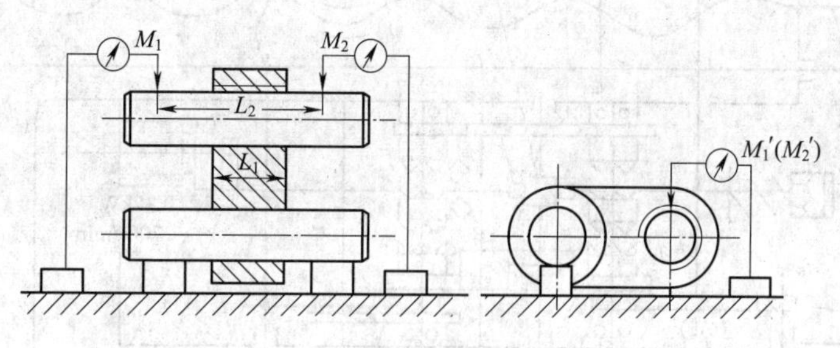

图 14 平行度误差的测量

29. 车削如图 15 所示球柄,L=36 mm,按给定尺寸求 d=?

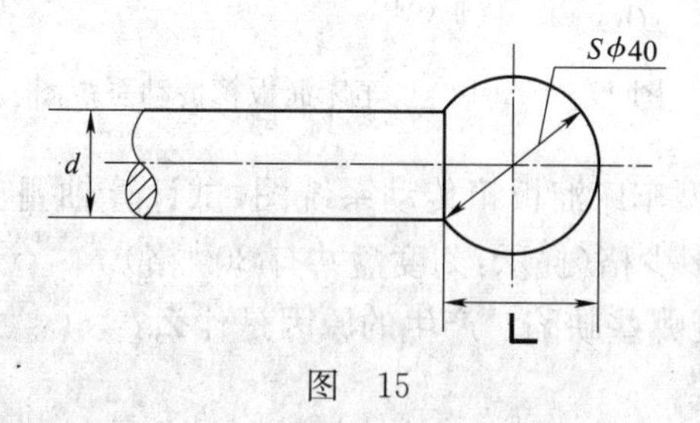

图 15

30. 已知一蜗杆传动,蜗杆头数 $z_1=2$,转数 $n_1=1450$ r/min,蜗杆齿数 $z_2=62$,试求蜗轮转数 n_2=?

31. 已知单缸活塞面积 $A=0.005\ \text{m}^2$,在活塞上加上 $F=9800$ N,求油面单位面积上的压力 P=?(提示:公式 $P=\dfrac{F}{A}$)

32. 根据主、俯视图 16 画出正确的左视图。

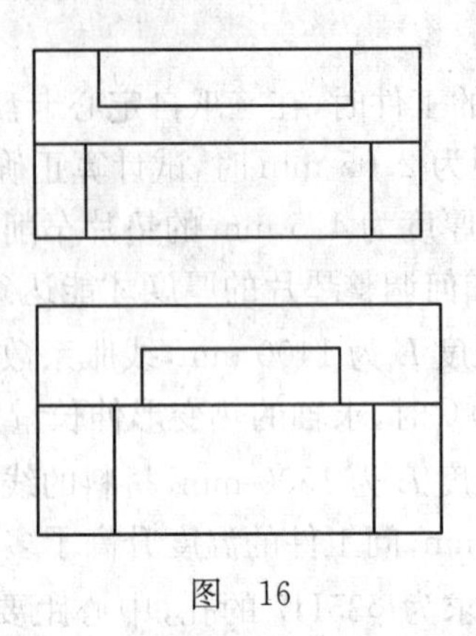

图 16

33. 图 17 是 CA6140 型车床溜板箱传动系统图，计算刀架纵、横向快速移动的速度各为多少？

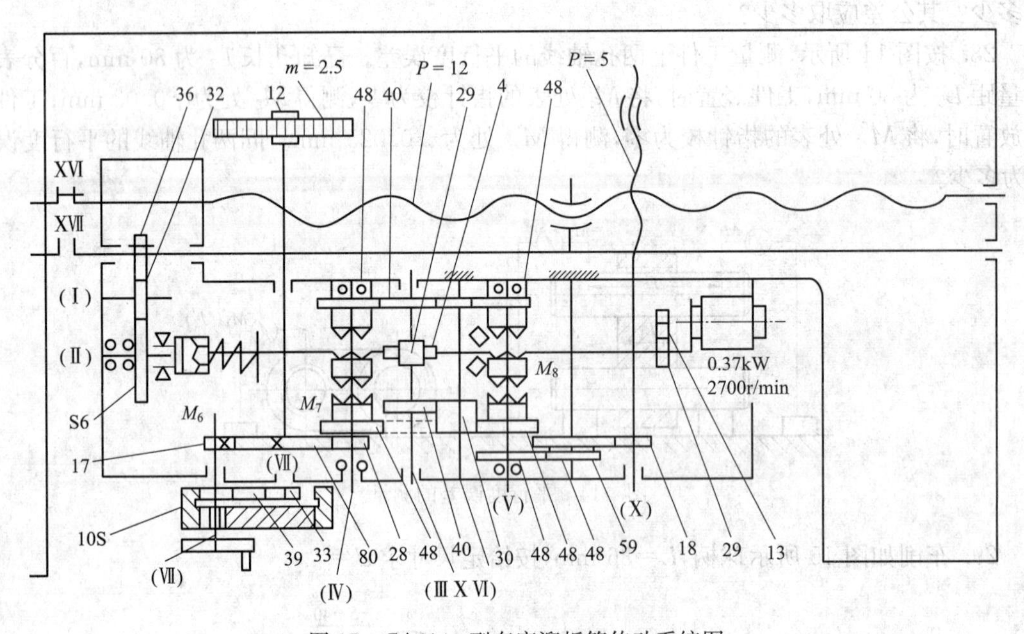

图 17 CA6140 型车床溜板箱传动系统图

34. 图 17 是 CA6140 型车床溜板箱传动系统图，试计算轴Ⅷ上的受轮转一转，大溜板移动多少距离？刻度盘转过多少格（提示：刻度盘共有 300 格）。

35. 车削细长轴常出现哪些缺陷？产生的原因是什么？

36. 画出刀具磨损曲线。

37. 用 45°车刀削 $D=\phi95$ mm，$l=1000$ mm 的轴，用走刀量 $S=0.3$ mm，背吃刀量 $t=2.5$ mm，$v=50$ m/min，求车一刀所需的机动时间？

38. 车削一工件外圆，若选用背吃刀量 2.5 mm，在圆周等分 200 格的中拖板刻度盘上，正好转过半圈，求刻度盘每格为多少毫米？中拖板丝杠螺距是多少毫米？

39. 车削 $K=1:5$ 的圆锥孔，用塞规测量时，孔的端面离锥度塞规阶台面为 4 mm，问横向进刀多少才能使大端孔径合格？

40. 已知工件的圆锥斜角 $\alpha=1°30'$，使用中心距 200 mm 的正弦规，求测量时应垫进量块组的高度(提示：$\sin3°=0.05234$)。

41. 用三针测量 Tr40×P6 螺杆中径，试求最佳的钢针直径和千分尺读数值。

42. 如图 18 所示，根据主、俯视图补正确的左视图。

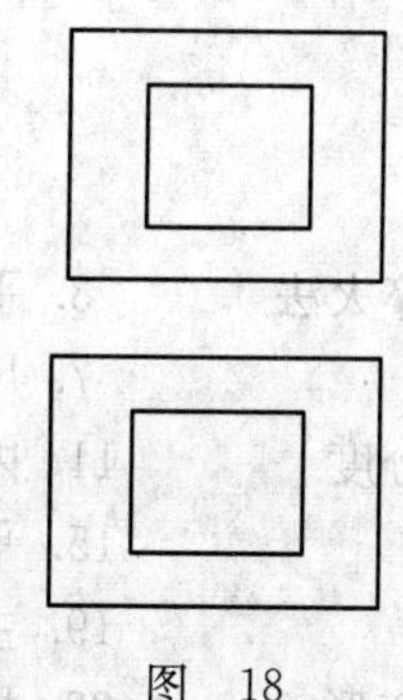

图 18

43. 如图 19 所示，根据主、左视图补上正确的俯视图。

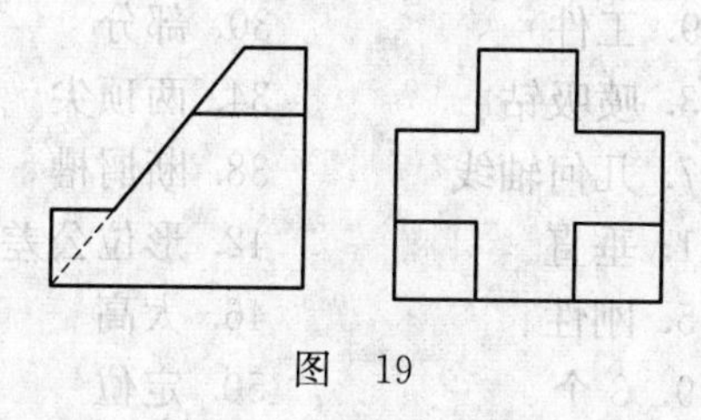

图 19

44. 加工锥度 1∶12 的圆锥孔，工艺要求留磨量 0.3～0.4 mm，用标准塞规测量，工件端面离塞规阶台面的距离应为多少？

车工(中级工)答案

一、填 空 题

1. 软	2. 等温淬火法	3. 平面	4. 视图
5. 封闭	6. 孔	7. 尺寸公差	8. 大小
9. 算术	10. 螺旋分度	11. 内周	12. 直廓齿形
13. 水溶液盐类	14. 宽	15. 平行	16. 四边形
17. 七	18. 减小	19. 主切屑刃前段的主后面	
20. 重复定位	21. 夹紧变形	22. 推挤	23. 增大
24. 工件材料	25. 不高	26. 氧化磨损	27. 弯曲
28. 残留面积	29. 工件	30. 部分	31. 工件热变形伸长
32. 尾座	33. 喷吸钻	34. 两顶尖	35. 垂直
36. 吃刀压力	37. 几何轴线	38. 断屑槽	39. 安全保护
40. 降低	41. 垂直	42. 形位公差	43. 相等
44. 较大	45. 刚性	46. 太高	47. 不圆
48. 双手控制法	49. 3 个	50. 定位	51. 2 个
52. 抵抗	53. 中心	54. 基本偏差	55. 基准位置变动
56. 恒定	57. 大	58. 力学	59. 延伸率
60. 强度	61. 前后刀面	62. 越快	63. 轴线
64. 标准公差	65. 外凸起	66. 间隙	67. 顶锋
68. 中径	69. 前角	70. 切削	71. “竹节形”
72. 接触面的大小	73. 专用	74. 切屑碎末	75. 曲线
76. 呈直线	77. 定向	78. 千分尺或游标卡尺	79. 一倍
80. 降低	81. 减小	82. 增大	83. 断屑槽
84. 前角	85. 已加工表面	86. 吃刀深(切削深度大)	
87. 短	88. 少	89. 振动	90. 沟槽宽度
91. 连续充分	92. 控制	93. 相同	94. μm
95. 同轴	96. 主切削刃	97. 缩短	98. 粗糙
99. 点划	100. 各条直线段	101. 崩碎	102. 塑性较大
103. 脆性材料	104. 主切削力	105. 切削时的高温	106. 切削用量
107. 摩擦	108. 多齿的铣刀	109. 位置	110. 主轴回转精度
111. 热	112. 多品种	113. 刀具	114. 自由度
115. 完全定位	116. 垂直	117. 4	118. 48
119. 正转	120. 传递转矩	121. 车削螺纹	122. 乱牙

123. 快速移动　124. 溜板箱　125. 没有尾座　126. 沟槽宽度
127. 直进法　128. 0°　129. 水平　130. 齿厚测量
131. 轴向　132. 螺纹千分尺或三针　133. 中径
134. 法向直廓　135. 大量　136. 工艺专业　137. 产品与零部件
138. 合格率　139. 计划　140. 技术开发　141. 改进
142. 企业　143. 小　144. 大　145. 部分定位
146. 副切削刃　147. 6　148. 进给过载
149. 螺纹量规或钢直尺　150. 欠定位　151. 工艺基准
152. 设计基准　153. 工艺基准　154. 综合式　155. 局部视图
156. 斜视图　157. 粗实线　158. 细实线　159. 粗实线
160. 粗实线　161. 回火　162. 工艺规程　163. 尺寸链
164. 去应力退火　165. 间隙配合　166. 最大实体　167. 相等
168. 戴手套、围巾　169. 下摆紧　170. 右手在前左手在后
171. 护眼镜　172. 较高　173. 劳动者　174. 车床
175. 精度　176. 平行　177. 材料组织　178. 软
179. 强制性与自觉性　180. 2　181. 恒定　182. 大
183. 力学　184. 塑性　185. 径向　186. 大
187. 高压　188. 前刀面　189. 硬度　190. 中心
191. 基本偏差　192. 连接强度　193. 精度　194. 相切
195. 磨损　196. 轴心线　197. 轴向截面　198. 70%
199. 软　200. 聚冷　201. 加工

二、单项选择题

1. A　2. A　3. A　4. C　5. C　6. B　7. A　8. A　9. A
10. C　11. B　12. A　13. A　14. B　15. B　16. C　17. C　18. A
19. A　20. C　21. B　22. C　23. C　24. A　25. C　26. B　27. B
28. B　29. C　30. A　31. A　32. C　33. A　34. B　35. B　36. A
37. B　38. B　39. C　40. C　41. C　42. B　43. B　44. C　45. B
46. C　47. A　48. C　49. C　50. A　51. A　52. C　53. B　54. B
55. A　56. C　57. A　58. B　59. C　60. A　61. C　62. B　63. C
64. B　65. B　66. C　67. A　68. C　69. B　70. C　71. C　72. C
73. A　74. B　75. C　76. C　77. A　78. C　79. A　80. C　81. C
82. C　83. A　84. B　85. C　86. A　87. A　88. B　89. B　90. C
91. A　92. A　93. B　94. C　95. B　96. C　97. C　98. C　99. A
100. C　101. C　102. C　103. C　104. A　105. B　106. C　107. B　108. A
109. A　110. C　111. A　112. C　113. B　114. A　115. B　116. A　117. A
118. A　119. C　120. B　121. A　122. B　123. A　124. B　125. C　126. A
127. B　128. C　129. B　130. C　131. C　132. C　133. B　134. A　135. B
136. C　137. C　138. B　139. A　140. C　141. A　142. B　143. A　144. A

145. B　146. C　147. B　148. C　149. A　150. A　151. C　152. B　153. C
154. B　155. C　156. A　157. A　158. C　159. B　160. C　161. C　162. A
163. A　164. B　165. A　166. A　167. B　168. C　169. A　170. A　171. A
172. B　173. D　174. B　175. A　176. A　177. A　178. C　179. D　180. B
181. C　182. B　183. B　184. B　185. A　186. B　187. A　188. A

三、多项选择题

1. BC　2. CD　3. CE　4. BCE　5. CDEF　6. CDEF
7. AE　8. ABDEF　9. CE　10. BCDE　11. DF　12. CDEF
13. BDE　14. CDE　15. BCE　16. ACF　17. BD　18. BEF
19. ABCD　20. DB　21. BC　22. CD　23. ABCD　24. BCD
25. CD　26. ABCE　27. ADF　28. CDE　29. CDE　30. BC
31. ACDE　32. ACE　33. ACDE　34. AB　35. AC　36. AB
37. BD　38. ABC　39. ACDE　40. ACF　41. ADE　42. ACF
43. BDE　44. AC　45. BC　46. ACE　47. ABDE　48. ADE
49. BDE　50. BD　51. CDF　52. ABDF　53. BE　54. BF
55. CE　56. CF　57. CE　58. ACE　59. BCDF　60. BCEF
61. AC　62. ABD　63. BCE　64. AD　65. BCD　66. ACD
67. ABC　68. ABD　69. ABD　70. BCD　71. ABD　72. ACD
73. ACD　74. ABD　75. ACD　76. ABD　77. ABC　78. BCD
79. BCD　80. ABEF　81. CDF　82. AB　83. ABD　84. ABC
85. CE　86. ABCDF　87. ADEF　88. ABDF　89. ABCD　90. BCE
91. CD　92. CD　93. ABEF　94. CDF　95. ABD　96. ABC
97. ABC　98. ABC　99. ABD　100. ABC　101. ABC　102. ABD
103. ABC　104. ABC　105. AB　106. ABC　107. AD　108. BC
109. ABCD　110. ACD　111. ABD　112. AD　113. ABCD　114. AB
115. ABCD　116. ABCDF　117. ABDE　118. ACD　119. BE　120. ABC
121. DE　122. BD　123. BE　124. BCE　125. AB　126. ABE
127. AC　128. BE　129. ABCDE　130. ABE　131. ABCE　132. ABD
133. AC　134. ABCE　135. AC　136. AB　137. ABCE　138. AC
139. ABCDE　140. CE　141. CD　142. ABCE　143. ABC　144. ABCD
145. ACD　146. ABCEF　147. ACDE　148. ABEF　149. ABCEF　150. CD
151. ABCE　152. CE　153. ACD　154. ABC　155. ABCDEF　156. ACDF
157. ABC　158. BC　159. ACD　160. ABCD　161. ABC　162. ABC
163. ACD　164. BC　165. ABCD　166. ABC　167. ABCD　168. BC
169. AC　170. BC　171. BC

四、判 断 题

1. × 2. √ 3. √ 4. √ 5. × 6. × 7. × 8. × 9. √
10. √ 11. √ 12. × 13. × 14. √ 15. √ 16. √ 17. √ 18. ×
19. √ 20. √ 21. × 22. √ 23. √ 24. √ 25. × 26. √ 27. ×
28. √ 29. √ 30. √ 31. √ 32. × 33. √ 34. √ 35. × 36. ×
37. × 38. √ 39. √ 40. √ 41. √ 42. × 43. √ 44. √ 45. √
46. × 47. × 48. √ 49. × 50. × 51. √ 52. √ 53. √ 54. √
55. × 56. √ 57. √ 58. √ 59. × 60. √ 61. √ 62. √ 63. ×
64. √ 65. × 66. √ 67. √ 68. × 69. × 70. √ 71. × 72. ×
73. √ 74. √ 75. √ 76. × 77. × 78. × 79. √ 80. √ 81. √
82. √ 83. √ 84. × 85. √ 86. × 87. √ 88. √ 89. × 90. √
91. √ 92. √ 93. √ 94. √ 95. × 96. √ 97. × 98. √ 99. ×
100. √ 101. √ 102. √ 103. √ 104. × 105. × 106. × 107. √ 108. ×
109. √ 110. × 111. √ 112. × 113. √ 114. × 115. √ 116. × 117. √
118. × 119. √ 120. × 121. √ 122. × 123. × 124. √ 125. × 126. √
127. × 128. √ 129. √ 130. √ 131. × 132. √ 133. × 134. √ 135. √
136. √ 137. × 138. √ 139. √ 140. × 141. √ 142. × 143. × 144. √
145. × 146. × 147. √ 148. √ 149. √ 150. √ 151. √ 152. √ 153. ×
154. √ 155. √ 156. × 157. × 158. × 159. √ 160. √ 161. √ 162. ×
163. × 164. √ 165. √ 166. √ 167. × 168. × 169. √ 170. √ 171. ×
172. √ 173. √ 174. × 175. √ 176. × 177. √ 178. √ 179. √ 180. √
181. √ 182. ×

五、简 答 题

1. 答:米制蜗杆分轴向直廓和法向直廓两种(2.5 分)。轴向直廓蜗杆的齿形在轴平面内为直线,在法平面内为曲线,在端平面内为阿基米德螺旋线(1.5 分)。法向直廓蜗杆的齿形在法平面内为直线,在轴平面内为曲线(1 分)。

2. 答:粗车蜗杆车刀的几何角度和形状应按下列原则选择:1)车刀左右切削刃之间的夹角要小于两倍的齿形角(1 分)。2)切削钢件时,应磨有 10°～15°的纵向前角,即:$r_p=10°\sim15°$(1 分)。3)纵向后角 $\alpha_p=6°\sim8°$(1 分)。4)左刃后角 $\alpha_{fL}=(3°\sim5°)+\gamma$;右刃后角 $\alpha_{fR}=(3°\sim5°)-\gamma$(1 分)。5)刀尖适当倒圆(1 分)。

3. 答:精车蜗杆时,要求车刀左右切削刃之间的夹角等于两倍的齿形角,切削刃的直线度要好,表面粗糙度值要小,为保证左右切削刃切削顺利,都应磨有较大前角($\gamma_0=15°\sim20°$)的卷屑槽(3 分)。车削时,车刀前切削刃不能进行切削,只能精车两侧齿面(2 分)。

4. 答:车削轴向直廓蜗杆时,车刀左右切削刃组成的平面应与工件轴线重合,但在粗车时,为使切削顺利,应在纵向进给方向上倾斜装夹(2.5 分)。车削法向直廓蜗杆时,车刀左右切削刃组成的平面应垂直于齿面,即在纵向进给方向上倾斜装夹(2.5 分)。

5. 答:蜗杆的车削方法有:1)左右切削法(0.5 分)适用于一般情况下的粗车(0.5 分);2)

车槽法(0.5 分)适用于模数 $m \geqslant 3$ mm 的蜗杆的粗车(1 分);3)分层切削法(0.5 分)适用于模数 $m \geqslant 5$ mm 的蜗杆的粗车(1 分);4)精车法(0.5 分)用于精车蜗杆(0.5 分)。

6. 答:多线螺纹的分线方法有轴向分线法和圆周分线法两大类(1 分)。

轴向分线法的具体方法有:1)小滑板刻度分线法;2)量块分线法(2 分)。

圆周分线法的具体方法有:1)交换齿轮齿数分线法;2)分度插盘分线法(2 分)。

7. 答:沿两条或两条以上在轴向等距离分布的螺旋线形成的螺纹称为多线螺纹(2 分)。多线螺纹每旋转一周,螺母(与螺杆)能转动几倍的螺距。因此导程为螺距的几倍,其关系式为 $Pz=ZP$(Z 为线数)(3 分)。

8. 答:轴线平行而不重合的轴、套类工件称为偏心工件(2 分)。外圆和外圆偏心的工件称为偏心轴(1.5 分)。外圆和内孔偏心的工件称为偏心套(1.5 分)。

9. 答:偏心轴的划线方法如下:1)把工件车成一光轴,在轴的两端面和四周涂色,干燥后放在平板上的 V 形块上(1 分)。2)用游标高度划线尺测出光轴最高点,记录尺寸,再把划线尺游标下移一个工件半径尺寸,在工件两端面和轴向划出轴线。然后将工件转 180°,再在端面上试划线,若两条线重合,说明所划的线在中心位置;若不重合,将游标移到两条线的中间位置重划,直至两次划线重合(1 分)。3)把工件转 90°,用 90°角尺对齐已划好的轴线,用原来调整好的高度划线尺再划一周轴线(1 分)。4)把高度划线尺游标移动一个偏心距,在工件上划出偏心轴线(1 分)。5)在工件两端偏心距中心打样冲眼,视加工需要,画偏心圆,并在圆周上打样冲眼(1 分)。

10. 答:偏心工件的车削方法及适合情况有以下 6 种:1)在四爪单动卡盘上车削(1 分)。2)在三爪自定心卡盘上用垫片车削(1 分)。3)在两顶尖间车削(1 分)。4)在双重卡盘上车削(1 分)。5)在偏心卡盘上车削(0.5 分)。6)在专用夹具上车削(0.5 分)。

11. 答:在四爪单动卡盘上,按划线找正偏心圆的方法如下:1)按已划好的偏心圆圆心为中心,根据工件外圆调节卡爪,使一对卡爪呈不对称布置(1 分)。2)垫上钢皮夹紧工件,将尾座顶尖移近工件(1 分)。3)调整卡爪,使顶尖对准偏心圆中心(1 分)。4)用划线盘找正工件端面上的偏心圆(1 分)。5)将划线盘划针头调至偏心圆中心高,移动床鞍,找正偏心圆轴侧素线,使偏心圆轴线与工件轴线平行(1 分)。6)用上述方法,反复几次把偏心圆找正。

12. 答:当偏心距小于百分表的量程范围时,把工件装夹在两顶尖间,用百分表测头接触在偏心圆上,转动偏心轴,百分表上指示出的最大值与最小值之差的一半即为偏心距(2 分)。当偏心距超过百分表量程范围时,先用百分表找出偏心圆的最低点,把可调量块调到同一水平高度上,转动偏心轴,找出偏心圆的最高点,在可调量块上加量块,使其高度与偏心圆最高点等高,加放量块高度的一半即为偏心距值(3 分)。

13. 答:当偏心距小于百分表量程时,将工件放在 V 形架上,表头接触在偏心圆上,转动工件,百分表读数的最大值与最小值之差的一半即为工件的偏心距(2 分)。当偏心距超过百分表量程时,用百分表找出偏心圆的最高点,把工件固定,把可调整量块调到同等高度,再在可调整量块上加放量块,使其与基准圆最高点等高。量出基准圆和偏心圆的直径,用公式 $e=D/2-d/2-a$ 计算出偏心距(3 分)。

14. 答:车削细长轴时,产生变形和振动的原因有:1)工件受切削热伸长产生弯曲变形(1 分)。2)工件在切削力作用下产生弯曲和振动(1 分)。3)工件自重、变形引起的振动(1 分)。4)工件在离心力作用下加剧了弯曲和振动(2 分)。

15. 答:采用跟刀架车削细长轴,产生"竹节形"的原因是跟刀架支承爪与工件的接触压力过大(5 分)。

16. 答:弹性回转顶尖内装有碟形弹簧(2 分),当工件受热伸长时,能通过顶尖,使碟形弹簧在轴向产生压缩变形,有效地补偿热变形伸长量(2 分),避免工件产生弯曲,所以要采用弹性回转顶尖(1 分)。

17. 答:车削细长轴时,外圆车刀几何角度的选择如下:1)尽量增大主偏角,取 $k_{\gamma}=80°\sim93°$(1 分)。2)应选较大的前角,取 $\gamma_0=15°\sim30°$(1 分)。3)前刀面应磨 $R1.5\sim R3$ mm 的断屑槽(1 分)。4)应选正的刃倾角,取 $\lambda_s=3°\sim10°$(1 分)。5)刀尖圆弧半径和倒棱宽度都应选得小些,取 $r_0<0.3$ mm,$b_{r1}=0.5f$(1 分)。

18. 答:影响薄壁类工件加工质量的因素有:1)夹紧力使工件变形,影响尺寸精度和形状精度(1 分)。2)切削热引起工件变形,影响尺寸精度(1 分)。3)切削力使工件产生振动和变形,影响工件的尺寸精度、形位精度和表面粗糙度(1.5 分)。4)残留内应力使工件变形,影响尺寸精度和形状精度(1.5 分)。

19. 防止和减少薄壁类工件变形的方法有:1)加工时分粗、精车,粗车时夹紧些,精车时夹松些(1 分)。2)合理选择刀具的几何参数,并增强刀柄的刚度(1 分)。3)使用开缝套筒或特制软卡爪,增加装夹接触面积(1 分)。4)应用轴向夹紧方法和夹具(0.5 分)。5)增加工艺凸边和工艺肋,提高工件自身的刚性(1 分)。6)加注切削液,进行充分冷却(0.5 分)。

20. 答:精车薄壁类工件时,刀柄的刚性要好,刀具的修光刃不宜过长,一般取 0.2~0.3 mm,刀具刃口要锋利(1 分)。对刀具的角度要求如下:外圆车刀 $k_r=90°\sim93°$,$k'_r=90°\sim93°$,$\alpha_0=14°\sim16°$,r_0应适当增大(2 分)。内孔车刀 $k_r=60°$,$k'_r=30°$,$\alpha_0=14°\sim16°$,$\alpha'_0=6°\sim8°$,$\lambda_s=5°\sim6°$(2 分)。

21. 答:车削薄壁类工件时,视工件特点可采用的装夹方法有:1)一次装夹工件(0.5 分);2)用扇形卡爪及弹性胀力心轴装夹工件(1 分);3)用花盘装夹工件(0.5 分);4)用专用夹具装夹工件(1 分);5)增加辅助支承装夹工件(1 分);6)用增设的工艺凸边装夹工件等方法(1 分)。

22. 答:常用的深孔加工方法有外排屑枪孔钻、内排屑喷吸钻和高压内排屑钻三种(2 分)。内排屑喷吸钻的切削刃交错分布在钻头两边,钻头颈部有喷液孔,前端有排屑孔。钻头用多线矩形螺纹与外套管连接,外套管用弹簧夹头装在刀柄上。内套管尾部开有几个向后倾斜的30°月牙孔(1.5 分)。工作时,高压切削液从进口到管夹头后,大部分从内、外套管之间通过喷口进入切削区,经排屑孔、内套管喷出,一部分通过月牙孔从内套管向后喷出,使内套管内产生很大的压力差,切屑在切削液的喷吸作用下顺利排出(1.5 分)。

23. 答:在花盘和角铁上装夹工件后大部分是一面偏重的,这样不但影响工件的加工精度,而且还会损伤主轴与轴承,为了克服偏重,所以要使用平衡块(3 分)。平衡块不讲究形状和精度,通过调整它的质量和位置,从而使工件在转动时达到平衡就可以了(2 分)。

24. 答:在花盘上装夹工件前,应检查花盘的形位公差:

1)检查花盘面对主轴轴线的端面全跳动。用百分表测头接触花盘外端面,转动花盘,观察百分表指针的摆动量;移动百分表到花盘中部,按同样的方法检查,百分表的前后两次摆动量应小于 0.02 mm(2.5 分)。

2)检查花盘面的平面度。把百分表固定在刀架上,使其测头接触花盘外端,花盘不动,移动中滑板,从花盘一端通过中心移到另一端,观察百分表指针,其摆动量应小于 0.02 mm,允许花盘中间向下凹(2.5 分)。

25. 答:花盘经检查不符合要求时,可选用耐磨性较好的 YG3 或 YG6 牌号的车刀,把花盘精车一刀,车削时应紧固床鞍(2.5 分)。精车后仍不符合要求,则应调整主轴间隙或修刮中滑板(2.5 分)。

26. 答:在花盘和角铁上装夹和加工工件时应注意以下事项:1)尽可能选择牢固、可靠的表面作为装夹基准面(0.5 分)。2)工件和附件必须装夹牢固(0.5 分)。3)平衡块应装夹正确,能起平衡作用(1 分)。4)开车前应检查各运动部分,确保无碰撞(1 分)。5)车削时,恰当选择切削用量,尤其是转速不宜太高(1 分)。6)由于工件形状不规则,并有螺钉、压板外露,应特别注意安全(1 分)。

27. 答:为了防止畸形工件在装夹时产生变形,应采取以下措施:1)选用角铁要有一定的刚性(1 分)。2)合理选择定位基准面(1 分)。3)增加可调支承或工艺撑头,增加工件刚性(1.5 分)。4)正确使用压板,保证装夹牢固和防止夹紧变形(1.5 分)。

28. 答:四爪单动卡盘的优点是:

1)每个卡爪能单独移动,能调整工件的装夹位置(1.5 分)。2)可以装夹外形复杂,且三爪自定心卡盘无法装夹的工件(1.5 分)。3)夹紧力比三爪自定心卡盘大。不足之处是装夹麻烦,找正复杂,并且每件都须找正,不宜用于批量加工(2 分)。

29. 答:用四爪单动卡盘可以装夹、车削的工件类型有:

1)外形复杂、三爪自定心卡盘无法装夹的工件(1 分)。2)偏心类工件(1 分)。3)有孔间距要求的工件(1.5 分)。4)位置精度和尺寸精度要求高的工件(1.5 分)。

30. 答:找正的内容及方法如下:将划线盘放在中滑板上,并使划针靠近外圆上侧素线,横向移动中滑板,并微转卡盘,把工件找正到水平位置。然后将卡盘转过 180°,并使上侧素线成水平位置(3 分),比较划针两次与上素线的间隙,拧紧间隙小的一侧的卡爪,拧松间隙大的一侧的卡爪,使工件产生位移,移动量为两间隙差的一半。如此反复多次找正,使划针与外圆素线间隙相等(2 分)。

31. 答:按题意可知封闭环为 L_1。

解:按题意可知封闭环为 $L_\delta=18^{\ 0}_{-0.2}$ mm。作尺寸链简图(图 1),判断 $L_2=30^{-0.14}_{-0.28}$ mm 为增环,L_1 为减环(1 分)。

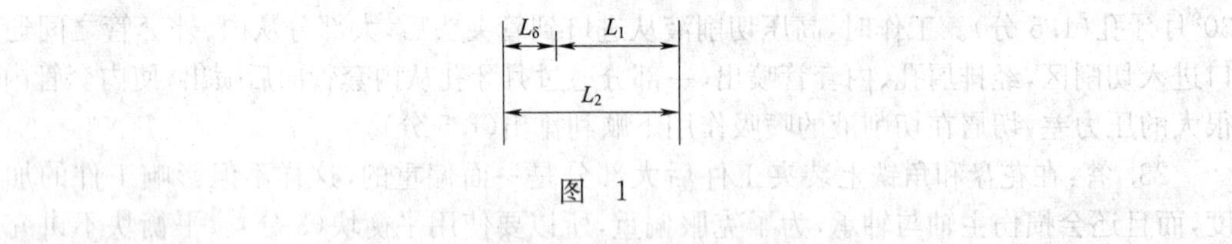

图 1

(1)$L_{\delta\max}=L_{2\max}-L_{1\min}$

$18=29.86-L_{1\min}$

得 $L_{1\min}=11.86$ mm(1 分)

(2)$L_{\delta\min}=L_{2\min}-L_{1\max}$

$17.8=29.72-L_{1\max}$

得 $L_{1\max}=11.92$ mm(1 分)

所以 $L_1=11.86^{+0.06}_{\ 0}$ mm(3 分)。

32. 答:已知工件孔 $D_{\max}=36.025$ mm,心轴的 $d_{\min}=35.98$ mm。

$$\Delta_{位移} = \frac{D_{max} - d_{min}}{2}$$

把已知数代入 $\Delta_{位移} = \frac{36.025 - 35.98}{2} = 0.0225$ mm

定位基准误差为 0.022 5 mm,大于工件的同轴度 0.02 mm,所以此心轴不能保证工件的加工精度(5 分)。

33. 答:片式摩擦离合器的间隙过大时,会减少摩擦力,影响功率的正常传递,而且易磨损。间隙过小时,在高速车削时,会因发热而“闷车”,从而损坏机床(5 分)。

34. 答:车床引起工件外圆圆柱度超差的原因有:1)主轴轴线与床鞍导轨平行度超差(2 分)。2)床身导轨严重磨损(1 分)。3)用两顶尖夹装工件时,尾座套筒轴线与主轴轴线不重合(1 分)。4)固定螺钉松动,致使车床水平变动(1 分)。

35. 答:加工工件外圆表面上有混乱的波纹,可能是由车床的下列原因造成的:1)主轴滚动轴承滚道磨损,间隙过大(2 分)。2)主轴轴向窜动过大(1 分)。3)卡盘与连接盘松动,使工件装夹不稳定(1 分)。4)溜板的滑动表面间隙过大(1 分)。

36. 答:图(a)所示注的技术要求不合理,因为其指引线垂直于轴线(2.5 分)。

图(b)是正确的标注方法,其标示线的是圆锥素线(2.5 分)。

37. 答:工件外圆圆周表面上出现有规律的波纹,是车床的下列不良因素造成的:1)主轴上的传动齿轮啮合不良或损坏(1 分)。2)电动机旋转不平衡引起机床振动(1 分)。3)带轮等旋转零件振幅太大引起振动(1 分)。4)主轴间隙过大或过小(1 分)。5)主轴滚动轴承磨损严重(1 分)。

38. 答:从车床方面考虑,造成车削螺纹的螺距超差的原因有:1)丝杠轴向窜动过大(2 分)。2)开合螺母磨损,与丝杠同轴度超差,造成啮合不良(1 分)。3)燕尾导轨磨损,造成开合螺母闭合时不稳定(1 分)。4)由主轴经过交换齿轮而来的传动链间隙过大(1 分)。

39. 答:数控车床是用电子计算机数字化信号控制的车床。加工工件时,将事先编好的程序输入机床专用的计算机中,由计算机指挥机床各坐标轴的伺服电动机去控制车床各运动部件的先后顺序、速度和移动量,从而车出各种形状不同的工件。数控车床的主要特点是:高柔性、高精度、高效率和低劳动强度;但编程较复杂(5 分)。

40. 答:立式车床的主要组成部件有:底座、工作台、立柱、横梁、立刀架、侧刀架及五角形刀架等(2.5 分)。布局上的主要特点是:主轴垂直布置,圆形工作台处于水平位置(2.5 分)。

41. 答:在立式车床上可以加工以下四种类型的工件:1)大直径的盘类、套类和环形工件及薄壁工件(1.5 分)。2)组合件、焊接件及带有各种复杂型面的工件(1.5 分)。3)块形圆弧面、圆锥面等大直径工件(1 分)。4)可以磨削大型、淬硬的工件(1 分)。

42. 答:在立式车床上找正工件是指将工件的端面找正到水平位置,再使工件中心与工作台旋转中心相重合。找正时将百分表座装在立刀架或侧刀架上,工作台带动工件回转,用百分表测头在内外圆上测量,并调整工件的位置和夹紧力,直至工件中心与工件台旋转中心重合,使夹紧、定位和找正同时完成(5 分)。

43. 答:机械加工工艺过程是按:工序—安装—工位—工步或工序—安装—工步的结构形式组成的。在一道工序中,可以有一次或几次安装;在一次安装中,可以有一个或几个工位;对工步和工位,一般不作严格区别,即往往把工位作为工步(5 分)。

44. 答:以毛坯上未经加工过的表面作为定位的基准称为粗基准(1 分)。其选择原则如下:1)工件上各表面不需要全部加工时,应以不加工的表面作为粗基准(1 分)。2)对所有表面都要加工的工件,应以加工余量小的表面作为粗基准(1 分)。3)尽量选择光洁、平整和幅面大的表面作为粗基准(1 分)。4)粗基准只能使用一次,应避免重复使用(1 分)。

45. 答:以已加工表面定位的基准称为精基准(2 分)。其选择原则如下:1)采用基准重合的原则,即尽可能采用设计基准、测量基准、装配基准作为定位基准(1 分)。2)采用基准统一原则,即在多道工序中利用同一个基准定位加工(1 分)。3)选择精度较高,装夹稳定可靠的表面作为精基准(1 分)。

46. 答:拟定工件工艺路线,主要包括选择各表面的加工方法,划分工序及确定各表面的加工顺序等内容。在拟定每个表面的加工方法时,除考虑生产类型及现有生产条件外,还应考虑工件的结构形状和尺寸,加工表面的精度和表面粗糙度要求,材料的力学性能和热处理等因素(5 分)。

47. 答:按照粗、精加工分开的原则,可以把机械加工工艺过程划分为粗加工、半精加工,精加工及光整加工 4 个阶段(5 分)。

48. 答:所谓工序集中,就是在加工工件的每道工序中,尽可能地多加工几个表面(1 分)。在下列情况下宜采用工序集中法加工:1)工件的相对位置精度要求较高时(1 分)。2)在加工重型工件时(1 分)。3)用组合机床、多刀机床和自动机床加工工件时(1 分)。4)单件生产时(1 分)。

49. 答:使每个工序中所包含的工作尽量减少的加工方法称为工序分散法(1 分)。在下列情况下宜采用工序分散法进行加工:1)当工件的表面尺寸精度高和表面粗糙度值要求较低时(1 分)。2)在大批量生产中,用通用机床和通用夹具加工时(1 分)。3)当工人的平均技术水平较低时(1 分)。4)在批量生产中,工件尺寸不大和类型不固定时(1 分)。

50. 答:安排工件表面加工顺序时,通常应遵循以下 4 个原则:1)先加工主要表面,后加工次要表面(1.5 分)。2)先加工出选定的后续工序的精基准面,后加工其他表面(1.5 分)。3)先进行粗加工,后进行精加工(1 分)。4)先加工孔的端面,后加工孔(1 分)。

51. 答:预备热处理包括退火、正火、时效和调质(2 分)。各自的目的如下:1)退火和正火的目的是改善切削性能,消除毛坯内应力,细化晶粒,均匀组织,为以后热处理打基础。其中退火是为了降低硬度;正火是为了适当提高硬度(1 分)。2)调质的目的是提高材料综合力学性能,为以后热处理打基础(1 分)。3)时效的目的是消除切削加工应力,稳定尺寸(1 分)。

52. 答:最终热处理包括淬火和回火、渗碳淬火和渗氮等热处理方法(2 分)。各自的目的如下:1)淬火和回火的目的是提高材料的硬度、强度和耐磨性(1 分)。2)渗碳淬火的目的是提高钢件表面层的硬度、耐磨性和疲劳强度,并保持其内部的塑性和韧性(1 分)。3)渗氮的目的是提高工件表面硬度、耐磨性、抗疲劳强度和抗腐蚀性(1 分)。

53. 答:一般主轴的加工工艺路线为:下料—锻造—退火(或正火)—粗加工—调质—半精加工—淬火和回火—粗磨—时效—精磨(2.5 分)。

渗碳件的加工工艺路线为:下料—锻造—正火—粗加工—半精加工—渗碳—去碳加工(去除不要硬度的表面的渗碳层)—淬火和回火—车螺纹或钻孔、铣槽等加工—粗磨—时效—半精磨—时效—精磨(2.5 分)。

54. 答:工序余量过大,会增加下道工序的工作量,降低生产效率和工件质量;工序余量过小,无法把上道工序的痕迹切除,影响工件质量或造成报废。确定工序余量时,要考虑加工误差、热处理变形、定位基准误差以及切痕和缺陷等因素(5 分)。

55. 答:标注尺寸的起点叫尺寸基准(5 分)。

56. 答:线、面的投影规律是:当线、面倾斜于投影面时,投影比原长缩短,又称收缩性;当线、面平行于投影面时,其投影与原线、面等长,又称真实性;当线、面垂直于投影面时,其投影聚集成点与线(直线成点,平面成线),又称为积聚性。应用线、面的投影规律去分析视图中线条框的含义和建立空间位置,从而把视图看懂的方法叫线、面分析法,在绘制零件图中也同样可以应用(5 分)。

57. 答:切削速度提高一倍,切削温度约增高 30%~40%;进给量加大一倍,切削温度只增高 15%~20%;背吃刀量加大一倍,切削温度仅增高 5%~8%(5 分)。

58. 答:互相联系的尺寸按一定顺序相接排列成的尺寸封闭图,就叫尺寸链。应用在加工过程中有关尺寸形成的尺寸链,称为工艺尺寸链(5 分)。

59. 答:在分析工件定位时通常用一个支承点限制一个自由度,用合理分布的六个支承点限制工件的六个自由度,使工件在夹具中位置完全确定,称为六点定位(5 分)。

60. 答:工件加工前的形状误差以一定比例复映到加工后的工件上的规律,叫误差复映规律(5 分)。

61. 答:加工中可能产生误差有原理误差、装夹误差、机床误差、夹具精度误差、工艺系统变形误差、工件残余应力误差、刀具误差、测量误差八个方面(5 分)。

62. 答:常采用的心轴有圆柱心轴、小锥度心轴、圆锥心轴、螺纹心轴、花键心轴。

63. 答:机床误差有:1)机床主轴与轴承之间由于制造及磨损造成的误差。它对加工件的圆度、平面度及表面粗糙度产生不良影响(2 分)。2)机床导轨磨损造成误差。它使圆柱体直线度产生误差(1 分)。3)机床传动误差。它破坏正确的运动关系造成螺距误差(1 分)。4)机床安装位置误差,如导轨与主轴安装平行度误差。它造成加工圆柱体出现锥度误差等(1 分)。

64. 答:机床的几何精度是指机床某些基础零件本身的几何形状精度、相互位置的几何精度、其相对运动的几何精度上。机床的工作精度是指机床在运动状态和切削力作用下的精度。机床在工作状态下的精度反映在加工后零件的精度上。CA6140 车床的工作精度:圆度为 0.01 mm;精车端面的平面度为 0.025 mm/400 mm;表面粗糙度为 $R_a 2.5\ \mu m \sim R_a 1.25\ \mu m$(5 分)。

65. 答:沿两条或两条以上在轴向等距离分布的螺旋线形成的螺纹称为多线螺纹。多线螺纹每旋转一周,螺母(与螺杆)能转动几倍的螺距。因此导程为螺距的几倍,其关系式为 $P_z = ZP$(Z 为线数)(5 分)。

66. 答:主要优点有:1)适用性强。数控机床加工复杂零件,只需少量工具、夹具(2 分)。2)加工的产品精度高。零件加工质量稳定,产品一致性好,废品率很低(2 分)。3)生产率高。大大地减轻操作工人的劳动强度(1 分)。

67. 答:加工塑性金属材料,切削速度较高,背吃刀量较薄,刀具前角较大,由于切屑剪切滑移过程中滑移量较小,没有达到材料的破坏程度,因此形成带状切屑(5 分)。

68. 答:1)切断刀做成片状可节省高速钢材料(2.5 分)。2)有弹性的刀杆,当进给量太大,弹性刀杆受力变形时,刀头会自动向下"让刀",切断时不致因"扎刀"而使切断刀折断(2.5 分)。

69. 答:切削时,在刀具切削刃的切割和刀面的推挤作用下,使被切削的金属层产生变形、剪切、滑移而变成切屑的过程(5分)。

70. 答:正确的工艺分析,对保证加工质量,提高劳动生产率,降低生产成本,减轻工人劳动强度以及制订合理的工艺规程都有极其重要的意义(5分)。

71. 左视图如图2所示(实线每少一条线或多一条线扣0.5分,直到扣完为止)。

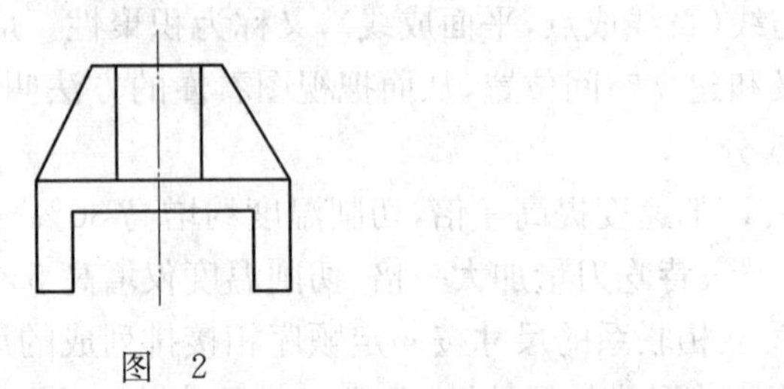

图　2

72. 俯视图如图3所示(评分标准:实线每少一条线或多一条线扣1分,虚线每少一条线或多一条线扣0.5分,直到扣完为止)。

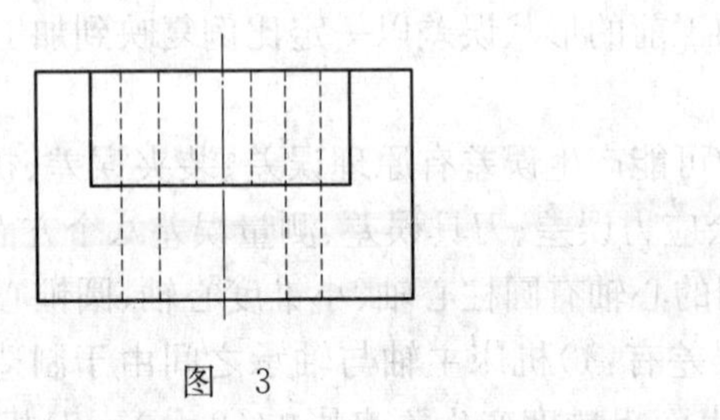

图　3

73. 答:图6(b)所标注尺寸不合理,因为尺寸 b 难以测量。图6(a)中的标注是合理的(5分)。

74. 答:图7(b)所标注的尺寸不合理。因为当车削 $R_a6.3\ \mu m$ 表面时,P、A、C 三个尺寸都有变化,难以同时达到所注尺寸要求。合理的标注应如图7(a)所示(5分)。

75. 答:图8(b)所标注的尺寸是合理的。因为从图中可知,H 是装配尺寸,在图样中应直接标出,方可保证其装配质量(5分)。

76. 答:图9(a)所标注的尺寸不合理。尺寸 L 难以测量,H 属多余尺寸。合理的尺寸标注应如图9(b)(5分)。

77. 答:刀具工作时,由于受刀具安装、进给运动和工件形状的影响,它的工作角度不等于车刀静止状态的几何角度。因此工作角度是车刀在工作状态时的实际角度(5分)。

78. 答:(1)背吃刀量 a_p 和进给量 f 增加时,切削力增大。根据切削力计算的经验公式 $Fz=150a_pf_{0.75}$ 可知,背吃刀量加大一倍,主切削力 Fz 增大一倍;进给量加大一倍,主切削力 Fz 增大70%左右(因进给量增加导致切屑厚度增加,使切屑变形减少,所以切削力小些)。(2)切削塑性金属时,切削力一般是随着切削速度的提高而减小;切削脆性金属时,切削速度对切削力没有显著的影响(5分)。

79. 答:目前用于制造刀具的材料可分为金属材料和非金属材料两大类型:金属材料有碳素工具钢、合金工具钢、高速钢、硬质合金;非金属材料有人造金刚石和立方氮化硼及陶瓷。其中碳素工具钢和合金工具钢的红硬性能较差(约200 ℃～400 ℃),已很少用来制造车刀(5分)。

80. 答:刃磨刀具常用的砂轮有氧化铝砂轮、绿色碳化硅砂轮、人造金刚石砂轮。刃磨硬质合金车刀用绿色碳化硅砂轮。当刀刃需要精细刃磨时,在工具磨床上用人造金刚石砂轮精磨车刀刀刃与刀面(5 分)。

81. 答:在机器制造中使用夹具的目的是为了保证产品质量,提高劳动生产率,解决车床加工中的特殊困难,扩大机床的加工范围,降低对工人的技术要求(5 分)。

82. 答:定位装置的作用是确定工件在夹具中的位置,使工件在加工时相对于刀具及切削运动处于正确位置。夹紧装置的作用是夹紧工件,保证工件在夹具中的既定位置在加工过程中不变(5 分)。

83. 答:定位点多于所应限制的自由度数,说明实际上有些定位点重复限制了同一个自由度,这样的定位称为重复定位。只要满足加工要求,少于六点的定位,称为部分定位(5 分)。

84. 答:该车床主轴的前后支承处各装有一个双列短圆柱滚于轴承 D3182121 和 E3182115,如图 10 所示。此外中间支承处还装有一个单列调心短圆柱滚子轴承 E32216,用于承受径向力。前轴承 D3182121 可用螺母 1 和 2 调整。调整时,先拧松螺母 1 然后拧紧带锁紧螺钉的螺母 2,使轴承 D3182121 的内圈相对主轴锥形轴颈向右移动。由于锥面的作用,薄壁的内圈产生径向弹性膨胀,将滚子与内、外圈之间的间隙消除。调整妥后,再将螺母 1 拧紧(3 分)。

后轴承 E3182115 的间隙可用螺母 3 调整。调整原理与前轴承相同(1 分)。

中间轴承不能调整,一般情况下只需调整前轴承即可。只有与调整前轴承后仍不能达到要求的旋转精度时,才需调整后轴承(1 分)。

85. 答:为使内外摩擦片间的间隙适当,调整时先将定位销 1 用旋具压入螺母 2 的缺口内,然后旋转左边螺母 2 可调整左部摩擦片的间隙。若旋转右部螺母 2,则可调整右部摩擦片的间隙。调整后,让定位销 1 弹出,重新卡在螺母 2 的缺口位置,以防螺母 2 在工作中的松动(5 分)。

86. 答:调整方法:先将前螺钉 2 和后螺钉 7 拧松,然后拧紧中间螺钉 5,将斜铁 4 上移,使丝杠螺母间隙减小,且保持中滑板丝杠回转灵活平稳,空行程不得大于 1/20 转。调整后再将前螺钉 2 和后螺钉 7 拧紧(5 分)。

87. 答:调整方法:先拧松紧固螺母 2,适当紧固调节螺钉 1,使开合螺母在底燕尾导轨中滑动,调整后用 0.03 mm 的塞尺检查不得通过,且需做到开合螺母张开轻便,闭合时稳定,然后再拧紧紧固螺母(5 分)。

88. 答:(1)直进切削法。对于精度要求不高、螺距较小的梯形螺纹可用一把螺纹车刀垂直进刀车成(1 分)。

(2)左右切削法。对螺距大于 4 mm 的梯形螺纹可采用左右切削法(2 分)。

(3)三把车刀的直进切削法。对于螺距大于 8 mm 的梯形螺纹,除用左右切削法车削外.可采用三把车刀直进法(2 分)。

89. 答:测量时,把齿轮卡尺调整到齿顶高,同时使卡尺测量面与蜗杆牙侧平行(此时,尺杆与蜗杆轴线间的交角即为螺旋升角),这样所测得的读数就是蜗杆的法向齿厚(2.5 分)。测量中应注意,必须考虑蜗杆的外径尺寸误差对齿顶的影响(2.5 分)。

六、综 合 题

1. 解：已知 $\alpha=20°$，$d_{a1}=22$ mm，$m=2$ mm，$z_1=2$。

$p_x=\pi m=3.141\ 5\times2$ mm$=6.283$ mm(2.5 分)

$Pz=z_1\pi m=2\times3.141\ 5\times2$ mm

$=12.566$ mm(2.5 分)

$h=2.2m=2.2\times2$ mm$=4.4$ mm(2.5 分)

$d_1=d_{a1}-2m=22$ mm-2×2 mm

$=18$ mm(2.5 分)

答：蜗杆的轴向齿距 p_x 为 6.283 mm，导程 Pz 为 12.566 mm，全齿高 h 为 4.4 mm，分度圆直径 d_1 为 18 mm。

2. 解：已知 $d_1=28$ mm，$\alpha=20°$，$m=2.5$ mm，$z_1=2$。

$d_{a1}=d_1+2m=28$ mm$+2\times2.5$ mm

$=28$ mm$+5$ mm$=33$ mm(2 分)

$d_{f1}=d_1-2.4m=28$ mm-2.4×2.5 mm

$=28$ mm-6 mm$=22$ mm(2 分)

$\tan\gamma=Pz/\pi d_1=z_1\pi m/\pi d_1=z_1m/d_1$

$=2\times2.5$ mm$/28$ mm$=0.178\ 57$

$\gamma=\arctan0.178\ 57=10.124\ 59°$

$=10°07'29''$(2 分)

$S_x=\pi m/2=3.141\ 5\times2.5$ mm$/2=3.927$ mm(2 分)

$S_n=\dfrac{\pi m}{2}\cos\gamma=\dfrac{3.141\ 5\times2.5\text{ mm}}{2}\cos10.124\ 59°$

$=3.866$ m(2 分)

答：蜗杆的齿顶圆直径 d_{a1} 是 33 mm，齿根圆直径 d_{f1} 是 22 mm，导程角 γ 是 $10°07'29''$，轴向齿厚 S_x 是 3.927 mm，法向齿厚 S_n 是 3.866 mm。

3. 解：已知 $z_1=2$，$m=4$ mm，$\alpha=20°$，$q=10$。

$p_x=\pi m=3.141\ 5\times4$ mm

$=12.566$ mm(2.5 分)

$h_f=1.2m=1.2\times4$ mm$=4.8$ mm(2.5 分)

$d_{a1}=d_1+2m=qm+2m$

$=(q+2)m=(10+2)\times4$ mm

$=48$ mm(2.5 分)

$\tan\gamma=Pz/\pi d_1=z_1\pi m/\pi qm=z_1/q$

$=\dfrac{4}{10}=0.4$

$\gamma=\arctan0.4=21.801°$

$=21°48'05''$(2.5 分)

答：该蜗杆的轴向齿距 p_x 为 12.566，齿根高 h_f 是 4.8 mm，导程角 γ 是 $21°48'05''$，齿顶圆

直径 d_{a1} 是 48 mm。

4. 解:已知 $Z_1=2, DP=10\frac{1}{in}, \alpha=14°30', d_a=2$ in。

$P_x=\pi/DP=3.1415/10=0.3142$ in(3分)

$d_1=d_a-\frac{2}{DP}=2-\frac{2}{10}=1.8$ in(4分)

$d_f=d_a-\frac{4.314}{DP}=2-\frac{4.314}{10}=1.5686$ in(3分)

答:该英制蜗杆的轴向齿距 P_x 为 0.314 2 in,分度圆直径 d_1 为 1.8 in,齿根圆直径 d_f 为 1.568 6 in。

5. 解:已知 $p_{丝}=6$ mm, $m=2.5$ mm。

$$i=\frac{p_{工}}{p_{丝}}=\frac{\pi m}{p_{丝}}=\frac{\frac{22}{7}\times 2.5\text{ mm}}{6\text{ mm}}=\frac{55}{7\times 6}$$

$$=\frac{55\times 100}{70\times 60}=\frac{55}{35}\times\frac{50}{60}$$

验证 $z_1+z_2=55+35=90$

$z_3+15=50+15=65$

$z_1+z_2>z_3+15$

$z_3+z_4=50+60=100$

$z_2+15=35+15=50$

$z_3+z_4>z_2+15$

故安装交换齿轮时不会发生干涉(5分)。

答:交换齿轮 $z_1=55, z_2=35, z_3=50, z_4=60$(5分)。

(注:解本类题时,提供 π 的近似分式表)

6. 解:已知 $P_{丝}=12$ mm, $DP=10\frac{1}{in}$。

$$i=\frac{P_{工}}{P_{丝}}=\frac{\frac{\pi}{DP}25.4}{P_{丝}}=\frac{25.4}{DP\cdot P_{丝}}\pi=\frac{25.4}{10\times 12}\times\frac{19\times 21}{127}$$

$$=\frac{127\times 19\times 21}{50\times 12\times 127}=\frac{38}{50}\times\frac{42}{48}$$

验证 $z_1+z_2=38+50=88$

$z_3+15=42+15=57$

$z_1+z_2>z_3+15$

$z_3+z_4=42+48=90$

$z_2+15=50+15=65$

$z_3+z_4>z_2+15$

故安装交换齿轮时不会发生干涉(5分)。

答:交换齿轮 $z_1=38, z_2=50, z_3=42, z_4=48$(5分)。

7. 已知 $m=4, Z=24$,各部尺寸的计算结果如下:

$d=mZ=4\times24=96$ mm(2.5 分)

$p=\pi m=3.14\times4=12.56$ mm(1.5 分)

$h_a=m=4$ mm(1.5 分)

$h_f=1.25\,m=1.25\times4=5$ mm(1.5 分)

$d_a=m(Z+2)=4\times(24+2)=104$ mm(1.5 分)

$d_1=m(Z-2.5)=4\times(24-2.5)=86$ mm(1.5 分)

8. 解:已知 $P_{丝}=\frac{1}{2}\text{in}$,$DP=10\frac{1}{\text{in}}$。

$$i=\frac{P_{工}}{P_{丝}}=\frac{\frac{\pi}{DP}}{P_{丝}}=\frac{\pi}{DP\cdot P_{丝}}=\frac{\frac{22}{7}}{\frac{10}{\text{in}}\times\frac{1}{2}\text{in}}=\frac{44}{7\times10}$$

$$=\frac{4\times11}{7\times10}=\frac{40}{70}\times\frac{55}{50}$$

验证 $z_1+z_2=40+70=110$

$z_3+15=55+15=70$

$z_1+z_2>z_3+15$

$z_3+z_4=55+50=105$

$z_2+15=70+15=85$

$z_3+z_4>z_2+15$

故安装交换齿轮时不会发生干涉(5 分)。

答:交换齿轮齿数分别为:$z_1=40$,$z_2=70$,$z_3=55$,$z_4=50$(5 分)。

9. 解:已知 $P_{丝}=12$ mm,$P_{工}=3$ mm。

$$i=\frac{P_h}{P_{丝}}=\frac{n_1P_{工}}{P_{丝}}=\frac{n_{丝}}{n_{工}}$$

$$i=\frac{3\text{ mm}\times3}{12\text{ mm}}=\frac{3}{4}=\frac{1}{1.33}\ (5\text{ 分})$$

答:丝杠转一转,工件转 1.33 转,若用提起开合螺母手柄车削此螺纹时,则会发生乱牙(5 分)。

10. 解:已知 $P_{丝}=6$ mm,$P_{工}=4$ mm,$n_1=2$。

$$i=\frac{p_h}{p_{丝}}=\frac{n_1p_{工}}{P_{丝}}=\frac{n_{丝}}{n_{工}}$$

$$i=\frac{4\text{ mm}\times2_{工}}{6\text{ mm}}=\frac{4}{3}=\frac{1}{0.75}\ (10\text{ 分})$$

答:丝杠转一转,工件转 0.75 转,若采用提起开合螺母车削,则会发生乱牙。

11. 解:已知 $P_{丝}=12$ mm,$P_{工}=3$ mm,$n=2$

$$i=\frac{P_h}{P_{丝}}=\frac{nP_{工}}{P_{丝}}=\frac{2\times3\text{ mm}}{12\text{ mm}}=\frac{24}{48}\ (10\text{ 分})$$

答:交换齿轮齿数为 $z_1=24$、$z_2=48$。

12. 已知 $H=10$ mm,$C=200$ mm。

解:按公式 $H=C\sin2\alpha$

$\sin 2\alpha = \frac{H}{C} = \frac{10}{200} = 0.05$

$2\alpha = 2°52''$

$\alpha = 1°26''$(10 分)

答:圆锥斜角 α 为 $1°26'$。

13. 解:已知 $S=0.05$ mm/格,$P_h=12$ mm,$n=3$。

小滑板应转过的格数 k

$P_{工} = \frac{P_h}{n} = \frac{12\ \text{mm}}{3} = 4\ \text{mm}$ (4 分)

$k = \frac{p_{工}}{S} = \frac{4\ \text{mm}}{0.05\ \text{mm/格}} = 80$ 格 (6 分)

答:小滑板应转过 80 格。

14. 解:已知 $P_{丝}=4$ mm,$N=100$ 格,$P_h=6$ mm,$n=2$。

$S = \frac{P_{丝}}{N} = \frac{4\ \text{mm}}{100\ 格} = 0.04$ mm/格 (3 分)

$P_{工} = \frac{P_h}{n} = \frac{6\ \text{mm}}{2} = 3\ \text{mm}$ (3 分)

$k = \frac{P_{工}}{S} = \frac{3\ \text{mm}}{0.04/格} = 75$ 格 (4 分)

答:小滑板应转过 75 格。

15. 解:已知 $m=3$ mm,$n=2$,$S=0.05$ mm/格。

$P_{工} = \frac{P_h}{n} = \frac{n\pi m}{n} = \pi m = 3.141\ 5 \times 3\ \text{mm}$

$=9.424\ 5$ mm(6 分)

$k = \frac{P_{工}}{S} = \frac{9.424\ 5\ \text{mm}}{0.05\ \text{mm/格}} = 188.49$ 格 (4 分)

答:小滑板应转过 188.49 格。

16. 解:已知车削 Tr32×12(P6)。

CA6140 型车床上的 $z_1=63$

$\frac{63}{2} = 31.5$ (5 分)。

答:不能用交换齿轮齿数分线法车削(5 分)。

17. 解:用分度盘分头法车削蜗杆时,仅与蜗杆的头数有关。

已知 $Z_1=3$,分头度数为

$a = \frac{360°}{3} = 120°$ (10 分)

答:分度盘应转过 120°。

18. 解:已知 $d=40$ mm,$p=7$ mm。

$d_D=0.518P=0.518\times 7\ \text{mm}=3.626$ mm(5 分)

$M=d_z+4.864d_D-1.866P$

$=d-0.5P+4.864d_D-1.833P$

$=40\ \text{mm}-0.5\times7\ \text{mm}+4.864\times3.626\ \text{mm}-1.866\times7\ \text{mm}$

$=41.075\ \text{mm}$(5 分)

答:量针直径 d_D为 3.626 mm,量针测量距 M 为 41.075 mm。

19. 解:已知 $d_1=51\ \text{mm}$,$p=9.425\ \text{mm}$。

$d_D=0.533p=0.533\times9.425\ \text{mm}=5.024\ \text{mm}$(5 分)

$M=d_1+3.924d_D-1.374p$

$=51+3.924\times5.024\ \text{mm}-1.374\times9.425\ \text{mm}$

$=57.764\ \text{mm}$(5 分)

答:量针直径 d_D为 5.024 mm,量针测量距 M 为 57.764 mm。

20. 解:已知 $P=9\ \text{mm}$,$d=60\ \text{mm}$,$d_0=59.84\ \text{mm}$。

$d_D=0.518P=0.518\times9\ \text{mm}=4.662\ \text{mm}$(5 分)

$d_2=d-0.5P=60\ \text{mm}-0.5\times9\ \text{mm}$

$=55.5\ \text{mm}$(1 分)

$M=d_2+4.864\ d_0-1.866P$

$=55.5\ \text{mm}+4.864\times4.662\ \text{mm}-1.866\times9\ \text{mm}$

$=61.382\ \text{mm}$(1 分)

$$A=\frac{M+d_0}{2}=\frac{61.382\ \text{mm}+59.84\ \text{mm}}{2}$$

$=60.611\ \text{mm}$(3 分)

答:量针直径 d_2为 4.662 mm,测量距 A 为 60.611 mm。

21. 解:已知 $d_1=50\ \text{mm}$,$m=5\ \text{mm}$,$z_1=3$。

$h_a=m=5\ \text{mm}$(5 分)

$$\tan\gamma=\frac{P_z}{\pi d_1}=\frac{z_1\pi m}{\pi d_1}=\frac{3\times5\ \text{mm}}{50\ \text{mm}}=0.3$$

$\gamma=\arctan0.3=16.699\ 24^\circ$

$$S_n=\frac{\pi m}{2}\cos\gamma=\frac{3.141\ 5\times5\ \text{mm}}{2}\cos16.699\ 24^\circ$$

$=7.854\ \text{mm}\times0.957\ 8=7.523\ \text{mm}$(5 分)

答:齿高卡尺应调整到 5 mm,法向齿厚的基本尺寸应为 7.523 mm。

22. 解:已知 $S_n=3.92^{-0.26}_{-0.31}\ \text{mm}$。

$\Delta M_{上}=2.747\ 5\Delta S_{上}=2.747\ 5\times(-0.26\ \text{mm})$

$=-0.714\ \text{mm}$(5 分)

$\Delta M_{下}=2.747\ 5\Delta S_{下}=2.747\ 5\times(-0.31\ \text{mm})$

$=-0.852\ \text{mm}$(5 分)

答:量针测量距偏差为 $M^{-0.714}_{-0.852}$ mm。

23. 解:已知 $e=2\ \text{mm}$,$e'=2.05\ \text{mm}$。

$\chi_{试}=1.5e=1.5\times2\ \text{mm}=3\ \text{mm}$(2 分)

$\Delta e=e'-e=2.05\ \text{mm}-2\ \text{mm}=0.05\ \text{mm}$(2 分)

$k=1.5\Delta e=1.5\times0.05\ \text{mm}=0.075\ \text{mm}$(2 分)

$\chi=\chi_{试}-k=3-0.075=2.925\ \text{mm}$(4 分)

答:应垫 3 mm 的垫片进行切削,正确垫片厚度为 2.925 mm。

24. 解:已知 $\chi_{试}=4.5$ mm,$e=3$ mm,$e'=2.92$ mm。

$\Delta e=e-e'=3\text{ mm}-2.92\text{ mm}=0.08\text{ mm}$

$K=1.5\Delta e=1.5\times0.08\text{ mm}=0.12\text{ mm}$(5 分)

因为偏心距小于要求值,所以垫片应加厚,即:

$\chi=\chi_{试}+k$

$=4.5\text{ mm}+0.12\text{ mm}=4.62\text{ mm}$(5 分)

答:正确的垫片厚度应为 4.62 mm,所以在原垫片的基础上再加厚 0.12 mm。

25. 解:已知 $L=1\,400$ mm,$\alpha_L=11\times10^{-6}/℃$,$t=20$ ℃,$t'=50$ ℃。

$\Delta t=t'-t=50\text{ ℃}-20\text{ ℃}=30\text{ ℃}$

$\Delta L=\alpha_L L\Delta t=11\times10-61/℃\times1\,400\text{ mm}\times30\text{ ℃}=0.462\text{ mm}$(10 分)

答:轴热变形的伸长量 ΔL 为 0.462 mm。

26. 解:已知 $L=1500$ mm,$\alpha_L=11.59\times10^{-6}/℃$,$\Delta L=0.522$ mm

$\Delta L=\alpha_L L\Delta t$

$\Delta t=\Delta L/\alpha_L L=\dfrac{0.522\text{ mm}}{11.59\times10^{-6}/℃\times1500\text{ mm}}$

$=30$ ℃(10 分)

答:工件的温度升高了 30℃。

27. 解:已知 $L=100\text{ mm}\pm0.043$ mm,$D=34.986$ mm,$d=34.995$ mm。

$M=L+\dfrac{D+d}{2}=100\text{ mm}+\dfrac{34.989+64.995}{2}$

$=134.991$ mm(5 分)

根据 M 的公差一般为中心距 L 公差 $\dfrac{1}{3}\sim\dfrac{1}{2}$ 的原则,取公差为 $M\pm0.015$ mm(5 分)。

答:专用心轴和定位圆柱外侧的距离应调整到 134.991 mm±0.015 mm 范围内。

28. 解:已知 $L_1=30$ mm,$L_2=80$ mm,$M_1=0$ mm,$M_2=+0.03$ mm,$M'_1=0$ mm,$M'_2=-0.025$ mm。

$f_1=\dfrac{L_1}{L_2}|M_1-M_2|=\dfrac{30\text{ mm}}{80\text{ mm}}|0-0.03\text{ mm}|$

$=0.011$ mm(3 分)

$f_2=\dfrac{L_1}{L_2}|M'_1-M'_2|=\dfrac{30\text{ mm}}{80\text{ mm}}|0-(-0.025\text{ mm})$

$=0.009\,4$ mm(3 分)

取两次测得的最大值,故 $f=f_1=0.011$ mm(4 分)

答:两孔轴线的平行度误差 0.011 mm。

29. 解:已知 $D=40$,$L=36$。

按公式:

$L=\dfrac{1}{2}(D+\sqrt{D^2-d^2})$

得 $d_2=4L(D-L)$

$d=\sqrt{4L(D-L)}=\sqrt{4\times36\times(40-36)}=4\times6=24$ mm(10分)

答:d 为 24 mm。

30. 解:已知 $z_1=2,n_1=1\ 450$ r/min,$z_2=62$。

公式 $i=\dfrac{n_1}{n_2}=\dfrac{z_2}{z_1}$

$n_2=\dfrac{n_1\cdot z_1}{z_2}=\dfrac{1\ 450\times2}{62}=47$ r/min(10分)

答:蜗轮转数 $n_2=47$ r/min。

31. 解:已知 $F=9\ 800$ N,$A=0.005$ m^2。

由公式 $P=\dfrac{F}{A}$

$P=\dfrac{9\ 800}{0.005}=19.6\times105$ Pa(10分)

答:油面单位面积上的压力 P 为 19.6×10^5 Pa。

32. 答:左视图见图4(实线每少一条线或多一条线扣1分,虚线每少一条线或多一条线扣2分,直到扣完为止)。

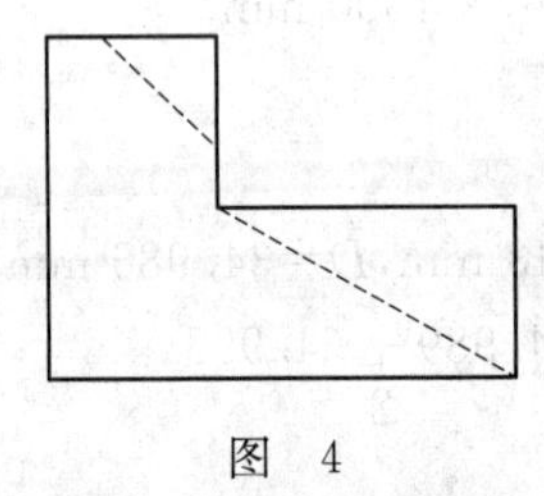

图 4

33. 解:$v_{纵快}=2\ 600\times\dfrac{13}{29}\times\dfrac{4}{29}\times\dfrac{40}{48}\times\dfrac{28}{80}\times12\times2.5\times3.141\ 5\times\dfrac{1}{1\ 000}$

$=4.42$ m/min(2.5分)

$v_{横快}=2\ 600\times\dfrac{13}{29}\times\dfrac{4}{29}\times\dfrac{40}{48}\times\dfrac{59}{18}\times\dfrac{5\text{ mm}}{1\ 000}=2.2$ m /min(2.5分)

34. 解:$S=1\times\dfrac{17}{80}\times12\times2.5\text{ mm}\times3.14=20$ mm(2.5分)

$k=1\times\dfrac{17}{80}\times\dfrac{33}{39}\times\dfrac{39}{105}\times300$ 格$=20$ 格(2.5分)

答:手轮转一转大溜板移动20 mm,刻度快进盘转过20格。

35. 答:车削细长轴,尤其是采用跟刀架时,工件常因加工中产生振动,而使表面粗糙度增大。有时车出的工件出现"竹节形"、"腰鼓形"、锥度等缺陷(5分)。产生缺陷的原因有以下几方面:

(1)跟刀架卡爪与工件外圆顶得过紧,易使工件出现"竹节形"或产生振动,使工件表面产生明显振纹(1分)。

(2)跟刀架卡爪和工件表面接触不良,造成卡爪磨损严重,在卡爪和工件表面之间产生间隙。由于工件两端处刚性强,中间刚性差,易变形,使车出的工件产生"腰鼓形"(1分)。

(3)尾座顶尖与机床主轴不在一条中心线上,结果使车出的工件产生锥度或其他缺陷(1分)。

(4)工件本身弯曲度大,也会使工件在加工中产生振动或弯曲,造成表面粗糙度增大和其他几何形状误差(0.5分)。

(5)顶尖顶得过紧,造成工件弯曲;顶得过松,会使工件在加工中产生振动(0.5分)。

(6)机床误差如主轴中心线与导轨不平行、机床导轨扭曲、机床导轨的直度误差等,会使工件产生锥度、"腰鼓形"或其他误差(0.5分)。

(7)机床主轴轴颈椭圆度过大,轴承间隙过大及主轴轴向窜动等。一方面将轴颈的椭圆程度复映到工件上,另一方面容易引起振动造成表面粗糙度增大(0.5分)。

36. 答:刀具磨损曲线如图5所示(10分)。

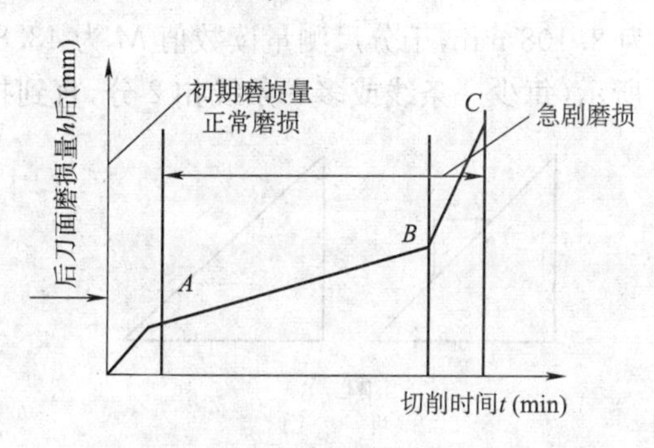

图 5

37. 解:已知 $L=1+2t=1\,000+(2\times2.5)=1\,005$,$D=95$,$V=50$ m/min,$S=0.3$ mm/rad,$t=2.5$ mm。

根据公式

$$T=\frac{L\pi D}{1\,000VS}$$

$$=\frac{1\,005\times3.14\times95}{1\,000\times50\times0.3}=20\text{ min}(10分)$$

答:车一刀所需机动时间约为20 min。

38. 解:已知 $n=200$ 格,$t=2.5$ mm,$n_{米}=100$ 格。

按题意 $\frac{2.5}{100}=\frac{P}{200}$

$100P=200\times2.5$

$P=5$ mm(5分)

$K=\frac{P}{n}=\frac{5}{200}=0.025$ mm/格(5分)

答:刻度盘每格为0.025 mm/格。

39. 解:已知 $K=1:5$,$a=4$。

$t=a\cdot\frac{K}{2}=4\times\frac{1/5}{2}=\frac{4}{10}=0.4$ mm(10分)

答:横向进刀0.4 mm才能使大端直径合格。

40. 解:已知 $\alpha=1°30'$,$C=200$ mm。

$2\alpha=2\times1°30'=3°$(2分)

$\sin2\alpha=\sin3°=0.052\,34$(2分)

$H = C\sin 2\alpha = 200 \times 0.052\,34 = 10.468$ mm(6 分)

答:垫进量块组的高度 H 应为 10.468 mm。

41. 解:已知 $d=40$,$P=6$,$\alpha=30°$。

按公式 $d_D = 0.519\,8 = 0.518 \times 6 = 3.108$ mm(5 分)

$d_2 = d - 0.5P = 40 - 0.5 \times 6 = 37$ mm(2 分)

$M = d_2 + 0.4864 d_D - 1.866 p$

$= 37 + 0.4864 \times 37 - 1.866 \times 6$

$= 43.800\,8 = 43.8$ mm(3 分)

答:钢针最佳直径 d_D 为 3.108 mm,千分尺测量读数值 M 为 43.8 mm。

42. 答:左视图如图 6 所示(每少一条线或多一条线扣 2 分,直到扣完为止)。

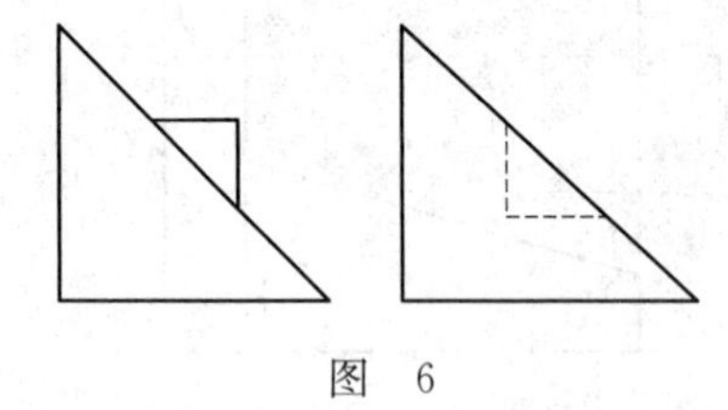

图 6

43. 答:俯视图如图 7 所示(每少一条线或多一条线扣 0.75 分,直到扣完为止)。

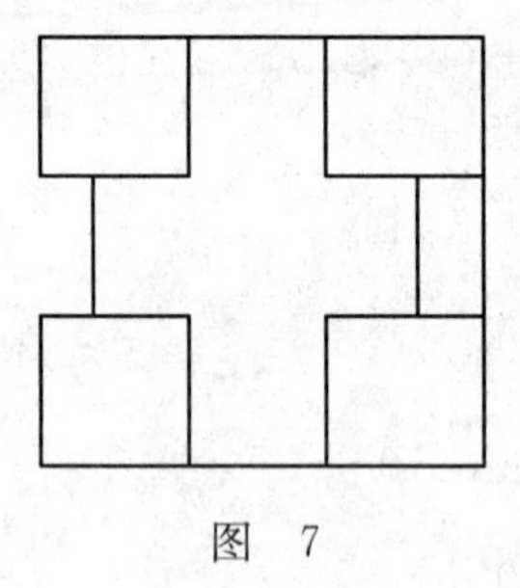

图 7

44. 解:已知 $K = 1:12$,$\Delta d = 0.3 \sim 0.4$。

由公式 $\alpha = \frac{t}{k/\alpha}$

$\alpha_1 = \alpha \times \frac{t_1}{K} = 2 \times \frac{d_1/2}{1/12} = 2 \times 0.3 \times 6 = 3.6$ mm(5 分)

$\alpha_2 = \alpha \times \frac{t_2}{K} = 2 \times \frac{d_2/2}{1/12} = 2 \times 0.4 \times 6 = 4.8$ mm(5 分)

答:工件端面到锥形塞规阶台面的距离 3.6～4.8 mm。

车工(高级工)习题

一、填 空 题

1. 力的三要素是大小、方向和(　　)。

2. 力矩是力和(　　)的乘积。

3. 凸轮机构主要由凸轮、(　　)和固定机架三个基本构件所组成。

4. 凸轮机构按凸轮形状分主要有(　　)凸轮、圆柱凸轮和移动凸轮。

5. 蜗轮、蜗杆传动是由蜗轮和蜗杆组成。通常情况(　　)是主动件。

6. 渐开线齿轮上标准模数和标准齿形角所在的圆叫(　　)。

7. 液压泵是一种将(　　)能转换成液压能量的动力装置。

8. 机床液压系统中常用液压泵有(　　)泵、叶片泵、柱塞泵三大类。

9. 液压控制阀用于控制和调节液压系统中油液的流动方向、压力大小与(　　)。

10. 液压泵的型号 CB—B25,CB 表示(　　)。

11. 柱塞泵是利用柱塞(或活塞)的(　　)来进行工作的。

12. 齿轮啮合的三要素是:齿形角相等,模数相等,(　　)相同。

13. 齿轮齿形的大小和强度与模数成(　　)。

14. 主轴轴向窜动量超差,精车端面时产生端面的(　　)超差或端面圆跳动超差。

15. 丝杠的轴向窜动,会导致车削螺纹时(　　)的精度超差。

16. 车床床身导轨的直线度误差和导轨之间的平行度误差将造成被加工工件的(　　)误差。

17. 电磁铁是将电流信号转变成(　　)的执行电器。

18. 在一定的生产技术与组织条件下,合理规定生产一件合格的产品(零件)所需要的时间称为(　　)。

19. 机床用交流接触器的主要任务是在(　　)情况下能自动接通或开断主电路。

20. 溢流阀在液压系统中所能起的作用是(　　)、安全和定压。

21. 将三相异步电动机电源中的任意两相对换后,电动机会(　　)。

22. 交流异步电动机由于转子感应电势很大,因此产生很大的(　　)电流。

23. 时间定额是在总结先进的(　　)基础上制定的。它又是大多数工人经过努力可以达到的。

24. 机床电器中,按钮是(　　)的电器。

25. 接触器自锁控制线路中,自锁触头并联在(　　)两端,起到自锁作用。

26. 异步交流电动机功率较小时,可采用直接启动。如果电动机功率大于 7.5 kW 时,必须采用(　　)启动。

27. 锥度的标注符号用(　　)表示,符号所示方向应与锥度方向相同。

28. 基准要素在图样上的标示基准代号方法是由基准符号、加粗的短画线、圆组成，其图形为(　　)。

29. 空间主体上的平面是由直线围成的封闭线框，所以平面的投影可化解为(　　)的投影进行作图。

30. 图样上符号◎是位置公差的(　　)度。

31. 表面结构评定参数中，表面粗糙度参数 R_a 表示(　　)。

32. R_a 数值越大，零件表面就越(　　)。

33. 齿轮的基本参数是(　　)，它是计算齿轮各部尺寸的依据。

34. 液压传动系统是由动力部分、控制部分、(　　)部分和辅助部分构成。

35. 渐开线上各点的压力角不相等离基圆越远压力角(　　)，基圆上的压力角等于零。

36. 水平仪的主要用途是检验平面的(　　)和设备安装的水平位置，常用水平仪有普通水平仪、框式水平仪、光学合像水平仪。

37. 齿轮精度由(　　)、工作平稳精度、接触精度、齿侧间隙精度组成。

38. ϕ50H7/S6 是(　　)配合性质。

39. 当形位公差采用最大实体原则时，(　　)可补偿给形位公差。

40. 在蜗轮齿数不变的情况下，蜗杆头数少时则传动比就(　　)。

41. 液压元件泄漏必然导致(　　)损失。

42. 公差带的大小由(　　)确定，公差带的位置由基本偏差确定。

43. CA6140 车床主轴锥孔是(　　)莫氏锥孔。

44. 金属材料的性能可分为：(　　)，工艺性能，物理、化学性能。

45. 金属材料最常用的强度指数是(　　)和抗拉强度。

46. 一张完整的零件图除包括视图和尺寸外，还应包括(　　)和标题栏。

47. 常见的平面连杆机构有曲柄滑块机构、双曲柄机构和(　　)三种。

48. 一般情况下三角螺纹起联接作用，梯形螺纹起(　　)作用。

49. 常用的高速钢有(　　)和 $W_6M_{05}Cr_4V_2$ 两种。

50. 退火的目的是降低硬度、细化晶粒(　　)，以改善钢的机械性能。

51. 淬火后高温回火称为(　　)，其目的是使钢件获得很高的韧性和足够的强度。

52. 为细化组织，提高机械性能，改善切削加工性能，常对低碳钢零件进行(　　)热处理。

53. 对运转平稳、流量均匀、压力脉动小的中、低压系统应选用(　　)泵。

54. 在液压传动中，用(　　)来改变活塞运动的速度。

55. 液压油的黏度受(　　)影响较大。

56. 在车削外螺纹工序中，检查螺纹中径较精确的方法是(　　)。

57. 孔的基本偏差 H 为(　　)偏差。

58. 轴的基本偏差 h 为(　　)偏差。

59. 液压传动是利用液体为工作介质来传递(　　)和控制某些机构的动作。

60. 基准分为设计基准和(　　)基准。

61. 工具钢、轴承钢锻压后，为改善切削加工性能和最终热处理性能，常需进行(　　)退火。

62. 当液压油中混入空气时,将引起机械零件在低速下产生(　　)。

63. α-Fe 的晶体结构是(　　)晶格。

64. r-Fe 的晶体结构是(　　)晶格。

65. 硫存在钢中,会使钢产生(　　)性。

66. 磷存在钢中,会使钢产生(　　)性。

67. 钢的热处理是通过在固态下加热、保温、冷却改变钢的内部组织,从而改变和获得所需(　　)的一种工艺过程。

68. 脆性材料比塑性材料的抗黏着能力(　　)。

69. 金属材料的(　　)性能是指金属材料在加工过程中表现的行为。

70. 扇形游标量角器的测量范围为(　　)。

71. 一对外啮合圆柱直齿齿轮模数为 2.5,齿数分别为 25、42,那么这对齿轮啮合的中心距为(　　)mm。

72. 为了消除中碳钢焊接件的焊接应力,一般要进行(　　)退火。

73. 两个电阻 R_1 和 R_2 并联,其总电阻为(　　)。

74. CA6140 车床的安全离合器是装在溜板箱内,其主要作用是防止(　　)。

75. 开合螺母机构可以接通或断开丝杠传递运动,其主要功能是(　　)。

76. 在车床上加工偏心工作的原理是把需要加工的偏心部分轴线校正到与(　　)重合。

77. 选择工件定位基准时,应遵守基准(　　)原则。

78. 夹紧力的作用点应尽量靠近(　　)防止振动。

79. 定位误差由基准不重合误差和(　　)误差组成。

80. 辅助支承不起任何消除(　　)的作用,工件的定位精度由主要定位支承来保证。

81. 车床主轴的轴向窜动将造成被加工工件端面(　　)误差。

82. 车床丝杠的轴向窜动将造成被加工工件螺纹的(　　)误差。

83. 车削细长轴时产生"竹节形"的原因是跟刀架的卡爪压得太(　　)。

84. 斜楔夹紧的工作原理是利用其(　　)移动时所产生的压力楔紧工作的。

85. 两顶尖安装工件(　　)高,但刚性较差。

86. 车床上一夹一顶安装工件(　　)好,轴向定位正确。

87. 车细长轴时为了防止工件产生振动和弯曲,应尽量减小径向力,应选用主偏角为(　　)的车刀。

88. 在刀具角度中,对切削温度影响最显著的是(　　)。

89. 在单件小批量生产加工中宜采用(　　)原则。

90. 在大批量生产加工中宜采用(　　)原则。

91. 一个锥体大头直径 D 为 90 mm,小头直径 d 为 80 mm,锥体长度为 100 mm,那么这锥体的斜度为(　　)。

92. 车削一长为 300 mm 的轴,已知 $S=0.5$ mm,$n=400$ r/min,那么车削两刀需机动时间为(　　)。

93. 车削一直径为 100 mm 的工作,允许的切削速度 $v=120$ m/min,那么车床的主轴转速为(　　)r/min。

94. 已知正四边形边为 a,那么它的外接圆直径为(　　)。

95. 铣一个六方棒，六方对边尺寸为 32 mm，那么坯料直径为(　　)。

96. 有两个直齿圆柱齿轮，测得外径 $De_1=168$ mm，$E_1=40$，那么和它啮合 $E_2=24$ 直齿圆柱齿轮的顶圆直径 De_2 为(　　)。

97. 在 C620 车床上绕制一弹簧，内径为 35 mm，那么绕制芯轴直径为(　　)mm。

98. 在 CA6140 车床用三爪卡盘夹紧，车削直径为 $\phi40$ mm 偏心距 $e=4$ mm 的偏心工件，偏心垫片厚度为(　　)。

99. 采用左右切削法车削多线螺纹时，为保证多线螺纹的螺距精度，车削每一条螺旋槽时，车刀轴向移动量必须(　　)。

100. 一夹一顶装夹工件工作，当卡盘夹持部分较长时，限制(　　)个自由度，后顶尖限制 2 个自由度，属过定位。

101. 车不锈钢应选(　　)型牌号的硬质合金刀片。

102. 标准麻花钻的横刃斜角的大小是由(　　)的大小决定。

103. 数控车床的最大特点是操作方便特别适用于多品种(　　)批量轴和套类工件的加工。

104. 车刀的副偏角是车刀的(　　)在基面上的投影和背离卡刀方向之间的夹角。

105. 车削多线螺纹时必须用螺纹的(　　)来计算分齿挂轮。

106. 车削外圆时，(　　)偏角愈小径向力会愈大，轴向力愈小。

107. 标准群钻由于磨出月牙槽，则形成主切削刃(　　)条。

108. 在花盘上加工工件，被加工表面回转轴线与基准面互相垂直，花盘平面只允许(　　)。

109. 滚轮滚压螺纹的精度要比搓板滚压的精度(　　)。

110. 多拐曲轴对曲柄轴间角度要求是通过(　　)来实现。

111. 车削导程为 $L=12$ mm 的三线螺纹，如果用滑板分度法分线，已知车床小滑板刻度每格为 0.05 mm，分线时小滑板应转过(　　)格。

112. 在车削复杂曲面的工件时，常采用成型车刀，它是一种专用刀具，其刀刃形状是根据工件的(　　)设计的。

113. 为减小工件变形，薄壁工件应尽可能采用(　　)夹紧的方式。

114. 深孔加工时，深孔钻的几何形状和(　　)是技术关键。

115. 在车床上加工细长轴，为了保证零件的尺寸精度和形状精度，通常采用可轴向伸缩的(　　)及附加的跟刀架和反向走刀的车削方法。

116. 利用刀具的旋转和压力，使工件外层金属产生微量塑性变形后，得到改善表面粗糙度的塑性加工方法称为(　　)。

117. 车削细长轴时，为了保证其加工质量，主要应抓住跟刀架的使用和防止工件的(　　)及合理选择车刀的几何形状三项关键技术。

118. 切屑的类型有带状切屑、挤裂切屑、粒状切屑、(　　)四种形式。

119. 在尺寸链中、最终被间接保证尺寸的那个环称为(　　)。

120. 在尺寸链中，能人为地控制或直接获得的尺寸环称(　　)。

121. 如图 1 所示，工件平面 1 和 3 已经加工，平面 2 待加工，那么尺寸 A_Σ 及其公差为(　　)。

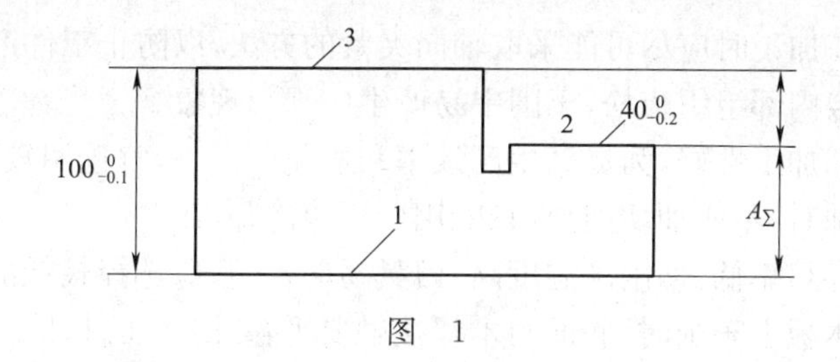

图 1

122. 细长轴加工时一般采用(　　)或跟刀架。

123. CA6140 车床丝杠螺距为 6 mm,刻度盘等分 100 格,那么刻度盘转过 30 格时,车刀的移动距离为(　　)。

124. 已知车床丝杠螺距为 6 mm,要车削螺纹螺距为 3 mm,车削时(　　)乱牙。

125. 机件的真实大小以图样上的(　　)为依据。

126. 崩碎切屑出现在加工(　　)中,其特点是切屑力变形大,对刀尖的冲击力大。

127. 带状切屑出现在加工(　　)中,其特点是切屑力变形小,切削过程平稳。

128. 车圆柱类零件时,其圆度主要取决于(　　)。

129. 车圆柱类零件时,其圆柱度主要取决于(　　)及相对位置。

130. 蜗杆精车刀的刀尖角等于牙形角,左、右刀刃应平直,刀刃前角应为(　　)。

131. 高速车削梯形螺纹时,为了防止切屑向两侧排出而拉毛螺纹表面,只能采用(　　)车削。

132. 加工细长轴时,减少工件热变形的必要措施是使用弹性顶尖和连续浇铸冷却液并保持(　　),减少切削热。

133. 精车法向直廓蜗杆时,车刀两侧切削刃组成的平面应(　　)于蜗杆齿面安装。

134. 对夹具或花盘的角铁的形位公差要求,一般取工件形位公差的(　　)倍。

135. 畸形零件的加工关键是(　　)、定位和找正。

136. 加工曲轴防止变形的方法是尽量使所产生的(　　)互相抵削以减少曲轴的挠曲度。

137. 精车大平面时,都采用由(　　)进给加工,以确保大平面加工精度。

138. 蜗杆精度的检验方法有三针法、单针法和(　　)法 。

139. 采用特制的软卡爪和开缝套筒,可使夹紧力(　　),减小工件的变形。

140. 圆角过渡的目的是使截面不发生突然变化,从而降低(　　)的影响。

141. 曲轴的加工原理类似偏心轴的加工。车削中除保证各曲柄轴颈对主轴颈的尺寸和位置精度外,还要保证曲柄轴颈间的(　　)。

142. 两顶尖安装工件精度高,但(　　)较差。

143. 一夹一顶安装工件刚性好,轴向定位正确,适用于轴类(　　)工件的安装。

144. 在花盘角铁上安装工件时,被加工表面回转轴线上基准面应互相(　　)。

145. 在花盘角铁上安装工件时,加工时工件转速不宜太高,否则会因(　　)影响而使工件飞出。

146. 内孔余量和材料组织不匀,会使车出的内孔(　　)。

147. 单件或数量较少的特形面零件可采用(　　)进行车削。

148. 特形面工件加工过程中的检验一般采用(　　)。

149. 薄壁工件在加工时应尽可能采取轴向夹紧的方法,以防止工件产生(　　)变形。

150. 铸造铜合金内部组织疏松,车削中易产生(　　)现象。

151. 铝合金切削加工性好,为提高生产效率和避免(　　),宜选用较高的切削速度。

152. 镁合金车削时,不能加切削液,只能用(　　)冷却。

153. 高温合金导热率低,切削区温度高,刀具易(　　),应选择较低的切削用量。

154. 橡胶钉在木板上车削时,底面与木板接触要平整,防止工件加工后(　　)。

155. 车削有机玻璃时,要防止温度过高产生变形和温度过低产生(　　)。

156. 辅助支承不起任何消除自由度的作用,工件的定位精度由(　　)来保证。

157. 在大型薄壁零件的装夹和加工中,为了(　　),常采用辅助支承改变夹紧力的作用点和增大夹紧力作用面积等措施。

158. 切削过程中的金属变形与摩擦所消耗的功,绝大部分转变成(　　)能。

159. CA6140 型卧式车床主轴的最大通过直径是(　　)mm。

160. 定位误差由(　　)和基准位移误差组成。

161. 精基准应选择精度较高,装夹(　　)的表面。

162. 提高劳动生产效率必须在缩短基本时间的同时缩短(　　)才能获得显著效果。

163. 车床本身的主要热源是(　　),它将使箱体和床身发生变形和翘曲,从而造成主轴的位移和倾斜。

164. 检验车床由主轴到传动丝杠的内传动链精度,是通过一根带有一个缺口螺母的(　　)和固定在方刀架上的百分表进行的。

165. 车床精度检验是对车床的几何精度和(　　)进行逐项检验。

166. 车床溜板箱直线运动相对主轴回转轴线,若在水平方向不平行,则加工后的工件呈(　　)。

167. 车床溜板箱直线运动相对主轴回转轴线,若在垂直方向不平行,则加工后工件呈(　　)。

168. 车床小刀架移动对主轴回转轴线垂直方向若不平行,用小刀架镗内孔时,镗后内孔呈(　　)。

169. 检验车床精度前,应先调整好车床的(　　)。

170. 锥形量规只能检验锥体的(　　)而不能检验锥体尺寸。

171. 用三针测量螺纹应选择三针最佳直径,即使三针的横截面与螺纹(　　)处牙侧相切。

172. 零件的加工精度反映在尺寸精度和(　　)精度。

173. | ◎ | ϕ0.02 | A |表示被测要素对基准 A 的(　　)公差不大于 ϕ0.02 mm。

174. 用三法检验 M24×1.5 的螺纹,那么钢针直径为(　　)。

175. 用三针法测量检验 Tr44×P8 螺纹,钢针直径为 4.141,测得 M 为 45.213,那么螺纹中径为(　　)。

176. 用百分表测量时,测量杆与工件表面应(　　)。

177. 量块使用后应(　　),涂油装入盒中。

178. 用正弦规检验莫氏锥度时,应先从有关表中查出莫氏圆锥的圆锥角,算出圆锥(　　)。

179. 正弦规由工作台、两个(　　)的精密圆柱、侧挡板和后挡板等零件组成。

180. 测量法向齿厚时,先把齿高卡尺调整到齿顶高尺寸,同时使齿厚卡尺的测量面与齿侧(　　)。

181. 杠杆式卡规是利用杠杆齿轮(　　)原理制成的量具。

182. 正弦规定用于精密测量(　　)量具。

183. 用正弦测量工件锥度,已知正弦规中心距 $C=200$ mm,当垫上 10 mm 的量块组尺寸时,工件素线处于水平位置,那么锥度为(　　)。

184. 杠杆千分尺的测量精度为(　　)。

185. 扭簧比较仪的测量范围较小,精度较高可达(　　)mm。

186. 水平仪的主要用途是检验零件平面的(　　)。

187. 水平仪有机械式和(　　)两类。

188. 车削套类零件形状精度达不到要求,表现为车出的孔呈多边形、椭圆形和(　　)。

189. 车床由主轴到传动丝杠的内传动链中,若某一个传动齿轮有制造和安装误差,则不仅影响加工螺纹的螺距精度还要影响(　　)的精度。

190. 开合螺母与溜板箱箱体上的燕尾导轨有间隙时,能造成车削螺纹的(　　)误差。

191. 精车后,工件端面圆跳动超差的原因是(　　)。

192. 机床的制造安装误差以及长期使用后的磨损是造成(　　)的主要原因。

193. 机床水平调整不良或地基下沉会严重影响工件的(　　)。

194. 车床夹具的回转轴线与车床主轴轴线要尽可能高的(　　)。

195. 通常夹具的制造误差,应是工件在工序中允许误差的(　　)。

196. 对于配合精度要求较高的圆锥工件,在工厂中一般采用(　　)方法进行检验。

197. 工件材料相同,车削时升温基本相同,其热变形的伸长量取决于(　　)。

198. 由于硬质合金镗刀不耐冲击,故其刃倾角应取得比高速钢镗刀(　　)。

199. 磨料的粒度是指磨料颗粒的(　　)。

200. 在外圆磨床上,工件一般用(　　)安装,很少用卡盘安装。

201. 如车削偏心距 $e=2$ mm 的工件,在三爪卡盘上垫入 3 mm 厚的垫片进行试切削,试切削后其实测偏心距 2.06 mm 则正确的垫片厚度应该为(　　)。

202. 车削导程为 $L=6$ mm 的三线螺纹,如果用小滑板分度法分线,已知车床小滑板刻度每格为 0.05 mm,分线时小滑板应转过(　　)。

203. 工件在两顶尖间装夹时,可限制(　　)个自由度。

204. 工件在小锥体心轴上定位,可限制(　　)个自由度。

205. 长 V 形铁安装轴类零件,可限制(　　)个自由度。

206. 油液黏度指的是油液流动时内部产生的(　　)。

207. 车床工在工作时严禁(　　)。

208. 车床工在工作中还应做到三紧:领口紧、袖口紧、(　　)。

209. 安全生产的方针是(　　)。

210. 我国劳动保护三结合管理体制是国家监察、行政管理、(　　)三个方面结合起来组成。

211. 在车床上用锉刀修锉工件时应(　　)修锉。

212. 车工在工作中应佩戴工作帽和(　　)。

213. 高空作业是指在坠落高度是(　　)有可能坠落的高处进行作业。

214. 劳动保护是保护(　　)在生产过程中的安全健康。

二、单项选择题

1. 液压传动是利用液体作为工作介质来传递(　　)。

(A)压力　(B)动力　(C)动能　(D)动作

2. 基轴制间隙配合的孔是(　　)

(A)A～H　(B)Js～N　(C)P～ZC　(D)a～h

3. 卸载回路属于(　　)回路。

(A)方向控制　(B)速度控制　(C)压力控制　(D)流量控制

4. 液压油的黏度受温度的影响(　　)。

(A)较小　(B)无影响　(C)较大　(D)不一定

5. 在加工表面、刀具和切削用量中的切削速度和进给量都不变的情况下,所连续完成的那部分工艺过程称为(　　)。

(A)工步　(B)工序　(C)工位　(D)进给

6. 齿轮常用的齿廓曲线是(　　)。

(A)抛物线　(B)渐开线　(C)摆线　(D)圆弧曲线

7. 在要求运动平稳、流量均匀、压力脉动小的中、低压液压系统中,应选用(　　)。

(A)CB 型齿轮泵　(B)YB 型叶片泵　(C)轴向柱塞泵　(D)径向柱塞泵

8. 液压系统中的油缸属于(　　)。

(A)动力部分　(B)执行部分　(C)控制部分　(D)辅助部分

9. 液压系统中,滤油器的作用是(　　)。

(A)散热　(B)连接液压管路　(C)保护液压元件　(D)过滤油液

10. 在液压系统中,节流阀的作用是控制油液在管道内的(　　)。

(A)流动方向　(B)流量大小　(C)流量速度　(D)压力大小

11. 当液压油中混入空气,将引起执行元件在低速下(　　)。

(A)产生“爬行”　(B)产生振动　(C)无承载能力　(D)产生噪声

12. 换向和锁紧回路是(　　)。

(A)方向控制回路　(B)压力控制回路　(C)速度控制回路　(D)电磁阀控制回路

13. 机床照明灯应选(　　)V 电压供电。

(A)220　(B)110　(C)36　(D)12

14. 固定电气设备的绝缘电阻不低于(　　)kΩ。

(A)50　(B)100　(C)200　(D)500

15. 两个电阻 R_1 和 R_2 并联,其总电阻为(　　)

(A)R_1+R_2　(B)$1/(R_1+R_2)$

(C)$(R_1+R_2)/R_1 \cdot R_2$　(D)$R_1 \cdot R_2/(R_1+R_2)$

16. 公法线千分尺用于测量模数等于或大于(　　)的直齿和斜齿外啮合圆柱齿轮的公法线长度及偏差变动量。

(A)0.5 mm　(B)1 mm　(C)2 mm　(D)1.5 mm

17. 为确定和测量车刀的几何角度,需要假想三个辅助平面,即(　　)作为基准。
(A)已加工表面、待加工表面、切削表面　(B)基面、剖面、切削平面
(C)基面、切削平面、过渡表面　(D)基面、主切削面、付切削面
18. 刀具(　　)的优劣,主要取决于刀具切削部分的材料、几何形状以及刀具寿命。
(A)加工性能　(B)工艺性能　(C)切削性能　(D)物理性能
19. 随公差等级数字的增大而尺寸精确程度依次(　　)。
(A)不变　(B)增大　(C)降低　(D)不定
20. 加工工件时,将其尺寸一般控制到(　　)较为合理。
(A)平均尺寸　(B)最大极限尺寸　(C)最小极限尺寸　(D)基本尺寸
21. (　　)热处理方式,目的是改善切削性能,消除内应力。
(A)调质　(B)回火　(C)退火或正火　(D)退火
22. H54 表示(　　)后要求硬度为 52～57HRC。
(A)高频淬火　(B)火焰淬火　(C)渗碳淬火　(D)中频淬火
23. 在电火花穿孔加工中,由于放电间隙的存在,工具电极的尺寸应(　　)被加工孔的尺寸。
(A)小于　(B)等于　(C)大于　(D)不大于
24. 钢材经(　　)后,由于硬度和强度成倍增加,因此造成切削力很大,切削温度高。
(A)正火　(B)回火　(C)淬火　(D)退火
25. 对于铸锻件,粗加工前需进行(　　)处理,消除内应力,稳定金相组织。
(A)正火　(B)调质　(C)时效　(D)淬火
26. 精车轴向直廓蜗杆(又称阿基米德渐开线蜗杆),装刀时车刀两切削刃组成的平面应与齿面(　　)。
(A)水平　(B)平行　(C)相切　(D)相割
27. 轴类零件最常用的毛坯是(　　)。
(A)铸铁和铸钢件　(B)焊接件　(C)棒料和锻件　(D)型钢
28. 用卡盘装夹悬伸较长的轴,容易产生(　　)误差。
(A)圆柱度　(B)圆度　(C)母线直线度　(D)锥度
29. 滚轮滚压螺纹的精度要比搓板滚压的精度(　　)。
(A)低　(B)高　(C)相同　(D)不稳定
30. 车削多头蜗杆的第一条螺旋槽时,应验证(　　)。
(A)导程　(B)螺距　(C)分头误差　(D)齿厚
31. 螺纹精车可采用三针测量法检验(　　)精度。
(A)中径　(B)齿厚　(C)螺距　(D)导程
32. 细长工件切削过程中,有效地平衡(　　),防止因受切削热伸长变形,以改善工件的加工性能。
(A)切削力　(B)切削热　(C)夹紧力　(D)切削深度
33. 车削细长轴,要使用中心架或跟刀架来增加工件的(　　)。
(A)刚性　(B)强度　(C)韧性　(D)硬度
34. 跟刀架要固定在车床的床鞍上,以抵消车削轴时的(　　)切削力。

(A)切向　　(B)轴向　　(C)径向　　(D)法向

35. 加工细长轴,使用尾座弹性顶尖,可以(　　)工件热变形伸长。

(A)补偿　　(B)抵消　　(C)减小　　(D)增大

36. 使用跟刀架,必须注意支承爪与工件的接触压力不宜过大,否则将会把工件车成(　　)。

(A)竹节形　　(B)椭圆形　　(C)锥形　　(D)腰鼓形

37. 机械加工的基本时间是指(　　)。

(A)劳动时间　　(B)机动时间　　(C)操作时间　　(D)准备时间

38. (　　)是由基本时间、辅助时间、布置工作场地时间、准备与结束时间、休息和生理需要时间五部分组成的。

(A)时间定额　　(B)单位时间定额　　(C)批量时间定额　　(D)单件时间定额

39. 正确选择(　　),对保证加工精度、提高生产率、降低刀具的损耗和合理使用机床起着很大的作用。

(A)刀具几何角度　　(B)切削用量　　(C)工艺装备　　(D)加工方法

40. 在一定的生产技术和组织条件下,合理规定生产一件合格的产品(零件)所需要的时间称为(　　)。

(A)工时　　(B)时间定额　　(C)生产时间　　(D)辅助时间

41. 对工厂同类型零件的资料进行分析比较,根据经验确定加工余量的方法,称为(　　)。

(A)查表修正法　　(B)经验估算法　　(C)实践操作法　　(D)平均分配法

42. 由于定位基准和设计基准不重合而产生的加工误差,称为(　　)。

(A)基准误差　　(B)基准位移误差　　(C)基准不重合误差　　(D)定位误差

43. 轴在两顶尖间装夹,限制了5个自由度,属于(　　)定位。

(A)完全　　(B)部分　　(C)重复　　(D)过定位

44. 重复定位是用两个以上定位点重复消除(　　)自由度。

(A)1个　　(B)2个

(C)2个或2个以上　　(D)3个或3个以上

45. 工件放置在长V形架上定位时,限制了4个自由度,属于(　　)定位。

(A)部分　　(B)完全　　(C)重复　　(D)欠定位

46. 用"两销一面"定位,两销指的是(　　)。

(A)两个短圆柱销　　(B)短圆柱销和短圆锥销

(C)短圆柱销和削边销　　(D)短圆柱销和长圆柱销

47. 车削轴采用一端用卡盘夹持(夹持部分较长),另一端用顶尖支承的装夹,共限制了6个自由度,属于(　　)定位。

(A)部分　　(B)完全　　(C)重复　　(D)过定位

48. 工件的(　　)个不同自由度都得到限制,工件在夹具中只有唯一的位置,这种定位称为完全定位。

(A)6　　(B)5　　(C)4　　(D)3

49. (　　)基准包括定位基准、测量基准和装配基准。

(A)定位 (B)设计 (C)工艺 (D)加工

50. 选择粗基准时,应选择(　　)的表面。

(A)任意 (B)比较粗糙

(C)加工余量小或不加工面 (D)加工量最大的面

51. 必须保证所有加工表面都有足够的加工余量,保证零件加工表面和不加工表面之间具有一定的位置精度两个基本要求的基准称为(　　)。

(A)精基准 (B)粗基准 (C)工艺基准 (D)设计基准

52. 只有在(　　)精度很高时,重复定位才允许采用。

(A)设计 (B)定位基准和定位元件

(C)加工 (D)装配

53. 夹具中的(　　)装置,用于保证工件在夹具中定位后的位置在加工过程中不变。

(A)定位 (B)夹紧 (C)辅助 (D)调整

54. 采用手动夹紧装置时,夹紧机构必须具有(　　)性。

(A)自锁 (B)导向 (C)平稳 (D)安全

55. 设计夹具,定位元件的公差,可粗略地选择为工件公差的(　　)左右。

(A)1/5 (B)1/3 (C)1/2 (D)3/4

56. 选择粗基准时应满足保证加工表面与不加工表面之间具有一定的(　　)精度。

(A)尺寸 (B)形状 (C)位置 (D)公差

57. 在螺纹基本直径相同的情况下,球形端面夹紧螺钉的许用夹紧力(　　)平头螺钉的许用夹紧力。

(A)等于 (B)大于 (C)小于 (D)可大于亦可小于

58. 设计偏心轮夹紧装置,偏心距的大小是按偏心轮的(　　)选定。

(A)工作行程 (B)夹紧力 (C)直径 (D)厚度

59. 为保证工件达到图样规定的精度和技术要求,夹具的(　　)与设计基准和测量基准尽量重合。

(A)加工基准 (B)装配基准 (C)定位基准 (D)工艺基准

60. 车削加工应尽可能用工件(　　)作定位基准。

(A)已加工表面 (B)过渡表面 (C)不加工表面 (D)基准面

61. 采用毛坯面作定位基准时,应选用误差较小、较光洁、余量最小且与(　　)有直接联系的表面,以利于保证工件加工精度。

(A)已加工面 (B)加工面 (C)不加工面 (D)切削面

62. 为保证工件各相关面的位置精度,减少夹具的设计与制造成本,应尽量采用(　　)原则。

(A)自为基准 (B)互为基准 (C)基准统一 (D)基准错开

63. 工件因外形或结构等因素使装夹不稳定,这时可采用增加(　　)的办法来提高工件的装夹刚性。

(A)定位装置 (B)辅助定位 (C)工艺撑头 (D)夹紧装置

64. 对于外形复杂、位置公差要求较高的工件,选择(　　)是非常重要的。

(A)加工基准 (B)测量基准 (C)工艺基准 (D)设计基准

65. 夹具的误差计算不等式：$\Delta_{定位}+\Delta_{装夹}+\Delta_{加工}\leqslant\delta_{工}$，它是保证工件(　　)的必要条件。

(A)加工精度　　(B)定位精度　　(C)位置精度　　(D)尺寸精度

66. "牢、正、快、简"四个字是对(　　)的最基本要求。

(A)夹紧装置　　(B)定位装置　　(C)加工工件　　(D)机床设备

67. 偏心夹紧机构夹紧力的大小与偏心轮转角 γ 有关，当 γ 为(　　)时，其夹紧力为最小值。

(A)45°　　(B)90°　　(C)180°　　(D)270°

68. 当工件被加工表面的旋转轴线与基面相互平行(或相交)，外形较复杂时，可以将工件装在(　　)上加工。

(A)花盘　　(B)花盘的角铁　　(C)角铁　　(D)卡盘

69. 在花盘上加工工件时，花盘平面只允许(　　)。

(A)平整　　(B)微凸　　(C)微凹　　(D)成一定角度的斜面

70. 被加工工件的轴线与主要定位基准面夹角为 α 时，应选择角度为(　　)的角铁。

(A)$180°-\alpha$　　(B)$90°-\alpha$　　(C)α　　(D)$90°+\alpha$

71. (　　)表现为机械零件在加工以后其表面层的状态，包括表面粗糙度、表面层冷作硬化的程度和表面层残余应力的性质及其大小。

(A)加工表面光洁度　　(B)加工表面硬化层

(C)加工表面质量　　(D)加工表面尺寸

72. 切削用量对切削温度影响最大的是(　　)。

(A)背吃刀量　　(B)进给量　　(C)切削速度　　(D)吃刀深度

73. 根据不同的加工条件，正确选择刀具材料和几何参数以及切削用量，是提高(　　)的重要途径。

(A)加工质量　　(B)减轻劳动强度　　(C)生产效率　　(D)加工时间

74. 车削不锈钢材料选择切削用量时，应选择(　　)。

(A)较低的切削速度和较小的进给量　　(B)较低的切削速度和较大的进给量

(C)较高的切削速度和较小的进给量　　(D)较高的切削速度和较大的进给量

75. 为增加(　　)工艺系统的刚性，减少振动和弯曲变形，车削细长轴时常采用中心架和跟刀架。

(A)机床—工件—刀具　　(B)机床—夹具—刀具

(C)工件—夹具—刀具　　(D)夹具—机床—工件

76. 两顶尖支承工件车削外圆时，刀尖移动轨迹与工件回转轴线间产生(　　)误差，影响工件素线的直线度。

(A)直线度　　(B)平行度　　(C)等高度　　(D)斜度

77. 采用小锥度心轴定位的优点是靠楔紧产生的(　　)带动工件旋转。

(A)胀紧力　　(B)摩擦力　　(C)离心力　　(D)压紧力

78. 使用小锥度心轴精车外圆时，刀具要锋利，(　　)分配要合理，防止工件在小锥度心轴上"滑动转圈"。

(A)进给量　　(B)背吃刀量　　(C)刀具角度　　(D)进给速度

79. 深孔加工(　　)的好坏，是深孔钻削中的关键问题。

(A)深钻孔　(B)切削液　(C)排屑　(D)切削速度

80. 为消除机床箱体的铸造内应力,防止加工后的变形,需要进行(　　)处理。

(A)淬火　(B)时效　(C)退火　(D)回火

81. 箱体的车削加工,一般以一个平面(前道工序已加工好)为基准,先加工出一个孔,再以这个孔和其端面(或原有基准平面)为基准,加工其他(　　)。

(A)端面　(B)交错孔　(C)基准面　(D)表面

82. 车削薄壁零件的关键是(　　)问题。

(A)刚度　(B)强度　(C)变形　(D)塑性

83. 采用专用软卡爪和开缝套筒合理地装夹薄壁零件,使(　　)均匀地分布在薄壁工件上,从而达到减小变形的目的。

(A)切削力　(B)夹紧力　(C)弹性变形　(D)工件振动

84. 一对外啮合标准直齿圆柱齿轮,已知周节 $P=12.56$,$a=250$ mm,传动比 $i=4$,小齿轮数为 25,大齿轮齿数为(　　)。

(A)30　(B)25　(C)120　(D)100

85. 单位切削力的大小,主要决定于(　　)。

(A)车刀角度　(B)被加工材料强度　(C)走刀量　(D)吃刀深度

86. 车削导程 $L=6$ mm 的三头螺纹,如果用小拖板分度法分头,已知车床小拖板刻度每格为 0.05 mm,分头时小拖板应转过(　　)。

(A)120 格　(B)40 格　(C)30 格　(D)60 格

87. 工件在两顶尖间安装时,如中心孔大小一样可限制(　　)自由度。

(A)4 个　(B)5 个　(C)6 个　(D)3 个

88. 定位时,用来确定工件在夹具中位置的点、线、面叫做(　　)。

(A)设计基准　(B)定位基准　(C)测量基准　(D)装配基准

89. 如车削偏心距 $e=2$ mm 的工件,在三爪卡盘上垫入 3 mm 厚的垫片进行试切削,试切削后其实测偏心距 0.06 mm,则正确的垫片厚度应该为(　　)。

(A)3.09 mm　(B)2.94 mm　(C)3 mm　(D)2.91 mm

90. 滚花时压力太大容易造成(　　)。

(A)乱扣　(B)乱纹　(C)疲劳　(D)变形

91. 在加工过程中,对选用毛坯面作为基准的工件,装夹时工件与花盘或角铁平面一般采用(　　)定位。

(A)3 点　(B)4 点　(C)5 点　(D)6 点

92. 薄壁工件不能用(　　)夹紧的方法。

(A)轴向和径向　(B)轴向　(C)径向　(D)随意

93. 车削细长轴时产生“竹节”形的主要原因是(　　)。

(A)工件向外让刀　(B)跟刀架的卡爪压得过紧

(C)走刀不匀　(D)工作受切削热伸长

94. 在三爪卡盘上车偏心工件,适用于加工精度要求不很高,偏心距在(　　)mm 以下的短偏心工件。

(A)20　(B)15　(C)10　(D)5

95. 加工螺纹时螺距不正确的原因是由于(　　)不对。

(A)装刀位置　(B)手柄位置　(C)刀具角度　(D)挂轮

96. 主切削力消耗切削总功率的(　　)左右。

(A)75％　(B)85％　(C)95％　(D)80％

97. $Kv=V60/(V60)j$ 是衡量材料相对加工性的公式。当 $Kv>1$ 时,说明该材料和 45 钢相比(　　)。

(A)加工性相当　(B)难切削　(C)易切削　(D)难以加工

98. 抛光加工工件表面(　　)提高工件的相互位置精度。

(A)不能　(B)稍能　(C)能够　(D)不一定

99. 车床上使用专用装置车削偶数正 n 边形工件时,装刀数量等于(　　)。

(A)n　(B)$n/2$　(C)$2n$　(D)$1/4n$

100. 使用专用装置车削正八边形零件时,装刀数量为四把,且每把刀伸出刀盘的长度(　　)。

(A)相等　(B)不相等　(C)没具体要求　(D)不一定

101. 由于曲轴形状复杂,刚性差,所以车削时容易产生(　　)。

(A)变形和冲击　(B)弯曲和扭转　(C)变形和振动　(D)振动和弯曲

102. 加工曲轴防止变形的方法是尽量使所产生的(　　)互相抵消,以减少曲轴的挠曲度。

(A)切削力　(B)切削热　(C)切削变形　(D)夹紧变形

103. 加工曲柄轴颈及扇形板开挡,为增加刚性,使用中心架偏心套支承,有助于保证曲柄轴颈的(　　)。

(A)圆柱度　(B)轮廓度　(C)圆度　(D)角度

104. 在花盘的角铁上加工工件,为了避免旋转偏重而影响工件精度,因此(　　)。

(A)必须用平衡铁平衡　(B)转速不宜过高

(C)切削用量应选得小些　(D)吃刀深度不能太大

105. C620-1 型车床,为了保护传动零件过载时不发生损坏,在溜板箱中装有(　　)机构。

(A)脱落蜗杆　(B)联锁　(C)安全离合器　(D)超越离合器

106. 与卧式车床相比,立式车床的主要特点是主轴轴线(　　)于工作台。

(A)水平　(B)垂直　(C)倾斜　(D)随意调整

107. 加工薄壁工件时,应设法(　　)装夹接触面。

(A)减小　(B)增大　(C)避免　(D)无所谓

108. 用弹性涨力心轴(　　)车削薄壁套外圆。

(A)不适宜　(B)最适宜　(C)仅适宜粗　(D)仅适宜精加工

109. 深孔加工的关键技术是(　　)。

(A)深孔钻的几何形状和冷却,排屑问题　(B)刀具在内部切削,无法观察

(C)刀具细长、刚性差、磨损快　(D)刀具细长、宜折断

110. 加工直径较小的深孔时,一般采用(　　)。

(A)枪孔钻　(B)喷吸钻　(C)高压内排屑钻　(D)群钻

111. 枪孔钻刀柄上的 V 形槽是用来(　　)。

(A)减小阻力的 (B)增加刀柄强度的 (C)排屑的 (D)进入冷却液

112. 喷吸钻的钻头和外套管是用(　　)连接的。

(A)焊接 (B)多线矩线螺纹 (C)花键 (D)斜契

113. 喷吸钻的外套管和刀柄是用(　　)连接的。

(A)螺纹 (B)斜铁 (C)弹簧夹头 (D)焊接

114. 喷吸钻工作时,大部分切削液是从(　　)。

(A)内套管流入钻头的 (B)内、外套管之间流入钻头的

(C)内套管月牙孔直接流出的 (D)外套管流入钻头的

115. 找正工件侧面素线时,若工件本身有锥度,找正时应扣除(　　)的锥度值。

(A)一个 (B)一半 (C)2倍 (D)0

116. 测得偏心距为2 mm的偏心轴两外圆最低点的距离为5 mm,则两外圆的直径差为(　　)mm。

(A)7 (B)10 (C)14 (D)20

117. 在三爪自定心卡盘上车削偏心工件时,应在一个卡爪上垫一块厚度为(　　)偏心距的垫片。

(A)1倍 (B)1.5倍 (C)2倍 (D)2.2倍

118. 在三爪自定心卡盘的一个卡爪上垫一个6 mm的垫片,车削后的外圆轴线将偏移(　　)mm。

(A)3 (B)4 (C)6 (D)8

119. 在三爪自定心卡盘上车削偏心套时,测得偏心距大了0.06 mm,应(　　)。

(A)将垫片修掉0.09 mm (B)将垫片加厚0.09 mm

(C)将垫有垫片的卡爪紧一些 (D)将垫有垫片的卡爪松一些

120. 用丝杠把偏心卡盘上的两测量头调到相接触后,偏心卡盘的偏心距为(　　)。

(A)最大值 (B)中间值 (C)零 (D)最小值

121. 在两顶尖间测量偏心距时,百分表上指示出的最大值与最小值(　　)就等于偏心距。

(A)之差 (B)之和 (C)差的一半 (D)和的一半

122. 用偏心工件作为夹具(　　)加工偏心工件。

(A)能 (B)不能 (C)不许 (D)无任何要求

123. 在四爪单动卡盘上加工偏心工件时(　　)划线。

(A)一定要 (B)不必要

(C)视加工要求决定是否要 (D)无所谓

124. 深孔加工,为了引导钻头对准中心,在工件上必须钻出合适的(　　)。

(A)导向孔 (B)定位孔 (C)工艺孔 (D)排屑孔

125. 外刃和中心刃合成的钻削力与内刃所产生的钻削力不相平衡,并超过导向块的支承导向能力时,容易造成钻孔(　　)。

(A)引偏 (B)喇叭口 (C)切削刃口的崩缺 (D)钻头折断

126. 车同轴线孔时采用同一进给方向是提高孔(　　)精度的有效措施。

(A)平行度 (B)圆柱度 (C)同轴度 (D)直线度

127. 车延长渐开线蜗杆装刀时，车刀两侧切削刃组成的平面应与(　　)。

(A)齿面垂直　　(B)齿面平行　　(C)齿面相切　　(D)齿面重合

128. 蜗杆的齿形为法向直廓，装刀时，应把车刀左右切削刃组成的平面旋转一个(　　)，即垂直于齿面。

(A)压力角　　(B)齿形角　　(C)导程角　　(D)90°

129. 精密丝杠不仅要准确地传递运动，而且还要传送一定的(　　)。

(A)力　　(B)力矩　　(C)转矩　　(D)转动惯量

130. (　　)是引起丝杠产生变形的主要因素。

(A)内应力　　(B)材料塑性　　(C)自重　　(D)切削力

131. (　　)将直接影响到机床的加工精度，生产率和加工的可能性。

(A)工艺装备　　(B)工艺过程　　(C)机床设备　　(D)工艺规程

132. 数控机床就是通过计算机发出各种指令来控制机床的伺服系统和其他执行元件，使机床(　　)加工出所需要的工件。

(A)自动　　(B)半自动　　(C)手动配合　　(D)联动

133. 有能力完成一定范围内的若干种加工操作的数控机床设备称为(　　)。

(A)数控中心　　(B)加工中心　　(C)操作中心　　(D)联合中心

134. 车削圆柱形工件产生(　　)的原因主要是机床主轴中心线对导轨平行度超差。

(A)锥度　　(B)直线度　　(C)圆柱度　　(D)平行度

135. 机床中滑板导轨与主轴中心线(　　)超差，将造成精车工件端面时，产生中凸或中凹现象。

(A)平面度　　(B)垂直度　　(C)直线度　　(D)平行度

136. 车孔时用滑板刀架进给时，床身导轨的直线度误差大，将使加工后孔的(　　)超差。

(A)直线度　　(B)圆柱度　　(C)同轴度　　(D)平面度

137. 精车内外圆时，主轴的轴向窜动影响加工表面的(　　)。

(A)同轴度　　(B)直线度　　(C)表面粗糙度　　(D)平行度

138. 机床主轴的(　　)精度是由主轴前后两个双列向心短圆柱滚子轴承来保证的。

(A)间隙　　(B)轴向窜动　　(C)径向跳动　　(D)圆跳动

139. 车床前后顶尖的等高度误差，当用两顶尖支承工件车削外圆时，影响工件(　　)。

(A)素线的直线度　　(B)圆度　　(C)锥度　　(D)平行度

140. 机床丝杠的轴向窜动，会导致车削螺纹时(　　)的精度超差。

(A)螺距　　(B)导程　　(C)牙型　　(D)全长

141. 车床上加工螺纹时，主轴径向圆跳动对工件螺纹产生(　　)误差。

(A)内螺距　　(B)单个螺距　　(C)螺距累积　　(D)导程

142. 机床的丝杠有轴向窜动，将使被加工的丝杠螺纹产生(　　)螺距误差。

(A)非周期性　　(B)周期性　　(C)渐进性　　(D)不会出现

143. 为消除主轴锥孔轴线径向圆跳动检验时检验棒误差对测量的影响，可将检验棒相对主轴每隔(　　)插入一次进行检验，其平均值就是径向圆跳动误差。

(A)90°　　(B)180°　　(C)270°　　(D)360°

144. 采用中心架进行支承是以工件外圆为基准，必须有(　　)要求，如若有误差，则将在整个加工中产生仿形误差。

(A)圆跳动　(B)圆柱度　(C)圆度　(D)垂直度

145. 检查床身导轨的垂直平面内的直线度时,由于车床导轨中间部分使用机会多,因此规定导轨中部分允许(　　)。

(A)凸起　(B)凹下　(C)平直　(D)可凸、可凹

146. 尾座套筒轴线对床鞍移动,在垂直平面的平行度误差,只允许向(　　)偏。

(A)上　(B)下　(C)前　(D)后

147. 导轨在垂直平面内的(　　),通常用方框水平仪进行检验。

(A)平行度　(B)垂直度　(C)直线度　(D)倾斜度

148. 如用检验心棒能自由通过同轴线的各孔,则表明箱体的各孔(　　)符合要求。

(A)平行度　(B)对称度　(C)同轴度　(D)直线度

149. 用带有检验圆盘的测量心棒插入孔内,着色法检验圆盘与端面的接触情况,即可确定孔轴线与端面的(　　)误差。

(A)垂直度　(B)平面度　(C)圆跳动　(D)平行度

150. 对于空心轴的圆柱孔,应采用(　　)锥度的圆柱度,以提高定心精度。

(A)1∶5　(B)1∶100　(C)1∶500　(D)1∶50

151. 在极薄切屑状态下,多次重复进给形成“让刀”,则将使加工孔的(　　)超差。

(A)直线度　(B)圆度　(C)同轴度　(D)圆跳动

152. 车削橡胶材料,要掌握进刀尺寸,只能一次车成,如余量小,则橡胶弹性大,会产生(　　)现象。

(A)扎刀　(B)让刀　(C)变形　(D)烧伤

153. 用右偏刀从外缘向中心进给车端面,或床鞍未紧固,车出的表面会出现(　　)。

(A)振纹　(B)凸面　(C)凹面　(D)螺旋线

154. 圆柱母线与工件轴线的(　　)是通过刀架移动的导轨和带着工件转动的主轴轴线的相互位置来保证的。

(A)直线度　(B)圆柱度　(C)平行度　(D)同轴度

155. 超精加工(　　)上道工序留下来的形状误差和位置误差。

(A)不能纠正　(B)能完全纠正　(C)能纠正较少　(D)不一定纠正

156. 对于配合精度要求较高的圆锥工件,在工厂中一般采用(　　)方法检验。

(A)圆锥量规涂色　(B)游标量角器　(C)角度样板　(D)尺寸测量法

157. 车圆锥面时,若刀尖装得高于或低于中心,则工作表面会产生(　　)误差。

(A)圆度　(B)双曲线　(C)尺寸精度　(D)表面粗糙度

158. 车床主轴轴线与床鞍导轨平行度超差会引起加工工件外圆的(　　)超差。

(A)圆度　(B)圆跳动　(C)圆柱度　(D)直线度

159. 工件外圆的圆度超差与(　　)无关。

(A)主轴前、后轴承间隙过大　(B)主轴轴颈的圆度误差过大

(C)主轴的轴向窜动　(D)机床加工系统振动

160. 主轴的轴向窜动太大时,工件外圆表面上会有(　　)波纹。

(A)混乱的振动　(B)有规律的　(C)螺旋状　(D)环线

161. 车床传动链中，传动轴弯曲或传动齿轮、蜗轮损坏，会在加工工件外圆表面的（ ）上出现有规律的波纹。

(A)轴向 (B)圆周 (C)端面 (D)径向

162. 加工工件外圆圆表面上出现有规律的波纹，与（ ）有关。

(A)主轴间隙 (B)主轴轴向窜动 (C)溜板滑动表面 (D)刀具振动

163. 精车工件端面时，平面度超差，与（ ）无关。

(A)主轴轴向窜动 (B)床鞍移动对主轴轴线的平行度

(C)床身导轨 (D)夹具精度

164. 精车大平面工件时，在平面上出现螺旋状波纹，与车床（ ）有关。

(A)主轴后轴承 (B)中滑板导轨与主轴轴线的垂直度

(C)车床传动链中传动轴与传动齿轮 (D)主轴前轴承

165. 车螺纹时，螺距精度达不到要求，与（ ）无关。

(A)丝杠的轴向窜动 (B)传动链间隙

(C)主轴轴颈圆度 (D)主轴轴向窜动

166. 对于尺寸精度、表面粗糙度要求较高的深孔零件(如采用管状毛坯)，其加工路线是（ ）。

(A)粗镗孔→半精镗孔→精镗或浮绞→珩磨或滚压

(B)钻孔→精镗或浮铰→珩磨或滚压

(C)粗镗孔→半精镗孔→珩磨或滚压

(D)钻孔→半精镗孔→浮铰→珩磨或精镗

167. 深孔加工刀具的刀杆应具有（ ），还应有辅助支撑，防止或减小振动和让刀。

(A)切削部分 (B)导向部分 (C)对刀部分 (D)配重装置

168. 找正偏心距 2.4 mm 的偏心工件，百分表的最小量程为（ ）。

(A)15 mm (B)4.8 mm (C)5 mm (D)10 mm

169. 单件加工三偏心偏心套，应先加工好（ ），再以它作为定位基准加工其他部位。

(A)基准孔 (B)偏心外圆 (C)工件总长 (D)以上三项均可

170. 由于使用偏心卡盘车削偏心时，偏心距可用（ ）测得，因此加工精度很高。

(A)量块或千分表 (B)千分尺 (C)卡尺 (D)以上均可

171. 用（ ）装夹的方法不适合偏心轴的加工。

(A)专用夹具 (B)花盘 (C)四爪单动卡盘 (D)三爪自定心卡盘

172. 加工细长轴使用中心架时，中心架支撑爪支持部分应车出槽沟，槽沟的宽度应（ ）。

(A)大于支撑爪宽度 (B)小于支撑爪宽度

(C)等于支撑爪宽度 (D)大于、小于、等于支撑爪宽度

173. 需要解决刀具几何形状的确定和冷却排屑问题等关键技术的是（ ）。

(A)深孔加工 (B)车细长轴

(C)车削精密偏心工件 (D)多拐曲轴加工

174. 深孔车刀与一般内孔车刀不同的是，前后均带有（ ），有利于保证孔的精度和直线性。

(A)导向垫　(B)刀片　(C)倒棱　(D)修光刃

175. 深孔加工需要解决的关键技术可归纳为深孔刀具(　　)的确定和切削时的冷却排屑问题。

(A)种类　(B)几何形状　(C)材料　(D)加工方法

176. 通常情况下,偏心零件粗车时以(　　)类硬质合金为车刀切削部分材料。

(A)P　(B)YG　(C)M　(D)YT

177. 形状规则的短偏心工件,一般使用(　　)装夹。

(A)四爪单动卡盘　(B)两顶尖

(C)三爪自定心卡盘　(D)偏心卡盘

178. 偏心距较大时,可采用(　　)检测。

(A)间接法　(B)直接法　(C)平板支承　(D)两顶尖支承

179. 蜗杆螺旋槽在(　　)时,蜗杆刀磨出 10°～15°的径向前角。

(A)精加工　(B)粗加工　(C)半精加工　(D)所有加工

180. 蜗杆的(　　)相同,特性系数的值越大,导程角越小。

(A)大径　(B)分度圆直径　(C)模数　(D)头数

181. 车削多线蜗杆时,应按工件的(　　)选择交换齿轮。

(A)齿厚　(B)齿槽　(C)螺距　(D)导程

182. 使用(　　)测量蜗杆的法向齿厚时,应把齿高卡尺的读数调整到齿顶高的尺寸。

(A)齿高卡尺　(B)卡尺　(C)齿厚卡尺　(D)千分尺

183. 多头蜗杆的模数为 2,头数为 3,则导程是(　　)mm。

(A)5　(B)6　(C)18　(D)18.84

184. 粗加工多头蜗杆,应采用(　　)装夹方法。

(A)专用夹具　(B)四爪单动卡盘　(C)一夹一顶　(D)三爪自定心卡盘

185. 粗加工蜗杆螺旋槽时,应使用(　　)作为切削液。

(A)乳化液　(B)矿物油　(C)植物油　(D)动物油

186. 车削多头蜗杆,当(　　)时,可分为粗车、半精车和精车三个加工阶段。

(A)修配　(B)批量较小　(C)批量较大　(D)以上均可

187. 粗车多线蜗杆螺旋槽时,齿侧每边留(　　)的精车余量。

(A)0.4～0.5 mm　(B)0.1～0.2 mm　(C)0.2～0.3 mm　(D)0.3～0.4 mm

188. 粗车多线蜗杆时,比较简单实用的分线方法是使用(　　)分线。

(A)分线盘　(B)小滑板刻度　(C)卡盘爪　(D)百分表

189. 车削多线蜗杆时,小滑板移动方向必须和机床床身导轨平行,否则会造成(　　)。

(A)分线误差　(B)分度误差　(C)形状误差　(D)导程误差

190. 粗车削多线蜗杆时,应尽可能缩短工件伸出长度,以提高工件的(　　)。

(A)硬度　(B)塑性　(C)刚性　(D)稳定性

191. 使用齿厚卡尺测量蜗杆的(　　)时,应把齿高卡尺的读数调整到齿顶高的尺寸。

(A)齿根高　(B)全齿高　(C)法向齿厚　(D)轴向齿厚

192. 多线蜗杆的模数 $m=3$,线数为 3,则导程是(　　)mm。

(A)6　(B)9　(C)18　(D)28.26

193. 蜗杆的模数 $m=5$,齿顶高是(　　)mm。

(A)10　(B)15.7　(C)5　(D)11

194. 垂直装刀法用于加工(　　)蜗杆。

(A)法向直廓　(B)米制　(C)轴向直廓　(D)英制

195. 在操作立式车床时,(　　)是允许的。

(A)停机测量　(B)加防护罩　(C)装夹牢固　(D)以上均可

196. 生产中,(　　)车床主要用于车削大型或重型的盘、轮和壳体类零件。

(A)自动　(B)回轮　(C)立式　(D)卧式

197. 单柱式立式车床的加工直径一般不超过(　　)mm。

(A)1 600　(B)1 800　(C)2 000　(D)2 200

198. 车削对开箱体同轴内孔时,应将两个箱体(　　)。

(A)分别加工　(B)加工后组装　(C)组装后加工　(D)以上均可

199. 在车床上车削减速器箱体上与基准面平行的孔时,应使用(　　)进行装夹。

(A)花盘角铁　(B)四爪单动卡盘

(C)三爪自定心卡盘　(D)液压卡盘

200. 工件材料相同,车削时升温基本相同,其热变形的伸长量取决于(　　)。

(A)工件长度　(B)材料热膨胀系数

(C)刀具磨损程度　(D)吃刀深度

201. 钻 ϕ3～ϕ20 mm 小直径深孔时,应选用(　　)比较适合。

(A)外排屑枪孔钻　(B)高压内排屑深孔钻

(C)喷吸式内排屑深孔钻　(D)麻花钻

202. 在花盘、角铁上加工工件,为了避免旋转偏重而影响工件的加工精度,必须(　　)。

(A)用平衡铁平衡　(B)使转速不易过低

(C)选大走刀量　(D)选大吃刀深度

203. 杠杆式卡规是属于(　　)量仪的一种测量仪器。

(A)光学　(B)气动　(C)机械　(D)电动

204. 对于配合精度要求较高的圆锥工件,在工厂中一般采用(　　)方法进行检验。

(A)圆锥量规涂色　(B)万能游标量角器

(C)角度样板　(D)万能角度尺

205. 机床工作台在低速运动时,常会出现爬行现象,这是一种(　　)振动。

(A)自由　(B)强迫　(C)自激　(D)他激

206. 镗孔时车刀刀尖高于工件中心,则工作前角减小,工作后角(　　)。

(A)增大　(B)减小　(C)不变　(D)为负值

207. 基准不重合误差是由于(　　)而产生的。

(A)工件和定位元件的制造误差　(B)定位基准和设计基准不重合

(C)夹具安装误差　(D)加工过程误差

208. 卧式车床主轴的窜动量应该在(　　)范围内。

(A)0.01　(B)0.02　(C)0.03　(D)0.05

209. 在基面内测量的基本角度有(　　)。

(A)前角　(B)楔角　(C)后角　(D)刃倾角

210. 立式车床的(　　)可以车削圆锥。

(A)侧刀架　(B)五角刀架　(C)立刀架　(D)以上均可

211. 用划规在工件表面上划圆时,作为旋转中心的一脚应加以(　　)的压力,以避免中心滑动。

(A)较小　(B)较大　(C)较小或较大　(D)不加

212. 錾削是指用手锤打击錾子对金属工件进行(　　)。

(A)清理　(B)修饰　(C)切削加工　(D)辅助加工

213. 手锯在前推时才起切削作用,因此锯条安装时应使齿尖的方向(　　)。

(A)朝后　(B)朝前　(C)朝上　(D)无所谓

214. 锉削时,应充分使用锉刀的(　　),以提高锉削效率,避免局部磨损。

(A)锉齿　(B)两个面　(C)有效全长　(D)侧面

215. 钻孔时的背吃刀量是(　　)。

(A)钻头直径　(B)1/2 钻头直径　(C)钻孔的深度　(D)不能确定

216. 攻螺纹时,丝锥切削刃对材料产生挤压,因此攻螺纹前底孔直径必须(　　)螺纹小径。

(A)稍大于　(B)稍小于　(C)稍大于或稍小于　(D)等于

217. 润滑剂的作用有润滑作用、冷却作用、防锈作用、(　　)等。

(A)磨合作用　(B)静压作用　(C)稳定作用　(D)密封作用

218. 常用润滑油有机械油及(　　)等。

(A)齿轮油　(B)石墨　(C)二硫化钼　(D)冷却液

219. 常用固体润滑剂可以在(　　)下使用。

(A)低温高压　(B)高温低压　(C)低温低压　(D)高温高压

220. 违反安全操作规程的是(　　)。

(A)严格遵守生产纪律　(B)遵守安全操作规程

(C)执行国家劳动保护政策　(D)可使用不熟悉的机床和工具

221. 保持工作环境清洁有序的是(　　)。

(A)不随时清除油污和积水　(B)不在通道上放置物品

(C)不能保持工作环境卫生　(D)毛坯、半成品不按规定堆放整齐

三、多项选择题

1. 识读装配图的要求是了解装配图的(　　)。

(A)名称　(B)用途　(C)性能

(D)结构　(E)精度等级　(F)工作原理

2. 下列说法错误的是(　　)。

(A)比例是指图样中图形与其实物相应要素的线性尺寸之比

(B)比例是指图样中图形与其实物相应要素的尺寸之比

(C)比例是指图样中实物与其图形相应要素的线性尺寸之比

(D)比例是指图样中实物与其图形相应要素的尺寸之比

3. 关于“局部视图”，下列说法正确的是(　　)。

(A)对称机件的视图可只画一半或四分之一，并在对称中心线的两端画出两条与其垂直的平行细实线

(B)局部视图的断裂边界必须以波浪线表示

(C)画局部视图时，一般在局部视图上方标出视图的名称“A”，在相应的视图附近用箭头指明投影方向，并注上同样的字母

(D)当局部视图按投影关系配置，中间又没有其他图形隔开时，可省略标注

4. 关于“斜视图”，下列说法正确的是(　　)。

(A)画斜视图时，必须在视图的上方标出视图的名称“A”，在相应的视图附近用箭头指明投影方向，并注上同样的字母

(B)斜视图一般按投影关系配置，必要时也可配置在其他适当位置。在不致引起误解时，允许将图形旋转摆正

(C)斜视图主要是用来表达机件上倾斜部分的实形，所以其余部分也必须全部画出

(D)将机件向不平行于任何基本投影面的平面投影所得的视图称为斜视图

5. 关于“旋转视图”，下列说法正确的是(　　)。

(A)倾斜部分需先旋转后投影，投影要反映倾斜部分的实际长度

(B)旋转视图仅适用于表达所有倾斜结构的实形

(C)旋转视图不加任何标注

(D)假想将机件的倾斜部分旋转到与某一选定的基本投影面平行后再向该投影面投 影所得的视图称为旋转视图

6. 从蜗杆零件的标题栏可知该零件的(　　)。

(A)名称　　　　(B)材料　　　　(C)使用要求

(D)加工工艺　　　　(E)比例　　　　(F)线数

7. 三线蜗杆图通常采用(　　)分别表示三线蜗杆的主体和蜗杆的齿形。

(A)左视图　　　　(B)主视图　　　　(C)俯视图

(D)局部放大图　　　　(E)斜视图

8. 三线蜗杆图是用(　　)分别表示蜗杆的轮廓线和分度圆直径。

(A)细实线　　　　(B)粗实线　　　　(C)点画线

(D)虚线　　　　(E)双点画线

9. 读零件图时，应首先读标题栏，从标题栏中可以了解到零件的(　　)等。

(A)技术要求　　　　(B)名称　　　　(C)比例

(D)材料　　　　(E)精度等级　　　　(F)复杂程度

10. 凸轮机构主要由(　　)三个基本构件所组成。

(A)凸轮　　　　(B)主动轮　　　　(C)从动杆

(D)从动杆固定机架　　　　(E)连杆

11. 齿轮啮合的三要素是:(　　)。

(A)齿数相等　　　　(B)齿形角 α 相等　　　　(C)压力角相同

(D)齿顶圆相切　　　　(E)模数相等　　　　(F)齿形曲线相同

12. 液压系统中的油缸属于(　　)，油箱属于(　　)，油泵属于(　　)。

(A)动力部分 (B)执行部分 (C)控制部分 (D)辅助部分

13. 液压控制阀用于控制和调节液压系统中油液的(　　)。

(A)流动方向 (B)压力大小 (C)流速 (D)流量大小

14. 机床液压系统中常用液压泵有(　　)三大类。

(A)齿轮泵 (B)活塞泵 (C)螺杆泵
(D)真空泵 (E)叶片式泵 (F)柱塞泵

15. 液压系统中的辅助装置包括(　　)。

(A)油管和接头 (B)滤油器 (C)蓄能器
(D)液压缸 (E)油箱 (F)换向阀

16. 溢流阀在液压系统中所能起的作用是(　　)。

(A)调压 (B)溢流 (C)节流
(D)泄压 (E)定压 (F)安全

17. 我国标准圆柱齿轮的基本参数是(　　)。

(A)齿数 (B)齿距 (C)模数 (D)压力角

18. 按齿轮形状不同可将齿轮传动分为(　　)传动和(　　)传动两类。

(A)斜齿轮 (B)圆柱齿轮 (C)直齿轮 (D)圆锥齿轮

19. 按螺旋副的摩擦性质分,螺旋传动可分为滚动螺旋和(　　)两种。

(A)滚动螺旋 (B)摩擦螺旋 (C)传动螺旋 (D)滑动螺旋

20. 在要求(　　)液压系统中,应选用YB型叶片泵。

(A)高压 (B)中、低压 (C)运动平稳
(D)流量均匀 (E)压力脉动小

21. 关于轮系叙述错误的是(　　)。

(A)可分解运动但不可合成运动 (B)不能获得很大的传动比
(C)不可做较远距离的传动 (D)可实现变速和变向要求

22. 在(　　)的场合,可选用带剖分环的凸缘联轴器。

(A)低速 (B)高速 (C)无冲击
(D)有冲击 (E)轴的刚性 (F)轴对中性较好

23. 润滑剂的作用有(　　)等。

(A)防锈作用 (B)磨合作用 (C)静压作用
(D)润滑作用 (E)冷却作用 (F)密封作用

24. 车床主轴箱的功用是支承主轴使其实现(　　)等。

(A)车螺纹 (B)车特形面 (C)启动
(D)停止 (E)变速 (F)变向

25. 为研究主轴箱中各传动件的(　　)及传动轴的支承结构等,常采用主轴箱展开图。

(A)结构 (B)形状 (C)尺寸精度
(D)装配关系 (E)形位精度 (F)表面粗糙度

26. CA6140卧式车床主轴箱内传动轴与齿轮的连接形式有(　　)等几种。

(A)钩头键 (B)模键 (C)固定的
(D)空套的 (E)滑移的 (F)焊接的

27. 只要将车床上的离合器(　　)全部啮合,就可以实现直联丝杠。
(A)M1　　(B)M2　　(C)M3
(D)M4　　(E)M15　　(F)M6
28. 车床主轴箱内的操纵机构的作用是控制主轴的(　　)等。
(A)启动　　(B)停止　　(C)换向
(D)制动　　(E)扩大螺距　　(F)正反向进给
29. CA6140 卧式车床主轴箱Ⅰ轴上装有双向多片式摩擦离合器,其功用有(　　)。
(A)主轴启动　　(B)控制正转　　(C)控制反转
(D)过载保护　　(E)控制停止
30. 关于互锁机构的作用,下述说法正确的有(　　)。
(A)纵向进给接通时,横向进给不能接通
(B)横向进给接通时,纵向进给不能接通
(C)车螺纹时,横向进给和纵向进给都不能接通
(D)保证开合螺母合上时,机动进给不能接通
(E)当机动进给接通时,开合螺母可以合上
(F)当机动进给接通时,开合螺母不能合上
31. 过载保护机构在(　　)的情况下不起保护作用。
(A)主轴受阻　　(B)交换齿轮受阻　　(C)纵向进给受阻
(D)车螺纹受阻　　(E)横向进给受阻　　(F)进给箱受阻
32. 读装配图时,通过对明细表的识读可知零件的(　　)等。
(A)尺寸精度　　(B)名称和数量　　(C)种类
(D)形位精度　　(E)组成情况和复杂程度
33. 装配图中标注的尺寸包括(　　)等。
(A)规格尺寸　　(B)装配尺寸　　(C)安装尺寸　　(D)总体尺寸
34. 对精密丝杆的材料进行锻造的优点有(　　)等。
(A)晶粒细化　　(B)碳化物分布均匀　　(C)组织紧密
(D)提高硬度　　(E)提高材料强度　　(F)改善切削条件
35. 高温时效是将工件加热到(　　),保温(　　),然后随炉冷却的过程。
(A)350 ℃　　(B)550 ℃　　(C)650 ℃
(D)5 h　　(E)7 h
36. 高温时效是将工件加热到(　　),保温 7 h,然后(　　)的过程。
(A)800 ℃　　(B)650 ℃　　(C)550 ℃
(D)用水冷却　　(E)用油冷却　　(F)随炉冷却
37. 对精密丝杠的坯料锻造后需进行球化退火。对于球化退火,下列叙述中正确的是(　　)。
(A)先将坯料加热到 900 ℃　　(B)将 900 ℃的坯料保温一段时间
(C)再将温度降至 723 ℃　　(D)先将坯料加热 770 ℃
(E)再降至 690 ℃进行等温退火
38. 表面淬火方法有(　　)表面淬火。

(A)感应加热　(B)遥控加热　(C)火焰加热　(D)局部加热

39. 机夹可转位车刀主要由(　　)组成。

(A)螺钉　(B)压板　(C)刀柄　(D)刀垫　(E)刀片

40. 标准群钻的结构特点是,在标准麻花钻的基础上(　　)。

(A)磨出月牙槽　(B)磨短横刃

(C)磨出双面分屑槽　(D)磨出单面分屑槽

41. 磨削加工中所用砂轮的三个基本组成要素是(　　)。

(A)磨料　(B)颗粒度　(C)结合剂　(D)孔隙　(E)硬度

42. 粗车铸铁不宜选用(　　)牌号的硬质合金车刀。

(A)YG3　(B)YG8　(C)YT5　(D)YT15

43. 精车铸铁不宜选用(　　)牌号的硬质合金车刀。

(A)YG3　(B)YG8　(C)YT5　(D)YT15

44. 粗车45钢光轴不宜选用(　　)牌号的硬质合金车刀。

(A)YG3　(B)YG8　(C)YT5　(D)YT15

45. 精车45钢光轴不宜选用(　　)牌号的硬质合金车刀。

(A)YG3　(B)YG8　(C)YT5　(D)YT15

46. 刀具磨损有正常磨损和非正常磨损两种形式。(　　)属于非正常磨损。

(A)切削刃磨钝　(B)切削刃或刀面上产生裂纹

(C)脆裂　(D)卷刃

47. 不属于刀具急剧磨损阶段磨损速度快的原因是(　　)。

(A)表面退火　(B)表面硬度低　(C)摩擦力增大　(D)强度低

48. 当工件材料、刀具材料一定时,要想提高刀具寿命,必须合理选择(　　)。

(A)切削深度　(B)切削液　(C)切削用量

(D)进给量　(E)刀具的几何角度　(F)切削速度

49. 夹紧力的方向应尽量(　　)。

(A)垂直于工件表面　(B)平行于工件表面

(C)垂直于工件的主要定位基准面　(D)平行于工件的主要定位基准面

(E)与切削力的方向保持一致　(F)与切削力的方向垂直

50. 夹紧力的作用点(　　)。

(A)不能落在主要定位面上　(B)应尽量落在主要定位面上

(C)尽量作用在工件刚性较好的部位　(D)应与支承点相对

(E)应远离加工表面　(F)应尽量靠近加工表面

51. 制定工艺规程的目的主要是(　　)。

(A)充分发挥机床的效率　(B)减少工人的劳动强度

(C)指导工人的操作　(D)便于组织生产和实施工艺管理

(E)按时完成生产计划　(F)改善工人的劳动条件

52. 工艺规程的主要内容有(　　)。

(A)毛坯的材料、种类及外形尺寸　(B)零件的加工工艺路线

(C)各工序加工的内容和要求　(D)采用的设备及工艺装备

(E)工件质量的检查项目和方法 (F)切削用量、工时定额和工人技术等级

53. 确定工序尺寸及其加工余量的主要方法有( )等几种。

(A)分析计算法 (B)集体讨论法 (C)经验估算法 (D)查表修正法

54. 粗车时,选择切削用量一般是( )。

(A)以保证质量为主 (B)兼顾生产效率

(C)以提高生产效率为主 (D)兼顾刀具的寿命

55. 半精车、精车选择切削用量时,主要考虑保证( )。

(A)加工精度 (B)表面质量 (C)生产效率 (D)刀具的寿命

56. 产生定位误差的主要原因是( )。

(A)基准重合 (B)基准不重合

(C)基准位置移动 (D)夹具基础件精度较低

57. 定位基准的位移误差主要是由( )造成的。

(A)夹具支承件精度太低 (B)工件制造误差较大

(C)夹紧件制造误差大 (D)定位元件制造误差较大

58. 获得加工零件相互位置精度,主要由( )来保证。

(A)刀具角度 (B)机床精度 (C)夹具精度

(D)工件安装精度 (E)加工工艺方法

59. 获得加工零件的形状精度,主要由( )来保证。

(A)刀具角度 (B)机床精度 (C)夹具精度

(D)工件安装精度 (E)加工工艺方法

60. 适于在花盘角铁上装夹的零件是( )。

(A)轴承座 (B)减速器壳体 (C)双孔连杆 (D)环首螺钉

61. 常用的夹紧装置有( )等多种。

(A)支承钉夹紧装置 (B)辅助支承夹紧装置 (C)螺旋夹紧装置

(D)模块夹紧装置 (E)偏心夹紧装置 (F)垂直夹紧装置

62. 花盘盘面的平面度及花盘对主轴轴线的垂直度可用( )检查。

(A)量块 (B)划线盘 (C)内径表

(D)百分表 (E)水平仪 (F)平尺

63. 轴承座常装夹在花盘角铁上车削,当角铁安装及工件装夹后,应进行的工作是( )。

(A)检验角铁平面对主轴轴线的垂直度 (B)检验角铁平面对主轴轴线的平行度

(C)检查轴承座孔的圆度 (D)检查轴承座孔轴线的直线度

(E)找正孔轴线与主轴轴线重合 (F)将工件压紧,然后装上平衡铁平衡

64. 机夹可转位车刀主要由( )等部分组成。

(A)刀垫 (B)刀排 (C)螺钉

(D)刀片 (E)刀柄 (F)刀架

65. 机夹可转位车刀具有( )等特点。

(A)结构简单、制造方便 (B)刀片成独立部分,提高了切削性能

(C)减少对刀、磨刀所需的辅助时间 (D)切削效率高,刀柄可重复使用

66. 机夹可转位车刀的刀片采用机械加固方法的优点是(　　)。
(A)减少焊接的麻烦　(B)使刀片更加坚固耐用
(C)避免了焊接工艺的影响和限制　(D)可根据加工对象选用刀片材料
(E)充分发挥刀片的切削性能　(F)提高刀片的切削效率
67. 机夹可转位车刀刀刃的空间位置相对于刀柄不变的优点是(　　)。
(A)节省了换刀、磨刀时间　(B)节省了对刀时间
(C)提高机床的利用率　(D)提高刀片的强度和硬度
68. 整体式机夹可转位镗刀主要用于(　　)。
(A)粗加工　(B)半精加工　(C)精加工　(D)超精加工
69. A型刀夹是一种典型的模块化刀夹,特别适用于(　　)粗加工和半精加工。
(A)车床　(B)铣床　(C)数控机床
(D)组合机床　(E)加工中心　(F)钻床
70. 标准群钻的结构特点中的七刃是指(　　)。
(A)两条外刃　(B)两条中刃　(C)两条内刃
(D)两条圆弧刃　(E)一个横刃　(F)一个切削刃
71. 标准群钻结构特点中的两槽是指(　　)。
(A)螺旋槽　(B)月牙槽　(C)单面分屑槽　(D)双面断屑槽
72. 标准群钻磨短横刃的作用是(　　)。
(A)增大了钻心强度　(B)减小轴向力
(C)有利于定心　(D)提高钻头的切削性能
73. 标准群钻单边分屑槽的作用是(　　)。
(A)有利于排屑　(B)减小切削力　(C)增加钻心强度　(D)有利于定心
74. 交错齿内排屑深孔钻刀片在刀具中心两侧交错排列,这样排列的优点是(　　)。
(A)有较好的通用切削液作用　(B)有较好的排屑作用
(C)有较好的分屑作用　(D)刀具两侧受力平衡
75. 交错齿内排屑深孔钻刀刃的前刀面磨有断屑槽的功用是(　　)。
(A)使切屑成"C"字形　(B)容易排屑
(C)容易通切削液　(D)使切屑成带状
76. 刀具的磨钝标准分(　　)。
(A)粗加工磨钝标准　(B)半精加工磨钝标准
(C)精加工磨钝标准　(D)超精加工磨钝标准
77. 刀具的磨损形式有(　　)。
(A)初期磨损　(B)中期磨损　(C)正常磨损　(D)非正常磨损
78. 刀具的磨损阶段有(　　)等。
(A)正常磨损阶段　(B)非正常磨损阶段　(C)初磨阶段
(D)中磨阶段　(E)急剧磨损阶段
79. 刀具在初期磨损阶段磨损较快的原因是(　　)。
(A)表面硬度低　(B)表面粗糙度值大
(C)表面不耐磨　(D)表面层较脆

80. 刀具在正常磨损阶段磨损较慢的原因是(　　)。
(A)经初磨后表面的硬度较高 (B)经初磨后刀具上磨出一条较窄的磨损带
(C)刀具接触面积较大 (D)刀具单位面积上压力减小
81. 刀具非正常磨损主要指切削刃或前刀面上产生(　　)。
(A)积屑瘤 (B)裂纹 (C)崩刃 (D)卷刃或脆裂
82. 影响刀具寿命的因素有(　　)。
(A)刀具材料 (B)工件材料 (C)刀具几何角度
(D)切削用量 (E)切削液 (F)磨钝标准
83. 当工件材料和刀具材料一定时,要想提高刀具寿命,必须合理地选择(　　)。
(A)磨钝标准 (B)正常磨损阶段 (C)刀具几何角度
(D)切削用量 (E)切削液
84. 对刀具切削部分材料的要求是(　　)。
(A)有足够的强度和韧性 (B)硬度高,耐磨性好
(C)有良好的工艺性能 (D)耐热性好
85. 车削作业时常用的车刀材料有(　　)。
(A)碳素工具钢 (B)合金工具钢 (C)高速钢
(D)硬质合金 (E)高锰钢 (F)优质碳素工具钢
86. 硬质合金的优点是(　　)。
(A)韧性好 (B)耐冲击 (C)硬度高
(D)耐高温,可高速车削 (E)耐磨性好 (F)容易磨得锋利
87. 为确定和测量车刀的角度,需要假想的几个辅助平面是(　　)。
(A)前刀面 (B)后刀面 (C)基面
(D)截面 (E)切削平面
88. 刀具前角的作用是(　　)。
(A)影响刃口的锋利程度 (B)影响刀头强度
(C)影响切削变形 (D)影响切削力
89. 对组合夹具元件的要求是(　　)。
(A)表面粗糙度值小 (B)精度高 (C)耐磨性好 (D)良好的互换性
90. 和专用夹具相比,组合夹具具有(　　)等不足之处,有待继续改进。
(A)体积较小 (B)体积较大 (C)质量较轻
(D)质量较重 (E)刚性较差
91. 组合夹具主要用于(　　)。
(A)单件小批量生产 (B)大批大量生产
(C)新产品试制 (D)临时性突击任务
92. 组合夹具按夹具驱动力来源的不同,可分为(　　)等。
(A)手动组合夹具 (B)气动组合夹具
(C)液压组合夹具 (D)电动和电磁组合夹具
93. 对组合夹具中夹紧件的调整,主要是使(　　)尽可能地合理。
(A)夹紧力的方向 (B)紧固件的强度

(C)夹紧力的大小　　(D)夹紧力的作用点

94. 组合夹具的调整,主要是对(　　)的调整。

(A)基础件　　(B)支承件　　(C)定位件

(D)夹紧件　　(E)紧固件　　(F)导向件

95. 使用组合夹具时,要做到(　　)。

(A)认真检查各元件的精度　　(B)装夹工件后应做适当调整

(C)注意安全　　(D)加强对夹具的维护保养

96. 专用夹具的最大优点是能可靠地保证加工精度和(　　)。

(A)提高劳动生产率　　(B)降低成本

(C)改善工人劳动条件　　(D)适用性强

97. 当(　　)时,会造成主轴间隙过大。

(A)主轴长时间满负荷工作　　(B)主轴轴承润滑不良

(C)主轴轴承磨损　　(D)主轴调整后未锁紧

(E)主轴轴向窜动量超差　　(F)主轴调整得太紧

98. 车削时,(　　)均会造成主轴温度过高。

(A)主轴轴承间隙过小　　(B)多片摩擦离合器中的摩擦片间隙过小

(C)主轴长时间全负荷工作　　(D)制动带调整过紧

(E)主轴箱内油泵循环供油不足　　(F)离合器接触不良

99. 普通车床方刀架压紧及刀具紧固后小滑板手柄不灵活或转不动的原因是(　　)。

(A)小滑板丝杠弯曲　　(B)中滑板丝杠弯曲

(C)方刀架和小滑板底板的结合面不平　　(D)方刀架手柄垫片太薄

100. 造成横向移动(中滑板移动)手柄转动不灵活、轻重不一的原因是(　　)。

(A)中滑板丝杠弯曲　　(B)中滑板丝杠和螺母间隙太小

(C)镶条接触不良　　(D)小滑板与中滑板的结合面接触不良

101. 用普通车床车削时,主轴转速变慢或自动停车的原因可能是(　　)。

(A)切削速度太高　　(B)车刀锋利程度不够

(C)摩擦离合器调整过松　　(D)电动机 V 带过松

(E)主轴箱变速手柄定位弹簧过松　　(F)离合器手柄没扳到位

102. 车床发生闷车的主要原因是(　　)。

(A)主轴转速太高　　(B)切削速度过高　　(C)背吃刀量太大

(D)进给量太大　　(E)多片摩擦离合器中的摩擦片间隙过大

(F)多片摩擦离合器中的摩擦片间隙过小

103. 车削时易造成闷车的原因可能是(　　)。

(A)电动机 V 带过紧　　(B)电动机 V 带过松

(C)摩擦离合器调整过紧　　(D)摩擦离合器调整过松

104. 强力车削时,自动进给停止的主要原因是(　　)。

(A)进给量太大

(B)背吃刀量太大

(C)机动进给手柄的定位弹簧压力过松

(D)多片摩擦离合器中的摩擦片间隙过大

(E)溜板箱内过载保护机构的弹簧压力过紧

(F)溜板箱内过载保护机构的弹簧压力过松

105. 离合器的作用是使同一轴线的两根轴,或轴与轴上的空套传动件随时接通或断开,以实现机床的(　　)等。

(A)启动　　(B)停车　　(C)扩大螺距

(D)变速　　(E)换向

106. CA6140 卧式车床主轴箱内装有(　　)离合器。

(A)安全　　(B)多片摩擦　　(C)啮合式

(D)超越　　(E)过载保护

107. 停车后主轴自转现象的原因可能是(　　)。

(A)摩擦离合器调整过松　　(B)摩擦离合器调整过紧

(C)制动器调整太松　　(D)制动器调整太紧

108. 普通车床溜板箱自动手柄容易断开的原因可能是(　　)。

(A)过载保护机构压力弹簧调整太紧　　(B)过载保护机构压力弹簧调整太松

(C)进给手柄定位弹簧过松　　(D)进给手柄定位弹簧过紧

109. 车床刹车不灵的主要原因是(　　)。

(A)摩擦片间隙过小　　(B)摩擦片间隙过大

(C)主轴转速太高　　(D)离合器接触不良

(E)制动装置中制动带过紧　　(F)制动装置中制动带过松

110. 莫氏圆锥在机器制造业中应用广泛,如车床的(　　)等都是用莫氏圆锥。

(A)主轴锥孔　　(B)麻花钻的柄部　　(C)铰刀柄　　(D)尾座套筒的锥孔

111. 莫氏圆锥的号码有(　　)等。

(A)00　　(B)0　　(C)1

(D)2　　(E)3　　(F)7

112. 深孔加工的关键是如何解决(　　)问题。

(A)切削用量　　(B)深孔钻的几何形状

(C)进给方法　　(D)冷却排屑

113. 深孔加工困难的主要原因有(　　)。

(A)刀杆细长,刚性差　　(B)装夹刀具困难　　(C)观察、测量都比较困难

(D)排屑困难　　(E)冷却困难

114. 深孔加工的关键技术是(　　)。

(A)提高工艺系统的刚性　　(B)提高工件的工艺性能

(C)合理的刀具角度和深孔钻几何形状　　(D)解决冷却和排屑问题

115. 车削深孔时,粗车刀应具备的条件是(　　)。

(A)有足够的刚性和强度　　(B)能顺利排屑

(C)切削液能注入到切削区　　(D)刀杆截面积最大

116. 车内孔的关键技术是(　　)问题。

(A)选择车刀材料　　(B)解决工件刚性

(C)解决内孔车刀的刚性　　(D)冷却、排屑

117. 切削液对孔的(　　)有一定的影响。

(A)扩张量　　(B)位置精度　　(C)形状精度　　(D)表面粗糙度

118. 车削深孔时,刀杆细长、刚性差,容易引起(　　)。

(A)倒锥　　(B)振动　　(C)让刀　　(D)加工硬化

119. 深孔加工时,由于(　　),所以冷却困难,切削温度较高。

(A)观察困难　　(B)测量困难　　(C)切屑不易排出　　(D)切削液进入困难

120. 双偏心工件是通过偏心部分(　　)与基准之间的(　　)来检验偏心部分与基准部分轴线间的关系。

(A)轴线　　(B)最高点　　(C)最低点　　(D)距离

121. 在花盘上加工工件时,花盘平面只允许(　　),一般在(　　)mm 以内。

(A)凹　　(B)凸　　(C)0.002　　(D)0.2　　(E)0.02

122. 车削轴向直廓蜗杆的装刀方法有(　　)。

(A)水平装刀法

(B)垂直装刀法

(C)粗车用水平装刀法,精车用垂直装刀法

(D)粗车用垂直装刀法,精车用水平装刀法

123. 轴向直廓蜗杆又称(　　)。

(A)ZN 蜗杆　　(B)ZA 蜗杆　　(C)阿基米德蜗杆　　(D)延长渐开线蜗杆

124. 多线螺纹和多线蜗杆的轴向分线方法有(　　)等几种。

(A)利用小滑板刻度分线　　(B)利用卡盘分线

(C)利用百分表和量块分线　　(D)利用交换齿轮分线

125. 多线螺纹和多线蜗杆的圆周分线方法有(　　)等几种。

(A)利用交换齿轮分线　　(B)利用卡盘分线

(C)利用百分表和量块分线　　(D)利用多孔插盘分线

126. 车削多线蜗杆时,车第一条螺旋线后一定要测量(　　)车第二条、第三条螺旋线时,应测量(　　)。

(A)导程　　(B)齿距　　(C)齿厚　　(D)齿槽

127. 使用高速钢车刀低速车削大模数蜗杆时,宜采用(　　)的进刀方法。

(A)直进法　　(B)切槽法　　(C)左右切削法　　(D)分层切削法

128. 常用的螺旋夹紧装置有(　　)。

(A)塞铁式夹紧装置　　(B)螺钉式夹紧装置

(C)螺母式夹紧装置　　(D)模块式夹紧装置

(E)螺旋压板式夹紧装置　　(F)螺旋杠杆式夹紧装置

129. 适于在花盘上装夹的零件是(　　)。

(A)双孔连杆　　(B)轴承座　　(C)齿轮泵体

(D)单拐曲轴　　(E)减速器壳体　　(F)连杆

130. 测量精度要求较高的孔径尺寸时,采用的量具有(　　)等。

(A)内径百分表　　(B)内测千分尺　　(C)塞规

(D)内径千分尺 (E)游标卡尺

131. 三偏心工件的检验,主要是对工件( )的检验。

(A)基准部分尺寸 (B)偏心部分尺寸

(C)偏心距 (D)偏心部分、基准部分轴线间关系

132. 三针测量法适用于测量( )。

(A)三角形螺纹的中径 (B)梯形螺纹的中径

(C)矩形螺纹的中径 (D)蜗杆的分度圆直径

(E)锯齿形螺纹的中径

133. 用卡盘装夹车削轴类工件时,产生锥度的原因有( )等。

(A)车床导轨与主轴轴线不平行 (B)主轴径向圆跳动超差

(C)工件悬伸较长,车削时让刀 (D)车刀中途逐渐磨损

134. 车孔时,圆柱度超差的原因可能是( )。

(A)车削速度太低 (B)车刀磨损

(C)车床主轴轴线歪斜 (D)床身导轨严重磨损

135. 车孔时,表面粗糙度值较大的原因可能是( )。

(A)车刀磨损 (B)刀杆振动 (C)切削速度不当 (D)产生积屑瘤

136. 用转动小滑板法车圆锥时,产生锥度误差的原因是( )。

(A)切削用量选择不当 (B)转动角度计算错误

(C)小滑板移动松紧不匀 (D)车刀几何角度不合理

137. 检验锥度可用( )。

(A)样板 (B)万能角度尺 (C)千分尺

(D)涂色法 (E)游标卡尺 (F)量块

138. 用偏移尾座法车削圆锥时,产生锥度误差的原因是( )。

(A)尾座偏移量不合理 (B)车刀没对准工件中心

(C)工件长度不一致 (D)切削用量选择不当

139. 用偏移尾座车削圆锥时,尾座的偏移量与( )有关。

(A)工件材料 (B)锥度

(C)切削用量的大小 (D)两顶尖之间的距离

140. 用仿形法车圆锥时,锥度误差过大的原因是( )。

(A)切削液选择不当 (B)切削用量选择不当

(C)靠模角度调整得不正确 (D)滑板与靠模配合不良

141. 仿形法车成形面,是一种( )的车削方法。

(A)加工质量好 (B)劳动强度小 (C)生产效率高

(D)比较先进 (E)生产效率低

142. 用宽刃刀车削圆锥时,锥度误差过大的原因是( )。

(A)装刀不正确 (B)刀尖没对准工件轴线

(C)切削刃不直 (D)切削用量选择不合理

143. 铰内圆锥孔时,锥度误差过大的原因是( )。

(A)铰刀锥度不正确 (B)铰刀轴线与工件旋转轴线不同轴

(C)切削液选择不合理　　　　　　　　(D)工件材料硬度太高

144. 铰圆锥孔的注意事项是(　　)。

(A)切削用量应选得较大　　　　　　　(B)切削用量应选得较小

(C)车床主轴只能正转,不能反转　　　(D)合理选择切削液

145. 普通螺纹中径可用(　　)测量。

(A)百分表　　　　　　(B)螺纹千分尺　　　　　　(C)游标卡尺

(D)三针测量法　　　　(E)样板

146. 车削螺纹、蜗杆时,局部螺距(齿距)不正确的原因是(　　)。

(A)车刀切深不正确　　　　　　　　(B)车床丝杠和主轴窜动量大

(C)溜板箱齿轮转动不平稳　　　　　(D)开合螺母间隙过大

147. 车削螺纹、蜗杆时,产生牙形(齿形)误差的原因是(　　)。

(A)车刀刃磨不正确　　　　　　　　(B)车刀装夹不正确

(C)车刀磨损　　　　　　　　　　　(D)车刀振动

148. 预防螺纹、蜗杆牙形误差的措施有(　　)等。

(A)正确刃磨及修磨车刀　　　　　　(B)采用对刀样板或万能角度尺对刀、装刀

(C)选择合理的切削液　　　　　　　(D)选择合理的切削用量,减小车刀磨损

149. 车螺纹、蜗杆时,预防中径(分度圆直径)误差的方法有(　　)。

(A)合理选择切削用量　　　　　　　(B)经常测量中径尺寸

(C)正确使用中滑板刻度盘　　　　　(D)装刀时用对刀样板

150. 用螺纹量规对螺纹进行综合测量时,如果发现通端难以旋入,应对螺纹的(　　)等进行检查,经过修正后再用螺纹量规检验。

(A)直径　　　　(B)牙形角　　　　(C)螺距　　　　(D)表面粗糙度

151. 在花盘角铁上车削平行孔系的箱体类零件时,若车削过程中位置变动,会造成零件的(　　)误差。

(A)平行孔的平行度　　　　　　　　(B)平行孔轴线对端面的垂直度

(C)平行孔的孔距　　　　　　　　　(D)平行孔的尺寸

152. 铰刀的工作部分由(　　)组成。

(A)柄部　　　　　　(B)引导部分　　　　　　(C)切削部分

(C)修光部分　　　　(E)倒锥部分

153. 铰孔时,防止孔口扩大的措施是(　　)。

(A)选择尺寸正确的铰刀　　　　　　(B)选择适当的铰削速度

(C)找正尾座与主轴的同轴度　　　　(D)采用浮动套筒

154. 在车床上用尾座装夹铰刀铰孔时,造成尺寸误差的原因是(　　)。

(A)没仔细测量孔径　　　　　　　　(B)铰刀尺寸大于要求

(D)切削液选择不合理　　　　　　　(D)尾座偏移

155. (　　)是车刀切削部分独立的基本角度。

(A)前角　　　　　　(B)刃倾角　　　　　　(C)副偏角

(D)刀尖角　　　　　(E)后角　　　　　　　(F)主偏角

156. 制订零件的车削顺序时,应根据工件的(　　)等综合考虑。

(A)形状特点　(B)技术要点　(C)数量的多少　(D)安装方法

157. 粗车选择切削速度时,应在(　　)许可的情况下选择一个合理的切削速度。

(A)工艺系统刚性　(B)表面质量　(C)刀具的寿命　(D)机床功率

158. 车削批量较大的多线蜗杆,(　　)时,可分为(　　)加工阶段。

(A)粗车和精车　(B)半精车和精车　(C)粗车、半精车和精车

(D)两个　(E)三个

159. 在花盘角铁上装夹工件时,需经(　　)后才能车削。

(A)找正　(B)压牢　(C)试车　(D)平衡

160. 车削箱体类零件时,除保证孔本身的精度外,还必须注意(　　)。

(A)孔距尺寸精度　(B)平行度　(C)垂直度　(D)圆跳动

161. 深孔件的检验是指对孔的尺寸精度、(　　)及表面粗糙度的检验。

(A)平行度　(B)垂直度　(C)圆度　(D)圆跳动

162. 铰孔时,孔表面粗糙度值较大的原因可能是(　　)。

(A)没加切削液　(B)铰刀磨损

(C)铰刀上有崩口、毛刺　(D)切削速度太低

163. 车螺纹、蜗杆时,产生中径(分度圆直径)误差的原因是(　　)。

(A)车刀刃磨不正确　(B)车刀切深不正确

(C)刻度盘使用不当　(D)切削用量选择不当

164. 解决花盘与角铁的精度不符合要求的措施是(　　)。

(A)花盘应精刮　(B)角铁定位基准面应精车

(C)花盘面应精车　(D)角铁定位基准面应精刮

165. CA6140 卧式车床上,螺距的扩大倍数有(　　)倍。

(A)2　(B)4　(C)6

(D)8　(E)16　(F)32

166. 下列对于偏心工件的装夹,叙述正确的是(　　)。

(A)两顶尖装夹适用于较长的偏心轴　(B)专用夹具适用于单件生产

(C)偏心卡盘适用于精度较高的零件　(D)花盘适用于加工偏心孔

167. 车削偏心距较大的三偏心工件时,应先用四爪单动卡盘装夹车削(　　),然后以此为定位基准在花盘上装夹车削偏心孔。

(A)工件总长　(B)基准外圆　(C)偏心外圆

(D)基准孔　(E)偏心孔

168. 车削偏心距较大的偏心工件,应先用(　　)装夹车削基准外圆和基准孔,再装夹车削偏心孔。

(A)三爪自定心卡盘　(B)四爪单动卡盘

(C)角铁　(D)花盘

169. 对于深孔件的尺寸精度,可以用(　　)进行检验。

(A)塞规　(B)内径千分尺　(C)内径百分表　(D)外径千分尺

170. 使用内径百分表可以测量深孔件的(　　)。

(A)尺寸精度　(B)圆度精度　(C)圆柱度　(D)跳动度

171. 计算基准不重合误差的关键是找出(　　)之间的距离尺寸。

(A)设计基准　(B)工艺基准　(C)装配基准

(D)和测量基准　(E)定位基准

172. 当采用两销一面定位时,下面对其定位误差分析错误的是(　　)。

(A)只存在移动的基准位移误差　(B)只存在转动的基准位移误差

(C)定位误差为零　(D)即存在移动又存在转动的基准位移误差

173. 用车床加工的工件,在以内孔定位时,常采用的定位四种心轴有(　　)。

(A)刚性心轴　(B)柔性心轴　(C)小锥度心轴

(D)弹性心轴　(E)可调心轴　(F)液压塑性心轴

174. 夹具夹紧力的确定指的是夹紧力(　　)的确定。

(A)角度　(B)方向　(C)大小　(D)作用点

175. 夹紧机构的形式有(　　)等。

(A)斜楔夹紧机构　(B)螺纹夹紧机构　(C)偏心夹紧机构

(D)铰链夹紧机构　(E)定心夹紧机构　(F)联动夹紧机构

176. 用一次安装方法车削套类工件,如果工件发生移位,车出的工件会产生(　　)误差。

(A)圆柱度　(B)圆度　(C)同轴度

(D)垂直度　(E)尺寸精度　(F)表面粗糙度大

177. 用心轴装夹车削套类工件,如果心轴本身同轴度超差,车出的工件会产生(　　)误差。

(A)尺寸精度　(B)圆柱度　(C)圆度

(D)同轴度　(E)表面粗糙度大　(F)垂直度

178. 现代机床夹具发展方向的是(　　)。

(A)标准化　(B)精密化　(C)高效自动化　(D)不可调整

179. 使用专用夹具最大的优点是(　　)。

(A)能可靠地保证加工精度　(B)提高劳动生产率

(C)降低制造成本　(D)改善工人的劳动条件

180. 采用辅助基准的原因有(　　)。

(A)为了装夹方便　(B)为了实现基准统一

(C)为了提高工件表面的位置精度　(D)为了可靠定位

181. 关于过定位,下列说法错误的是(　　)。

(A)过定位限制的自由度数目一定超过 6 个

(B)过定位绝对禁止使用

(C)如果限制的自由度数目小于 4 个就不会出现过定位

(D)过定位一定存在定位误差

182. 关于跟刀架的作用,下列叙述中正确的是(　　)。

(A)跟刀架和工件的接触应松紧适当　(B)支承部长度应小于支承爪的宽度

(C)使用中要不断注油,良好润滑　(D)精车时通常跟刀架支承在待加工表面

183. 当车床夹具以长锥柄在机床主轴锥孔定位时,(　　)。

(A)定位精度高　(B)定位精度低　(C)刚度高　(D)刚度低

184. 精密丝杠加工时的定位基准面是(　　),为保证精密丝杠的精度,必须在加工过程中保证定位基准的质量。

(A)端面　(B)中心孔　(C)外圆　(D)轴肩

185. 主轴箱中双向摩擦片式离合器起到(　　)作用。

(A)主轴启动　(B)过载保护　(C)控制正、反转

(D)升速　(E)降速　(F)变速

186. 车床的精度主要是指车床的(　　)。

(A)尺寸精度　(B)形状精度　(C)几何精度

(D)位置精度　(E)工作精度

187. 车床进行精度检验前,应先调整好车床的安装水平,然后对车床的(　　)进行逐项检验。

(A)尺寸精度　(B)几何精度　(C)位置精度　(D)工作精度

188. 车床主轴的工作性能有(　　)等。

(A)强度　(B)刚度　(C)回转精度

(D)塑性　(E)热变形　(F)抗振性

189. 进给箱中的固定齿轮、滑移齿轮与支撑它的传动轴大都采用花键连接,个别齿轮采用(　　)连接。

(A)平键　(B)切向键　(C)半圆键　(D)楔形键

190. (　　)会引起切削时主轴转速自动降低或自动停机。

(A)主轴箱变速齿轮脱开　(B)电动机传动带过松

(C)摩擦离合器轴上锁紧螺母松动　(D)主轴转速过高

191. 工艺规程的主要内容是(　　)。

(A)车间管理条例　(B)加工零件的工艺路线

(C)采用的设备及工艺装备　(D)毛坯的材料、种类及外形尺寸

192. 拟定工艺路线的主要工作有(　　)。

(A)确定加工顺序和工序内容　(B)确定加工方法

(C)划分加工阶段　(D)安排热处理、检验

(E)安排辅助工序

193. 直接改变原材料、毛坯等生产对象的(　　),使之变为成品或半成品的过程称为工艺过程。

(A)形状　(B)尺寸　(C)结构　(D)性能

194. 交流接触器是由(　　)四部分组成。

(A)触头　(B)消弧装置　(C)铁心

(D)壳体　(E)线圈　(F)弹簧

195. 电流对人体的伤害程度与(　　)有关。

(A)通过人体电流的大小　(B)通过人体电流的时间

(C)电流通过人体的部位　(D)触电者的性格

196. 机床照明灯应选(　　)V 或(　　)V 电压供电。

(A)220　(B)110　(C)36　(D)24

197. 单位时间定额是由(　　)五部分组成的。
(A)基本时间　(B)辅助时间　(C)布置工作场地时间
(D)测量时间　(E)准备与结束时间　(F)休息和生理需要时间

198. 爱护工、卡、刀、量具正确做法是(　　)。
(A)正确使用工、卡、刀、量具　(B)工、卡、刀、量具要放在规定地点
(C)随意拆装工、卡、刀、量具　(D)按规定维护工、卡、刀、量具

199. 符合着装整洁、文明生产要求的是(　　)。
(A)贯彻操作规程　(B)执行规章制度
(C)工作中对服装不做要求　(D)创造良好的生产条件

四、判断题

1. 识读装配图的要求是了解装配图的名称、用途、性能、结构和工作原理。(　　)
2. 国标中规定,图纸幅面共五种。(　　)
3. 当斜视图按投影关系配置时,可省略标注。(　　)
4. 尺寸公差的数值等于最大极限尺寸与最小极限尺寸的代数差。(　　)
5. 尺寸公差是尺寸允许的变动量,是用绝对值来定义的,因而它没有正、负的含义。(　　)
6. 提高零件的表面质量,可以提高间隙配合的稳定性或过盈配合的连接强度。(　　)
7. 平带传动主要用于两轴垂直的较远距离的传动。(　　)
8. 齿轮传动是由主动齿轮、从动齿轮和机架组成的。(　　)
9. 螺旋传动主要由螺杆、螺母和机架组成。(　　)
10. 溢流阀在液压系统中所能起的作用是溢流、安全和定压。(　　)
11. 冷作模具钢适用于制造在0℃以下变形的冲压件。(　　)
12. 在换向阀的图形符号中,箭头表示通路,一般情况下还表示液流方向。(　　)
13. 轮系中的某一中间齿轮,可以既是前级的从动轮,又是后级的主动轮。(　　)
14. 键连接主要用于连接轴与轴上的零件,实现轴向固定。(　　)
15. 传动链传递动力效率高(可达0.97),但速度一般不大于25m/s。(　　)
16. 键连接主要用于实现周向固定而传递转矩,是属于不可拆连接。(　　)
17. 增大V带紧边拉紧应力虽然可提高带的工作能力,但是却大大地降低了带的使用寿命。(　　)
18. 液压系统常见的故障有噪声、压力不足、“爬行”和运动速度达不到要求。(　　)
19. 中、大功率绕线转子感应电动机也能采用直接启动。(　　)
20. 大、中型直流电动机不允许直接启动,只能采用减压启动。(　　)
21. 机床电器控制线路中,电压一般采用交流220V或380V。(　　)
22. 机床电器控制线路中,直流电动机采用直流电压110V与220V。(　　)
23. 为保护电动机而选用熔断器,其熔断丝的额定电流应根据电动机启动方式来决定大小。(　　)
24. 材料抵抗外力作用而不破坏的能力,称为材料的力学性能。(　　)
25. 热处理对钢的机械性能的影响不是十分有效和明显的。(　　)

26. 使碳原子渗入钢件内部的工艺叫渗碳。(　　)

27. 布氏硬度主要用于测定较软(HB＜450)的金属材料及半成品。(　　)。

28. 螺母位移多用于进给机构等传动机构中。(　　)

29. 斜齿圆柱齿轮正确啮合的条件是,两齿轮压力角和螺旋角相等,且旋向相反。(　　)

30. 圆锥齿轮传动需选用向心轴承。(　　)

31. WU-线式滤油器,其作用是滤出油中杂质。(　　)

32. 纯铜主要用于做各种导电材料。(　　)

33. 零件表面被平面所切而产生的表面交线,叫剖面线。(　　)

34. 剖面与剖视没有什么区别。(　　)

35. 投影线互相平行且垂直于投影面的投影方法叫正投影。(　　)

36. 车床主轴如轴向窜动,车端面时,影响工件端面的平面度。(　　)

37. 数控车床由控制介质、数字控制机、伺服机构三大部分组成。(　　)

38. CA6140 卧式车床主轴孔前端锥孔规格为莫氏 5 号。(　　)

39. 车床主轴转一转时,其回转轴线沿轴向的变动量,称为车床主轴轴向窜动。(　　)

40. 轴向直廓蜗杆齿形是延长渐开线,所以又称延长渐开线蜗杆。(　　)

41. 畸形工件因外形或结构等因素,使装夹不稳,这时可增加工艺撑头,以增加工件的装夹刚性。(　　)

42. 螺旋传动中,在主动件上作用一个不大的转矩,在从动件上就可获得很大的推力。(　　)

43. 滚珠丝杠、螺母机构具有自锁作用。(　　)

44. 与齿轮传动相比较,蜗杆传动的效率高。(　　)

45. 螺纹的配合主要接触在螺纹两牙侧上,因此影响配合性质的主要尺寸是螺纹中径的实际尺寸。(　　)

46. 当蜗杆的模数、直径相同时,三头蜗杆比四头蜗杆的导程大。(　　)

47. 精车法向直廓蜗杆时,车刀两侧切削刃组成的平面应垂直于蜗杆齿面安装。(　　)

48. 多头蜗杆导程角较大,车刀两侧前角和后角也要随之增减。(　　)

49. 滚压螺纹时,工件的外圆尺寸应车到螺纹中径尺寸。(　　)

50. 车削薄壁零件的关键是解决工件的强度问题。(　　)

51. 车床上加工端面螺纹,可采用车床原有的横向进给机构直接传动刀架进行切削。(　　)

52. 精密丝杠的作用是将精密的转角转换成某执行件的精密直线位移。(　　)

53. 当工件的被加工表面的轴线与主要定位基准面成一定的角度时,可选用相应角度的角铁来装夹工件。(　　)

54. 车削细长轴,因为工件刚性很差,所以切削用量应适当减小。(　　)

55. 加工细长轴,要使用中心架或跟刀架来增加工件的强度。(　　)

56. 车削细长轴时使用弹性顶尖可以减少工件的热变形伸长。(　　)

57. 长径比(L/d)值愈大,则工件的刚性愈差,加工愈困难。(　　)

58. 采用双顶尖装夹细长轴,由于固定顶尖的精度比弹性回转顶尖高,所以使用固定顶尖的加工效果好。(　　)

59. 车细长轴时,三爪跟刀架比两爪跟刀架的使用效果好。( )

60. 用两顶尖支承工件车削外圆时,前后顶尖的等高度误差,将会影响工件轴线的直线度。( )

61. 车削经调质处理的2Cr13不锈钢细长丝杆,即使采用较低切削速度,仍能获得较细的加工表面粗糙度。( )

62. 加工30°的不等距锥形螺纹,且螺纹底径的尺寸要求相同,必须使背吃刀量在0.4~3.5 mm范围内变化,这样可以一次车削完成。( )

63. 车床上加工多线螺纹,可用的分线方法有沿螺纹移动车刀分线和利用车床交换齿轮的圆周分线。( )

64. 车削多线螺纹时,无论是粗车还是精车,每次都必须将螺纹的每一条螺旋线车完,并保持车刀位置相互一致。( )

65. 壳体零件在加工过程中,一般粗、精加工在一次装夹中完成,既可以减少壳体零件的内应力,又可以减少工艺装备的数量。( )

66. 对于刚性较差的丝杆,为保证其同轴度要求,精车丝杆螺纹应安排在工件最终工序里进行。( )

67. 加工深孔的主要关键技术是解决冷却和排屑两大问题。( )

68. 毛坯尺寸与零件图的设计尺寸之差,称为加工余量。( )

69. 螺纹的滚压加工是使工件的表层金属产生塑性变形而形成螺纹。( )

70. 基轴制的特点是,上偏差为零,下偏差为负值。( )

71. 热继电器是用于电动机短路保护的电器。( )

72. 电动机在运行过程中电源断掉一相,当轴上负载不变时,电机转速正常。( )

73. 三相异步电动机铭牌上的额定功率,是电动机在额定情况下运行时,轴上输出的电功率,单位是kW。( )

74. 交流异步电动机要避免频繁起动。( )

75. 控制主电路工作的电路称为控制电路。( )

76. 了解零件的功用、结构特点及与其他相联零件的关系,分析各项公差和技术要求,是车削合格零件的关键所在。( )

77. 车削加工中,工序数量、材料消耗、机械加工劳动量等很大程度取决于所确定工件的毛坯。( )

78. 零件图是编制工艺规程最主要的原始资料。( )

79. 制定工艺路线是零件由粗加工到最后装配的全部工序。( )

80. 安排加工顺序的原则就是先用粗基准加工精基准,再用精基准来加工其他表面。( )

81. 工序集中就是将许多加工内容集中在少数工序内完成,使每一工序的加工内容比较多。( )

82. 预备热处理包括退火、正火、时效和调质,通常安排在粗加工之前或之后进行。( )

83. 最终热处理包括淬火、渗碳淬火、回火和渗氮处理等,安排在半精加工和磨削加工之后。( )

84. 渗碳一般适用于45、40Cr等中碳钢或中碳合金钢。(　)

85. 渗氮层因较厚,工件经渗氮后仍能精车或粗磨。(　)

86. 工序集中或分散的程度和工序数目的多少,主要取决于生产规模和零件结构的特点及技术要求。(　)

87. 预备热处理安排在加工工序后进行,以改善切削性能,消除加工过程中的内应力。(　)

88. 最终热处理主要用来提高材料的强度和硬度。(　)

89. 车削加工热处理工序安排的目的在于改变材料的性能和消除内应力。(　)

90. 在机械加工工序和热处理工序间流转及存放时,丝杠须垂直倒挂,以免引起丝杠的"自重变形"。(　)

91. 为使中碳结构钢获得较好的综合力学性能,可采用调质热处理方法。(　)

92. 精度较高的零件,粗磨后安排低温时效以消除应力。(　)

93. 选择定位基准时,应遵循基准重合和基准统一原则。(　)

94. 工件的公差必须大于工件在夹具中定位后加工产生的误差之和。(　)

95. 采用一夹一顶加工轴类零件,限制了6个自由度,这种定位方式属于完全定位。(　)

96. 工件定位,并不是任何情况下都要限制6个自由度。(　)

97. 夹具的夹紧力作用点应尽量落在工件刚性较好的部位,以防止工件产生夹紧变形。(　)

98. 定位基准的作用是用来保证加工表面之间的相互位置精度。(　)

99. 重复定位对工件的定位精度有提高作用,是可以采用的。(　)

100. 辅助支承的作用是防止夹紧力破坏工件的正确定位和减少工件的受力变形。(　)

101. 多拐曲轴对曲柄轴颈间的尺寸和位置精度是通过准确定位装夹来实现的。(　)

102. 在卧式车床上加工曲轴,可在车床上装一个偏心夹具,使曲柄轴颈的中心线与车床的回转轴线重合,逐段地车削各曲柄颈。(　)

103. 对大型薄壁零件的装夹加工,为减小变形,常采用增加辅助支承、改变夹紧力作用点和增大夹紧力作用面积等措施。(　)

104. 加工橡胶材料,为保证车削顺利,车刀应尽可能选用很大的前角和后角。(　)

105. 车削过程中发生振动,刀具相对于工件将作切入和切出运动。(　)

106. 车削中,自激振动的产生与否,在很大程度上取决于切削刀具选择的合适与否。(　)

107. 车床工作精度车槽(切断)试验的目的,是考核车床主轴系统及刀架系统的抗振性能。(　)

108. 在车床上使用专用装置车削非正多边形,每相邻两把刀具之间伸出刀盘外长度的差值,等于两邻边与其对边距离的一半。(　)

109. 在主轴的光整加工中,只有超精磨稍能纠正主轴的形状误差和位置误差。(　)

110. 超精加工的切削速度及弹性压力均不大,不会烧伤工件,容易获得耐磨性好的光整表面。(　)

111. 超精加工能纠正上道工序留下来的形状误差和位置误差。(　　)

112. 工件经过滚压后表面强化,并不能提高工件表面的耐磨性和抗疲劳强度。(　　)

113. 车削多拐曲轴的主轴颈时,为提高曲轴的刚性,可搭一个中心架。(　　)

114. 车削曲柄除保证各曲柄轴颈对主轴颈的尺寸和位置精度外,还要保证曲柄轴颈间的角度要求。(　　)

115. 受机床转矩和切削力的影响,曲轴切削加工时会发生弯扭组合变形。(　　)

116. 精车曲轴一般遵守先精车影响曲轴变形最小的轴颈,后精车在加工中最容易引起变形轴颈的原则。(　　)

117. 车削铜合金,比较容易获得较小的表面粗糙度值。(　　)

118. 铜合金材料在粗车,钻孔、铰孔和车螺纹时,由于其线胀系数比钢及铸铁大,应使用切削液。(　　)

119. 对铝、镁合金易切削材料,为避开刀瘤区而获得较小的表面粗糙度值,一般尽可能地降低切削速度。(　　)

120. 畸形零件的加工关键是装夹、定位和找正。(　　)

121. 对于曲面形状较短,生产批量较大的畸形件,可以使用成形刀(样板刀)几次车削加工成形。(　　)

122. 为减少工件的装夹变形,薄壁工件只能采用轴向夹紧的方法。(　　)

123. 带状切屑较挤裂切屑的塑性变形充分,所以切削过程较平稳。(　　)

124. 在切削用量中,对刀具寿命影响最大的是背吃刀量,其次是进给量,最小的是切削速度。(　　)

125. 硬质合金刀具的硬度、耐磨性、耐热性、抗黏结性均高于高速钢刀具。(　　)

126. 用钢结硬质合金加工粘性强的不锈钢、高温合金和有色金属合金的效果较好。(　　)

127. 由于铝合金强度低、塑性大、热导率高,所以车刀可采取小的前角和较高的切削速度。(　　)

128. 对于车削铝、镁合金的车刀,要防止切削刃不锋利而产生挤压磨擦,以致高温后发生燃烧。(　　)

129. 切削不锈钢材料时应适当提高切削用量,以减缓刀具的磨损。(　　)

130. 加工不锈钢材料,由于切削力大,温度高,断屑困难,严重粘刀,易生刀瘤等因素,影响加工表面质量。(　　)

131. 机夹可转位刀片的主要性能有高硬度、高强度、高韧性、良好的导热性、较好的工艺性、高耐磨性。(　　)

132. 群钻是在标准麻花钻的基础上修磨而成的,其轴向力和扭矩均增大,增大了钻孔时的进给量。(　　)

133. 刃磨标准群钻时,在标准麻花钻的基础上磨出月牙槽,磨短横刃,磨出单面分屑槽。(　　)

134. 单刃外排屑深孔钻又称枪孔钻,它适用于 $\phi 20 \sim \phi 50$ mm 的深孔钻削。(　　)

135. 刀具的急剧磨损阶段较正常磨损阶段的磨损速度慢。(　　)

136. 当工件材料、刀具材料一定时,要想提高刀具寿命,必须合理选择刀具的几何角度、

切削深度和切削液。( )

137. 断屑槽斜角有外斜式、平行式和内斜式三种。( )

138. 生产中,主偏角 $k_r=45°$时,断屑效果较好。( )

139. 切削加工时,工件材料抵抗切削所产生的阻力称为切削力。( )

140. 副偏角是进给方向与副切削刃在基面上的投影之间的夹角。( )

141. 工件材料的硬度、脆性越大,切削力越小。切削韧性材料时,切削力较大。( )

142. 碳素工具钢的常用牌号是 W6Mo5Cr4V2。( )

143. 高速钢的特点是高塑性、高耐磨性、高热硬性、热处理变形小等。( )

144. 对刀具材料的基本要求有高的硬度、耐磨性,足够的强度和韧性,高的耐热性,良好的工艺性。( )

145. 高速钢车刀不仅用于冲击较大的场合,也常用于高速切削。( )

146. 硬质合金的特点是耐热性好,切削效率低。( )

147. 钴高速钢有良好的综合性能,用于切削高温合金、不锈钢等难加工材料。( )

148. 硬质合金是用硬度和熔点很高的碳化物粉末和金属黏接剂,高压压制成型后,再高温烧结而成的粉末冶金制品。( )

149. 手动组合夹具、气动组合夹具、液压组合夹具、电磁和电动组合夹具均属于组合夹具的同一分类范畴。( )

150. 组合夹具主要用于新产品的试制、单件小批量生产和临时性的突击任务。( )

151. 对于偏心工件的装夹,专用偏心夹具适用于单件生产的叙述是错误的。( )

152. 在双重卡盘上适合车削三偏心的偏心工件。( )

153. 用直接法测量偏心距时,必须准确测量基准圆和偏心圆直径的实际尺寸,否则计算偏心距会出现误差。( )

154. 车削偏心距较大的偏心工件时,应先用花盘装夹车削基准外圆和基准孔,后用四爪单动卡盘装夹车削偏心孔。( )

155. 粗车细长轴时,由于固定顶尖的精度比弹性回转顶尖高,因此固定顶尖的使用效果好。( )

156. 使用弹性回转顶尖,可有效地补偿工件热变形伸长,工件不易弯曲。( )

157. 车细长轴时,三爪跟刀架调整麻烦,没有两爪跟刀架的使用效果好。( )

158. 粗加工蜗杆螺旋槽时,蜗杆刀磨出 $10°\sim15°$的径向前角。( )

159. 粗加工蜗杆螺旋槽时,应使用矿物油作为切削液。( )

160. 车削多线蜗杆时,应将蜗杆齿形精车好后再精车各台阶的外圆。( )

161. 法向直廓蜗杆的齿形是阿基米德螺旋线。( )

162. 粗车多线蜗杆时,先将工件表面用刻线刀将蜗杆螺旋线划出来后再车可提高功效。( )

163. 半精车多线蜗杆螺旋槽时,齿侧每边留 0.05~0.1 mm 的精车余量。( )

164. 精车多线蜗杆时,为确保分线精度,最好采用齿轮或分线盘分线。( )

165. 车削减速器箱体以已加工表面作为定位基准时,可使其全部或大部与角铁平面相接触,其接触面积不受限制。( )

166. 在车床上车削减速器箱体上与基准面平行的孔时,应使用花盘角铁进行装

夹。( )

167. 在车床上车削减速器箱体上与基准面垂直的孔时，应使用花盘角铁进行装夹。( )

168. 在花盘角铁上装夹壳体类工件时，夹紧力的作用点应尽量靠近工件的加工部位。( )

169. 车削两半箱体同轴孔的关键是，将两半箱体合起来成为一个整体，再加工同心孔，因两同心孔是在一次装夹中加工出来的，所以能够保证同轴度。( )

170. 车削减速器箱体时，夹紧装置"正"的基本要求是结构简单、紧凑，有足够的刚性和强度，且便于制造。( )

171. 在花盘角铁上装夹工件时，夹紧力应适当降低，以防切削抗力和切削热使工件移动或变形。( )

172. 偏心夹紧机构的特点是结构简单，制造、操作方便，夹紧迅速，自锁性能比较好。( )

173. 车削差速器壳体时，应先加工基准面，再以它作为定位基准加工其他部位。( )

174. 润滑剂的作用有润滑作用、冷却作用、密封作用、防锈作用等。( )

175. 润滑脂的主要种类有钠基润滑脂、钙基润滑脂、锂基润滑脂、铝基及复合铝基润滑脂、二硫化钼润滑脂、石墨润滑脂等。( )

176. 切削油的主要成分是植物油，少数采用矿物油和动物油。( )

177. 抛光加工可使工件得到光亮的表面，提高疲劳强度，同时还能提高工件的尺寸精度。( )

178. 材料切削加工性是通过采用材料的硬度、抗拉强度、伸长率、冲击值、热导率等进行综合评定的。( )

179. 车削时，要达到复杂工件的中心距和中心高的公差要求，一般要使用花盘和角铁装夹，并且需采取一定的测量手段。( )

180. 被加工表面的旋转轴线与基面平行，外形比较复杂的工件，可以安装在花盘上加工。( )

181. 对夹具或花盘角铁的形位公差要求，一般取工件形位公差的1/3～1/5。( )

182. 在花盘角铁上加工工件，一般转速不宜选得过高。( )

183. 用双顶尖装夹轴类零件，如果前顶尖跳动，则车出工件的圆度定会产生误差。( )

184. 测量检验两顶尖安装加工的偏心轴，百分表读数的最大值和最小值之差即为偏心距。( )

185. 精车端面时，若工件端面的平面度和垂直度超差，则与机床有关的主要原因是中滑板对主轴轴线的垂直度误差较大。( )

186. 床身导轨的平行度检验是将水平仪横向放置在滑板上，纵向等距离移动滑板进行的。( )

187. 车床主轴的径向圆跳动将造成被加工工件端面平面度误差。( )

188. 车床床身导轨的直线度误差和导轨之间的平行度误差将造成被加工工件的圆柱度误差。( )

189. 小滑板移动对主轴轴线的平行度误差，会影响车削圆锥面时工件轴线的直线度。(　)

190. 床身导轨的平行度误差，影响加工工件素线的直线度。(　)

191. 用装在尾座套筒锥孔中的刀具进行钻、扩、铰孔时，尾座套筒锥孔轴线对滑板移动的平行度误差会使加工孔的孔径扩大。(　)

192. 车床滑板直线运动与主轴回转轴线，若在水平方向不平行，则加工后的工件产生锥度。(　)

193. 机床导轨导向误差会造成加工工件表面的形状与位置误差。(　)

194. 机床水平调整不良或地基下沉不影响加工工件的精度。(　)

195. 滑板移动在水平面内的直线度误差，会影响车削内外圆柱轴线的直线度。(　)

196. 检验尾座移动对滑板移动的平行度时，将千分表固定在滑板上，使其触头触及近尾座体端面的顶尖套上。(　)

197. 机床主轴轴向窜动量超差，精车端面时会产生端面的平面度和垂直度超差。(　)

198. 检验机床的工作精度合格，说明其几何精度也合格。(　)

199. 机床误差主要由主轴回转误差、导轨导向误差、内传动链的误差及主轴、导轨等位置误差所组成。(　)

200. 为提高测量精度，应将杠杆式卡规(或杠杆千分尺)拿在手中进行测量。(　)

201. 千分表是一种指示式量仪，只能用来测量工件的形状误差和位置误差。(　)

202. 齿厚游标卡尺可测量直齿及斜齿圆柱齿轮的分度圆弦齿厚，也可测量固定弦齿厚。(　)

203. 测量表面粗糙度时应考虑全面，如工件表面形状精度和波度等。(　)

204. 检验工件，应擦净量具的测量面和被测表面，防止切屑、毛刺、油污等带来的测量误差。(　)

205. 劳动保护就是指劳动者在生产过程中的安全、健康。(　)

206. 安全生产责任制是企业各级领导、职能部门、有关工程技术人员、管理人员和生产工人在劳动生产过程中对安全生产应尽的职责。(　)

207. 我国安全生产方针是“安全第一，防治结合”。(　)

208. 安全第一是指安全生产是一切经济部门和生产企业的头等大事，是企业领导的第一位职责。(　)

209. 对安全事故处理要求做到“四不放过”。(　)

210. 高处作业是坠落高度基准面 2 m 以上(含 2 m)，有可能坠落的高处进行的作业。(　)

211. 车工工作时可以戴手套和防目镜。(　)

212. 工作场地的合理布局，有利于提高劳动生产率。(　)

213. 从业者要遵守国家法纪，但不必遵守安全操作规程。(　)

214. 职工必须严格遵守各项安全生产规章制度。(　)

215. 文明生产是指在遵章守纪的基础上去创造整洁、安全、舒适、优美而又有序的生产环境。(　)

五、简 答 题

1. 什么是法向直廓蜗杆？为什么又称延长渐开线蜗杆？

2. 简述蜗杆传动的用途及主要特点。

3. 什么叫蜗杆的特性系数？为什么要规定蜗杆的特性系数？

4. 什么是控制电路？

5. 简述什么是液压的基本回路。

6. 实现互换性的基本条件是什么？

7. 公差等级选用的基本原则是什么？

8. 立式车床有什么特点？一般适用于哪些类型的工件？

9. 车削如图 2 所示衬套，如用 $\phi36(^{-0.01}_{-0.02})$圆柱心轴定位，求定位基准误差是多少。

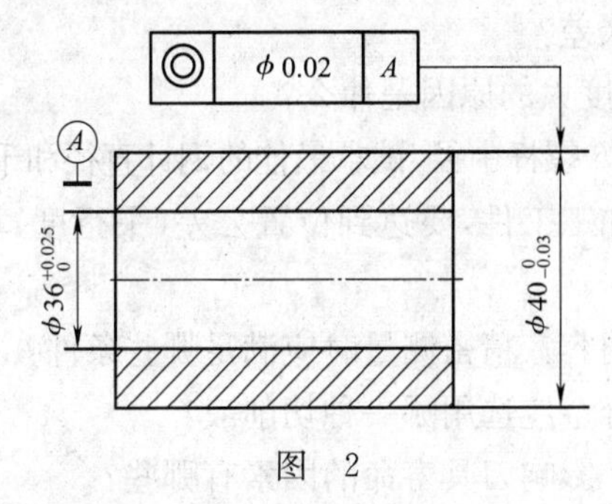

图 2

10. 已知一蜗杆传动，蜗杆头数 $Z_1=2$，转数 $n_1=1450$ r/min，蜗轮齿数 $Z_2=62$，试求蜗轮转数 $n_2=$？

11. 工艺分析的重要意义是什么？

12. 画出刀具磨损曲线。

13. 车削不锈钢工件时，应采取哪些措施？

14. 用卡盘夹持工件车削时，产生锥度的主要原因是什么？

15. 车削薄壁零件时，防止工件变形有哪些方法？

16. 什么是数控？为什么它的定位精度高？

17. 什么是随机误差？如何减小它的影响？

18. 车床夹具的设计程序是怎样安排的？

19. 应用花盘和角铁加工零件为什么要平衡？

20. 车床精度包括哪些方面？

21. 编制工艺规程的步骤是什么？

22. 精车大平面时，为什么常由中心向外进给？

23. 在车床上加工米制蜗杆，大径 $d=80$ mm，模数 $m_s=6$ mm，线数 $n=2$，问螺距、中径、导程和螺旋升角是多少？

24. 车削圆柱形工件时，圆柱形工件产生锥度缺陷与机床哪些因素有关？

25. 车外圆时表面上有混乱的波纹(振动)缺陷与机床哪些因素有关？

26. 精车外圆时圆周表面上出现有规律的波纹缺陷与机床哪些因素有关？

27. 在车床上加工一根由前后顶尖定位的阶梯轴，加工轴颈的长度为 300 mm，直径为 50 mm。若车床导轨在水平方向上与前后顶尖平行度误差为 1000∶0.07，试分析计算车削加工后轴颈的形状及其圆柱度误差。

28. 在角铁上加工的零件如果达不到垂直度和平行度要求，是什么原因？怎样解决？

29. 在生产中如何判断刀具磨钝？

30. 加工材料对刀具耐用度有何影响？

31. 曲轴车削变形的原因是什么？

32. 装夹畸形工件时，如何减少和防止工件变形？

33. 怎样确定珩磨余量？

34. 哪些零件容易产生加工变形？引起变形的主要原因是什么？

35. 车螺纹时，产生螺纹表面粗糙度大的原因有哪些？

36. 什么是基准不重合误差？

37. 铰孔时，孔表面粗糙度大的原因是什么？

38. 用三针测量 Tr40×P6 螺杆中径，试求最佳的钢针直径和千分尺计读数值 m。

39. 在车床花盘角铁上加工工件，要达到位置公差（平行度、垂直度）要求，主要应注意些什么？

40. 测量条件包括哪些内容？精密测量时应满足哪些条件？

41. 精加工不锈钢和铝合金应选用哪一种切削液？

42. 什么是刀具的寿命？影响刀具寿命的因素有哪些？

43. 为什么孔将钻穿时容易产生钻头扎住不转或折断的现象？

44. 简述夹紧力作用点选择的原则。

45. 车削细长轴时，采用反向进给比正向进给有什么益处？

46. 车床主轴的径向跳动和轴向窜动对加工零件的外圆端面和螺纹都产生哪些影响？

47. 车床的前后顶尖距床身导轨不等高加工外圆表面时用零件两端顶尖孔定位将产生什么样的加工误差？

48. 造成主轴回转误差的因素有哪些？

49. 为什么在车床精度检验中检验主轴定心轴颈的径向跳动？

50. 控制曲轴车削变形的措施有哪些？

51. 加工套类零件时，车出来的工件表面呈扁圆形的原因是什么？

52. 车削多头螺纹时应注意什么问题？

53. 车床床身导轨的直线度误差及导轨之间的平行度误差，对加工零件的外圆表面和加工螺纹分别产生哪些影响？

54. 在车削精密的梯形螺纹或蜗杆螺纹时，如何保证半角误差？

55. 车床的几何精度检查包括哪些内容？

56. 在车床上精加工连杆大端孔，工件安装在花盘上车出的孔不圆，试分析原因。

57. 影响加工质量的因素有哪些？

58. 加工硬化对切削加工有什么影响？

59. 什么是车床的几何精度？

60. 怎样切削淬火钢?

61. 如何检验车床工作精度中精车端面的平面度误差?写出该项目的允差。

62. 刃磨蜗杆螺纹车刀或多头螺纹车刀时,为什么要考虑螺旋升角的影响?应怎样决定螺纹车刀两侧的后角?

63. 为什么在照明电路和电热设备中只装熔断器,而在电动机电路中既装熔断器又装热继电器?

64. 对刀具切削部分材料的基本要求是什么?

65. 工件粗基准选择的原则是什么?

66. 什么叫工艺分析?

67. 变位齿轮有什么意义?

68. 工件在 V 形件上定位的特点是什么?

69. 梯形螺纹牙形角误差或半角误差如何测量?

70. 为什么有些钢要加入不同的合金元素?它和热处理有什么关系?

71. 什么是辅助时间?

72. 什么叫基本时间?

73. 用三针测量模数 $m=5$、外径 80 的公制蜗杆时,钢针直径应选多少?测得 M 值应为多少?

74. 一台 CA6140 车床,$PE=5.5$ kW, $\eta=0.8$,如果在该车床上以 90 m/min 的速度车削计算,这时的切削力 $F_Z=3800$ N,问这台车床能否切削?

75. 改进工夹具有哪几个主要原则?

76. 什么叫形体分析法?

77. 引起振动的机内振源包括哪些方面?

78. 为什么蜗杆传动中对中心距的公差要求较高?

79. 凸轮机构有何用途?

80. 什么叫轮系?

81. 什么叫流量?

82. 什么是异步电动机的过载系数?

83. 工件以两孔一面定位时,定位元件为什么要采用一个圆柱销一个削边销?

84. 车削高锰钢材料,采取什么措施?

85. 请识别压力控制阀图形符号(图 3),写出它们的名称(注:图中 P—压力腔;O—回油腔;K—油压控制腔)。

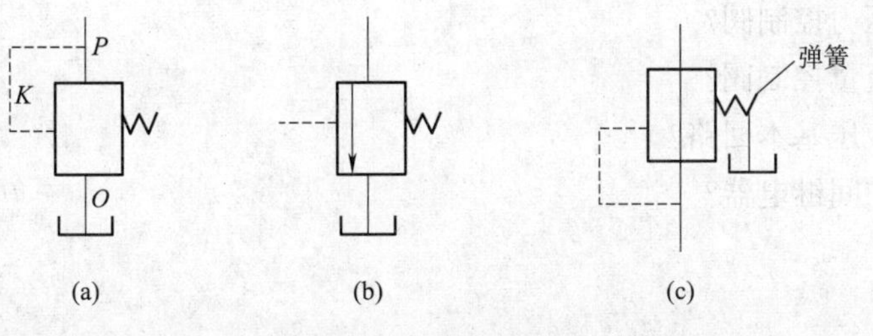

图 3　压力控制阀符号

86. 请识别流量控制阀图图形符号(图 4),并写出它们的名称。

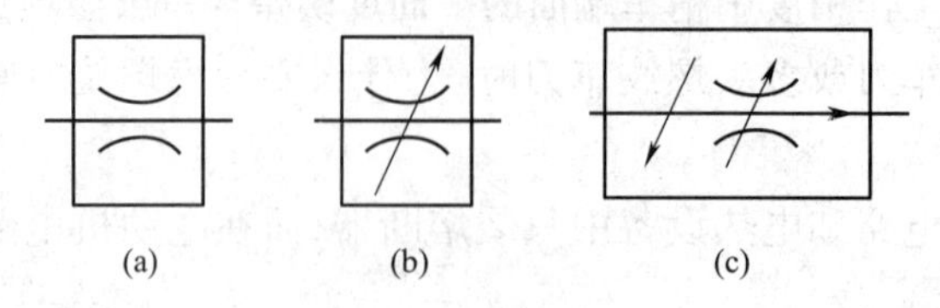

图 4 流量控制阀符号

87. 加工如图 5 所示零件,A 为何值时,才能保证尺寸 20±0.1。

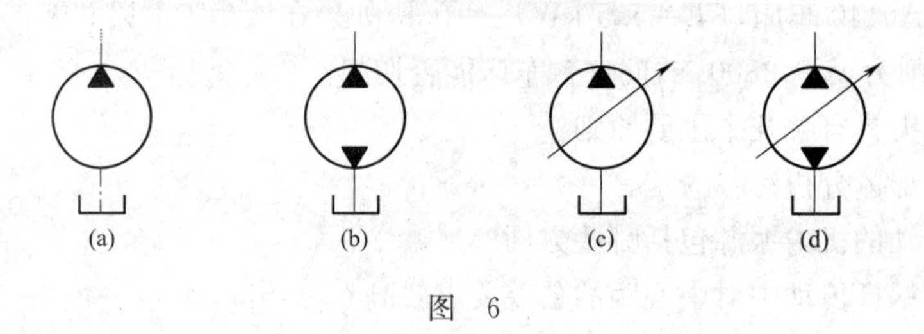

图 5

88. 请识别液压泵图形符号(图 6),写出它们的名称。

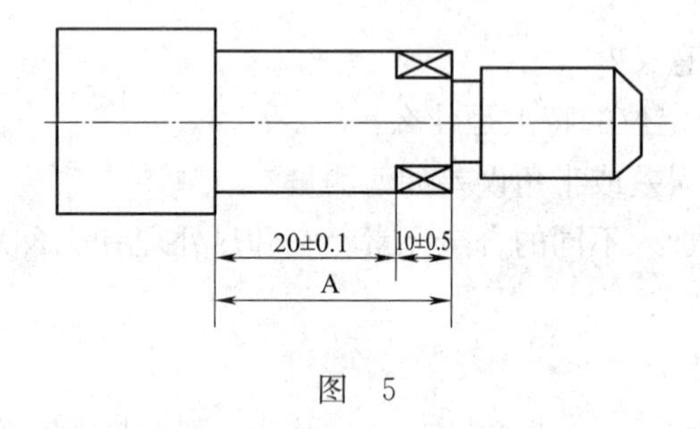

图 6

89. 精基准的选择原则是什么?
90. 提高劳动生产率的途径有哪些?
91. 简述加工细长轴时,为什么使用弹性活顶尖。
92. 简述车削蜗杆的加工方法。
93. 影响断屑的主要因素有哪些?
94. 车床夹具设计有哪些基本要求?
95. 车削偏心工件的方法有哪几种?
96. 什么叫压力控制阀?
97. 什么叫流量控制阀?
98. 什么是液压基本回路?
99. 什么是中间继电器?

六、综 合 题

1. 有一标准斜齿圆柱齿轮,已知法面模数 $m=3$,齿数 $Z=35$,右旋、螺旋角 $\beta=30°$。试求齿

顶圆直径 d_e、分度圆直径 d、法向齿厚 S_n、端面模数 m_t 及及端面压力角 α_t。

2. 车削轴向模数 $m_x=3$，分度圆直径 $d_1=51$ mm，$z=3$ 的蜗杆，求周节 P，全齿高 h，导程角 γ，法向齿厚 S_n。

3. 深孔钻的排屑方式有哪几种？简要说明排屑原理。

4. 车削大径 $d=68$ mm，牙形角 40°，轴向模数 $m_s=4$ mm 的米制蜗杆，求蜗杆的分度圆 d_2、齿深 h、齿根槽宽 W。

5. 车削轴类零件时，工件有哪些常用的装夹方法？各有什么特点？分别使用于何种场合？

6. 在车床上车外径 ϕ54 mm、长度 930 mm 的工件，选切削速度 $v=60$ m/min，进给量 $f=0.3$ mm/r，背吃刀量 $a_p=3$ mm，求一次工作行程所需的基本时间（不考虑车刀起刀和出刀的距离）。

7. 车床的最大工件长度为 1000 mm，溜板每移动 250 mm 测量一次，水平仪刻度值为 0.02/1000。溜板在各个测量位置时水平仪的读数依次为＋1.5、＋1.6、－0.5、－1.1、－1.0 格，根据读数画出导轨在垂直平面内直线度曲线图。由图 7 计算出导轨全长直线度误差 $\delta_{全}$ 和局部误差 $\delta_{局}$。

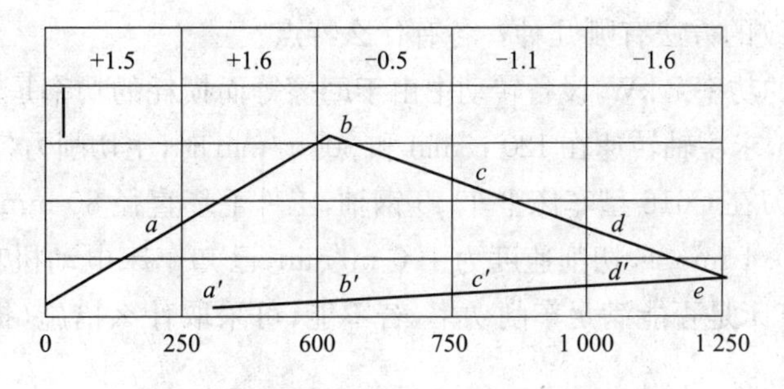

图 7　导轨在垂直平面内的直线度曲线图

8. 在车床上车削加工长度 $L=800$ mm 的 Tr85×P12 精度丝杠，因受切削热的影响，使零件由室温 20℃上升到 50℃，若只考虑零件受热伸长的影响，试计算加工后冷却到室温时丝杠的单个螺距和全长上螺距的误差（丝杠材料的线膨胀系数 $\alpha=11.5\times10^{-6}\text{K}^{-1}$）。

9. 车削直径为 30 mm，长度为 950 mm 的细长轴，材料为 45 钢，工件温度由 22℃上升到 58℃，求该轴热变形伸长量（45 钢线胀系数 $\alpha_1=11.59\times10^{-6}$/℃）。

10. 工业塑料车削有哪些特点？

11. 用三针测量 Tr30×P6 梯形螺纹，测得千分尺的读数 $M=30.80$ mm，求被测螺纹中径（钢针直径 $d_0=0.518P$）。

12. 车削压力角为 20°的蜗杆，图样上标注的齿厚及偏差为 $4.64^{-0.22}_{-0.30}$ mm，为提高测量精度，现需改用三针测量，求量针测量偏差。

13. 有一根 120°±15′等分的六拐曲轴工件，主轴颈直径 $D=100$ mm，曲柄颈直径 $d=90$ mm，偏心距 $R=96$ mm，测量在 V 形架上主轴顶点高 $M=200$ mm，测得两曲柄颈中心高度差 $\Delta H=0.4$ mm，求两曲柄颈的角度误差。

14. 使用刻度值为 0.02 mm/1000 mm 的水平仪（玻璃管的曲率半径 $R=103132$ mm），测量机床导轨，发现水准泡移动了 2 格，要求计算出导轨平面在 1000 mm 长度中倾斜了多少毫米？

15. 在 120°±15′等分的六拐曲轴中，主轴颈直径 $D=224.98$ mm，曲轴轴颈直径 $d=224.99$ mm，偏心距 $R=225.05$ mm，在 V 形架上主轴顶点高为 440.5 mm，求量块高度（$\theta=120°-90°=30°$）。

16. 在三爪自定心卡盘上用垫片车削偏心距 $e=2$ mm 的偏心零件，试计算垫块厚度的正确值 X（车削后测得偏心距为 2.06 mm）。

17. 一内孔为 $\phi58^{-0.03}_{0}$ mm 的轴套，装在直径为 $\phi58^{-0.010}_{-0.023}$ mm 的心轴上加工外圆，若要求外圆与内孔的同轴度为 $\phi0.03$ mm，试判断加工后能否保证质量。

18. 用 $\phi30^{0}_{-0.015}$ mm 的圆柱心轴对 $\phi30^{-0.03}_{-0.01}$ mm 的孔进行定位时，试计算基准位移误差。

19. 已知蜗杆模数 $m=3$，$Z_1=2$，特性系数 $q=12$，蜗轮齿数 $Z_2=60$，试计算全齿高 h，分度圆 d_1、d_2，齿顶圆直径 da_1、da_2，齿根圆直线 d_{f_1}、d_{f_2}。

20. 在 C620-1 型车床溜板箱的齿轮齿条转动中，已知齿条模数为 3 mm，与齿条相啮合的齿轮齿数为 12，问齿轮每转一转，齿轮带动床鞍移动多少毫米？

21. 分析曲轴车削变形的主要原因，并提出控制曲轴车削变形的措施。

22. 车削梯形螺纹的方法有哪几种？ 各有什么特点？

23. 车床电动机的功率 7 kW，设备转动中由于摩擦等而损耗的功率是输入功率的 30%，如工件直径 $D=100$ mm，求主轴转速在 120 r/min 和 304 r/min 时，主切削力各为多少？

24. 用 YT15 车刀在 C618 型车床上车 45 钢轴，工件毛坯直径 80 mm，现一次进给切削到 70 mm，选用进给量 0.4 mm/r，切削速度为 100 m/min，已知车床电动机功率为 3.24 kW，机床效率 0.7，试计算车床是否能满足车削功率，若不能，可采取什么措施（提示：45 钢单位切削力 $p=2000\ N/mm^2$）。

25. 在 C616 型车床上（机床效率 0.75）加工直径为 55 mm 的钢轴，背吃刀量 $\alpha_p=5$ mm，进给量 $f=0.4$ mm/r。试计算在机床功率许可的情况下，主轴转速应为多少（提示：C616 车床电动机功率为 3.2 kW，钢的单位切削力 $p=2000\ N/mm^2$）？

26. C620 型车床（机床效率 0.7）上加工不锈钢轴，选取主轴转速 $n=380$ r/min，进给量为 0.5 mm/r，试计算在机床功率许可情况下，一次切削可将 $\phi96$ mm 的轴车小到多少毫米（提示：C620 车床电动机功率为 7 kW，不锈钢的单位切削力 $p=2500\ N/mm^2$）。

27. 车削 1∶10 的圆锥孔，一次走刀切削后用塞规测量孔的端面到塞规的刻线中心的距离为 5 mm，问需横向进多少才能使孔合格？

28. 在车床上车削轴向模数 $m_s=4$ mm，头数 $n=3$，外径 $d=68$ mm 的公制蜗杆，牙型角 $\alpha=40°$。试计算以下部分尺寸：(1)导程 L。(2)中径 d_2。(3)用轴向分头法分头时，计算出分头轴的尺寸。

29. 减速器中一实心轴的直径 $D=60$ mm，材料的许用剪应力$[\tau]=40$ MPa，轴的转速 $n=1200$ r/min。轴的传递功率 $P=200$ kW，试校核轴的强度（提示公式：$\tau_{max}=\dfrac{M_n}{W_n}$）。

30. 已知图 8 所示主、左两视图，补画俯视图。

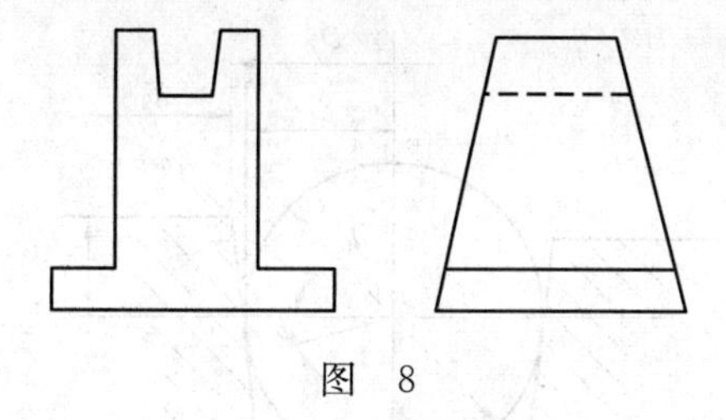

图 8

31. 车削如图 9 所示衬套,外圆要求与内孔同轴度公差为 0.02 mm,如图 $\phi40^{-0.01}_{-0.02}$ 圆柱心轴定位,试计算定位基准误差,该心轴能否保证工件的加工精度?

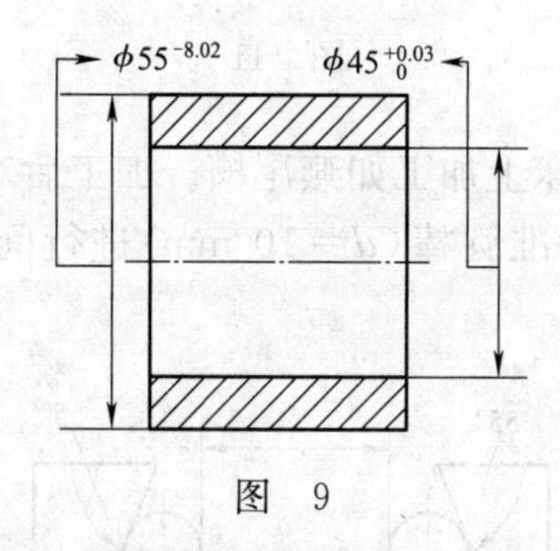

图 9

32. 已知图 10 所示主、左两视图,画出正确的俯视图。

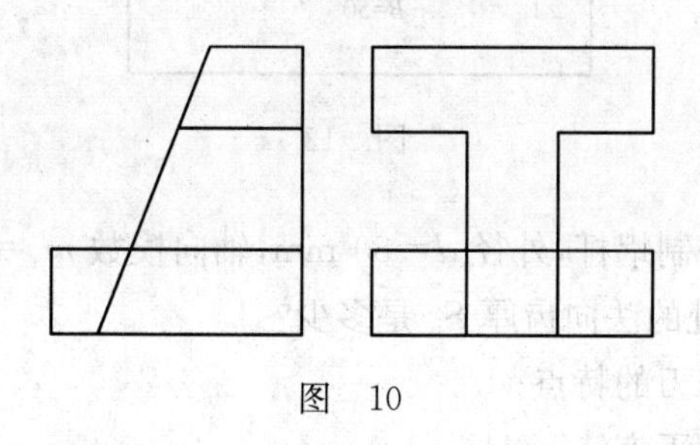

图 10

33. 在 C620-1 型车床上(车床电机功率为 7 kW)以 460 r/min 的主轴转速,车削一直径 40 mm 的结构钢轴,选用走刀量 $S=0.3$ mm/r,吃刀深度 $t=5$ mm,试计算切削刀和切削功率。问电动机能否带动?机床效率是否已充分发挥?

34. 有长度为 75 mm,锥角为 6°30′±30″的圆锥形零件,在 100 mm 中心距的正弦规上垫量块高度 11.32 mm 测量,结果百分表在沿圆锥母线 70 mm 长度内的读数差为 0.01 mm,问该圆锥零件的锥角是否合格?

35. 以孔定位在心轴上车外圆,工件孔径为 $\phi60^{+0.02}_{0}$ mm,心轴为 $\phi60^{-0.015}_{-0.035}$ mm,零件同轴度要求 0.05 mm,验证定位误差能否保证同轴度?

36. 车削直径为 ϕ30 mm、长度为 2000 mm 的细长轴,材料为 45 钢,车削中工件温度由 20 ℃上升到 55 ℃,求这根轴的热变形伸长量(45 钢的线膨胀系数 $\alpha=11.59\times10^{-6}$/℃)。

37. 图 11 所示为通过钢球和高度游标尺测量圆锥孔的大端直径刀的方法,现已知钢球直径 $d_0=30$ mm,用高度游标尺测得 $h=4$ mm,锥孔锥角为 $2\alpha=8°$,试计算锥孔大端直径 D(提示:sin4°=0.0698,cos4°=0.9976)。

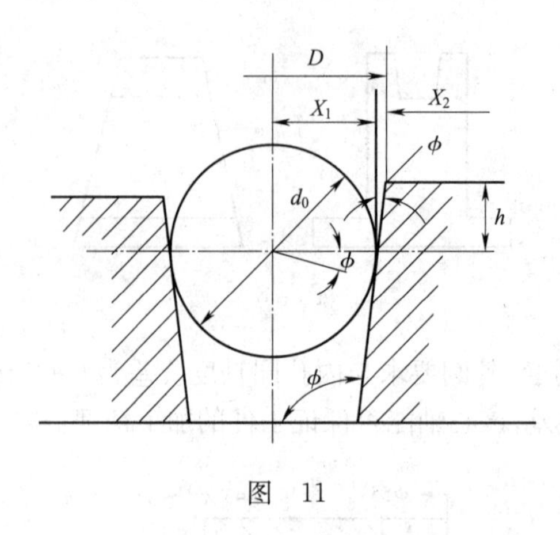

图　11

38. 如图 12 所示，在牛头刨床上加工如燕尾槽。加工后对槽底宽尺寸 B 进行测量，因不能直接测量，采用游标卡尺及标准圆棒（$d=10$ mm）进行间接测量，试计算测量尺寸 b 为多少。

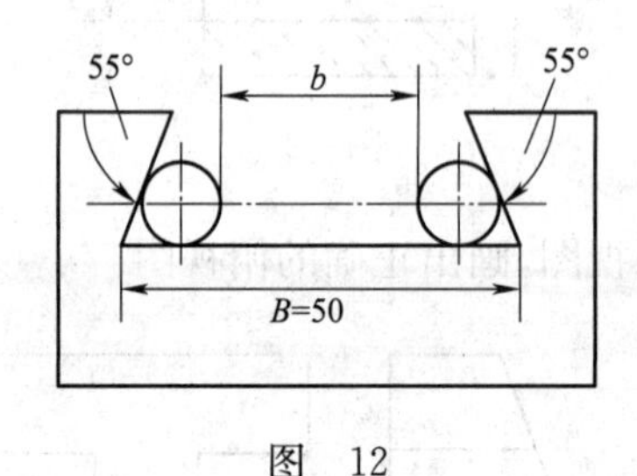

图　12

39. 在车床上加工一公制蜗杆，外径 $d=80$ mm，轴向模数 $m_s=6$ mm，头数 $n=2$，现采用游标测卡尺测量蜗杆中径处的法向齿厚 S_n 是多少？

40. 论述机夹可转位车刀的特点。

41. 论述车削曲轴的加工方法。

42. 在车床上加工一根由前后顶尖定位的阶梯轴，加工轴颈的长度为 200 mm。直径为 40 mm。若该车床床身导轨在水平方面与前后顶尖连线不平行，其平行度误差为 1000∶0.05，试分析计算车削加工后轴颈的形状及其圆柱度误差。

43. 在车床上用三爪卡盘装夹一圆盘工作，现已知该车床刀架横向移动对主轴回转轴线不垂直，垂直度误差为 200∶0.04，试分析计算车削加工 ϕ400 mm 端面后的开头及其平面度误差。

44. 用三爪装夹车削偏心距为 3 mm 的工件，若选用试选垫片厚度法车削后，测量实际偏心距为 3.12 mm，求垫片厚度的正确值。

45. 图 13 所示为一套筒零件，两端面已加工完毕，加工孔底面 C 时，要保证尺寸$16_{-0.35}^{\ 0}$ mm，因该尺寸不便测量，试计算出测量尺寸，并分析由于基准不重合而进行尺寸换算将带来什么问题。

46. 如何分析箱体孔系的加工精度？

47. 定位误差产生的原因是什么？如何计算？

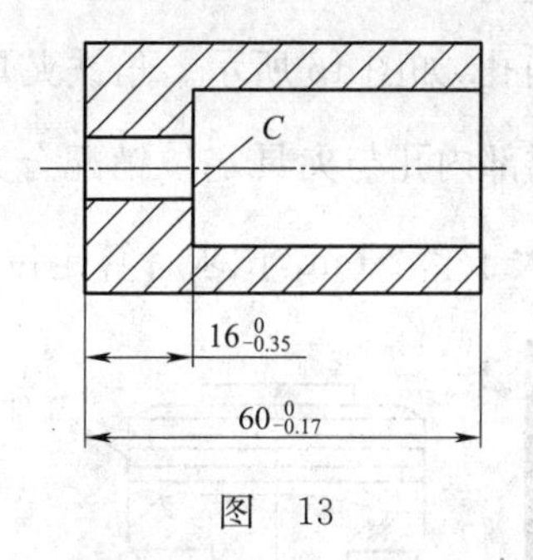

图 13

48. 测量误差分哪几类？各有何特点？应如何处理？

49. 批量加工多拐曲轴中,对曲轴上的各连杆轴颈的角度位置是怎样检查的？

50. 精密螺纹车削中发生螺距误差超差,其造成的原因有哪些？如何解决？

51. 根据图 14 分别指出设计基准、工艺基准(分为装配基准、定位基准、测量基准和工序基准)是哪些面与线？

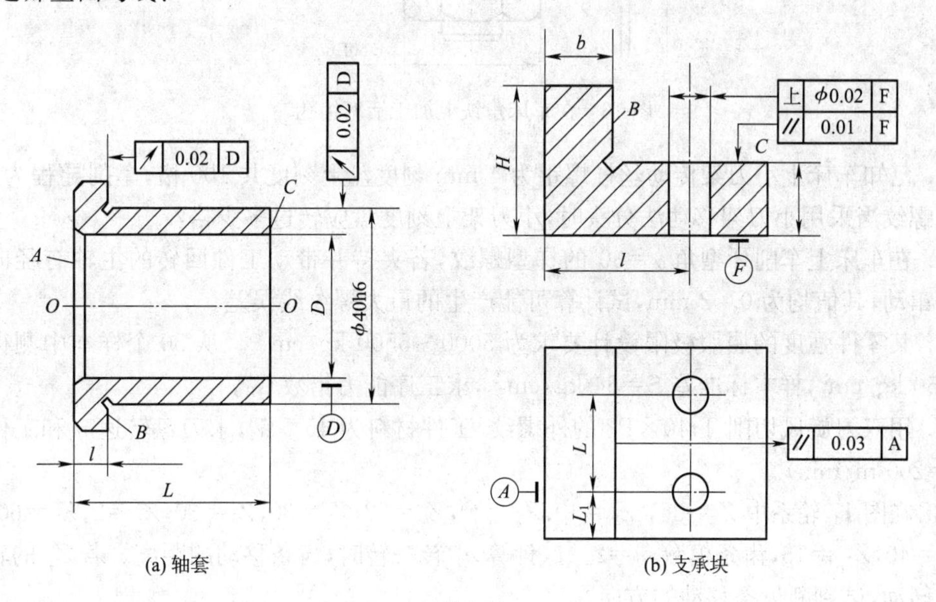

(a) 轴套 (b) 支承块

图 14

52. 按图 15 所示的定位方式加工键槽。已知 $d_1=\phi 25_{-0.021}^{0}$ mm,$d_2=40_{-0.025}^{0}$ mm,两外圆柱面同轴度为 ϕ0.02 mm,V 形架夹角 $\alpha=90°$,键槽深度尺寸为 $A=34.8_{-0.17}^{0}$ mm,试计算定位误差。

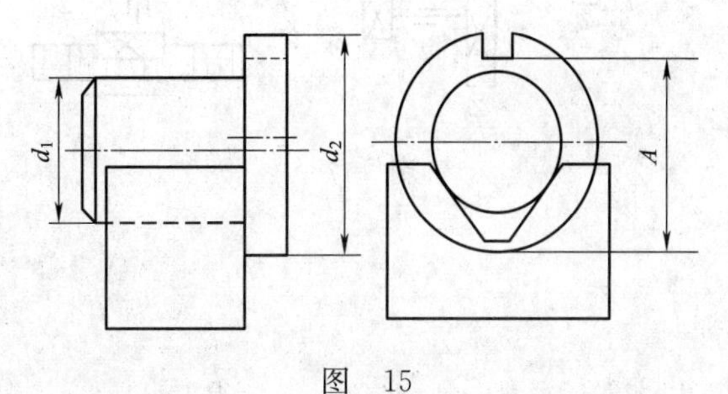

图 15

53. 在车床角铁上加工活塞销孔，如图16所示。角铁夹具装配后检测定位销中心与机床回转中心偏差0.005 mm。活塞裙部内孔与夹具定位销配合为$\phi60\frac{H6}{g6}$。要求加工后活塞销孔中心相对活塞中心的对称度不大于0.2 mm，试求计算定位误差，并分析其定位质量。

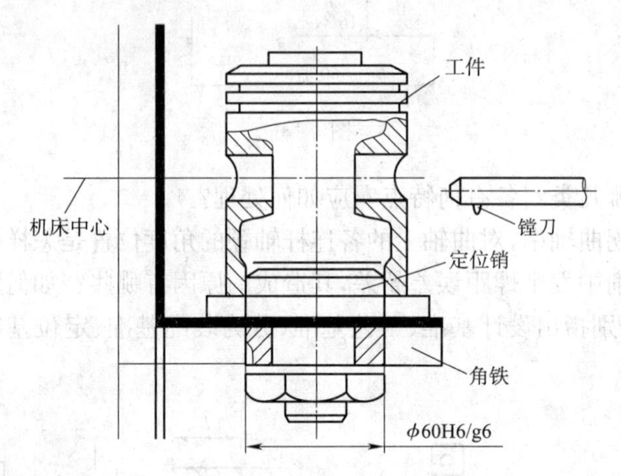

图16 在车床角铁上加工活塞销孔

54. 已知车床上小刀架传动丝杠螺距为4 mm刻度盘上刻度共100格，车削导程为6 mm的三头螺纹当采用小刀架移动法分头时，小刀架上刻度盘应转过多少格？

55. 在车床上车削牙型角$\alpha=30°$的梯型螺纹，若夹持并带动工件回转的主轴有径向跳动和轴向窜动，其值均为0.02 mm，试计算可能产生的最大螺纹线误差。

56. 某零件强度的屈服极限设计要求为5000～5500 kg/cm²。从50个样本中测得均值$X=5250$ kg/cm²，样本标准差$S=64$ kg/cm²，求工序能力指数C_P。

57. 用双刀旋风切削Tr40×P3的外螺纹，工件材料为45#钢，求刀盘转速n和工件转速n_1($v_X=200$ m/min)。

58. 在图17轮系中$Z_1=36$，$Z_2=40$，$Z_3=20$，$Z_4=72$，$Z_5=30$，$Z_6=30$，$Z_7=2$，$Z_8=60$，$Z_9=20$，$Z_{10}=40$，$Z_{11}=13$，齿条模数$m=2$。试计算n_1转一转时，齿条移动的距离。若Z_1的轴按图示方向转动，试判断齿条移动的方向。

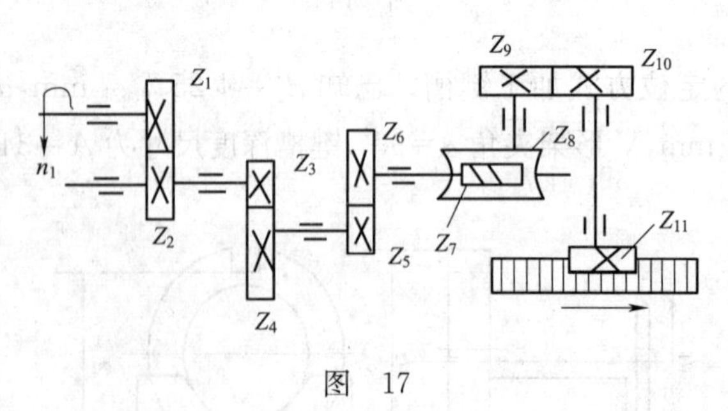

图 17

车工(高级工)答案

一、填 空 题

1. 作用点
2. 力臂
3. 从动杆
4. 盘状
5. 蜗杆
6. 分度圆
7. 机械
8. 齿轮
9. 流量大小
10. 齿轮
11. 往复运动
12. 齿形曲线
13. 正比
14. 平面度
15. 螺距
16. 圆柱度
17. 机械位移
18. 时间定额
19. 外界输入信号
20. 溢流
21. 反转
22. 启动
23. 技术操作经验
24. 发号命令
25. 起动按钮
26. 减压
27. ▷
28. Ⓐ
29. 各条直线段
30. 同轴
31. 轮廓算术平均偏差
32. 粗糙
33. 模数
34. 执行
35. 越大
36. 平直度
37. 运动精度
38. 过盈
39. 尺寸公差
40. 大
41. 高压
42. 标准公差
43. 6♯
44. 机械性能
45. 屈服强度
46. 技术要求
47. 双摇杆机构
48. 传递动力
49. $W_{18}Cr_4V$
50. 消除内应力
51. 调质
52. 正火
53. Y_B型叶片泵
54. 节流阀
55. 温度
56. 三针测量法
57. 上
58. 下
59. 动力
60. 工艺
61. 去应力
62. 爬行
63. 体心立方
64. 面心立方
65. 热脆
66. 冷脆
67. 性能
68. 大
69. 工艺
70. 0～320°
71. 83.75 mm
72. 去应力
73. $R_{总}=R_1R_2/(R_1+R_2)$
74. 进给过载
75. 车削螺纹
76. 主轴旋转中心
77. 重合、统一
78. 加工表面
79. 基准位移
80. 自由度
81. 圆跳动
82. 螺距
83. 紧
84. 斜面
85. 精度
86. 刚性
87. 80°～90°
88. 前角
89. 工序集中
90. 工序分散
91. 2.86°
92. 3 min
93. 382
94. 1.414a
95. 36.95 mm
96. 104 mm
97. 28
98. 6 mm
99. 相等
100. 4个
101. YW
102. 主后角
103. 大
104. 副切削刃
105. 导程
106. 主
107. 七
108. 凹
109. 高
110. 准确定位
111. 80
112. 轮廓形状
113. 轴向
114. 冷却排屑
115. 弹性顶尖
116. 滚压加工
117. 热变形伸长
118. 崩碎切屑
119. 封闭环
120. 组成环
121. $60^{+0.2}_{-0.1}$
122. 三爪式
123. 1.8 mm

124. 不会　125. 尺寸数值　126. 脆性材料　127. 塑性材料
128. 主轴回转精度　129. 导轨精度　130. 0　131. 直进法
132. 车刀锐利　133. 垂直　134. 1/3～1/5　135. 装夹
136. 切削力　137. 中心向外　138. 齿厚　139. 分布均匀
140. 应力集中　141. 角度要求　142. 刚性　143. 重型
144. 平行　145. 离心力　146. 不圆　147. 双手控制法
148. 样板　149. 径向　150. 扎刀　151. 积屑瘤
152. 压缩空气　153. 急剧磨损　154. 变形　155. 脆裂
156. 要定位支承　157. 减少变形　158. 热　159. 48
160. 基准不重合　161. 稳定可靠　162. 辅助时间　163. 主轴箱
164. 精密标准丝杠　165. 工作精度　166. 锥度　167. 双曲线形
168. 双曲线形　169. 安装水平　170. 角度　171. 中径
172. 形位　173. 同轴度　174. 0.866 mm　175. 40
176. 垂直　177. 擦净　178. 半角　179. 直径相同
180. 平行　181. 传动放大　182. 角度(或锥度)　183. 0.05
184. 0.001～0.002 mm　185. 0.001　186. 平直度
187. 电子式　188. 锥形　189. 牙形半角　190. 螺距
191. 主轴轴向窜动　192. 加工误差　193. 加工精度　194. 同轴度
195. 1/3～1/5　196. 圆锥量规涂色　197. 工件长度　198. 大些
199. 粗细程度　200. 两顶尖　201. 2.91 mm　202. 40 格
203. 5　204. 3　205. 4　206. 摩擦力
207. 带手套、围巾　208. 下摆紧　209. 安全第一,预防为主
210. 群众监督　211. 右手在前左手在后　212. 护眼镜
213. 2 m 以上含 2 m　214. 劳动者

二、单项选择题

1.A　2.A　3.C　4.C　5.A　6.A　7.B　8.B　9.C
10.B　11.A　12.B　13.C　14.D　15.D　16.A　17.B　18.C
19.C　20.A　21.C　22.B　23.C　24.C　25.C　26.A　27.C
28.A　29.B　30.A　31.A　32.A　33.A　34.C　35.A　36.A
37.B　38.A　39.B　40.B　41.B　42.C　43.B　44.C　45.A
46.C　47.C　48.A　49.C　50.C　51.B　52.B　53.B　54.A
55.B　56.C　57.B　58.A　59.C　60.A　61.B　62.C　63.C
64.C　65.A　66.A　67.B　68.B　69.C　70.B　71.C　72.C
73.C　74.B　75.A　76.B　77.B　78.B　79.C　80.B　81.B
82.C　83.B　84.D　85.B　86.B　87.B　88.B　89.D　90.B
91.A　92.C　93.B　94.C　95.B　96.C　97.C　98.A　99.B
100.B　101.C　102.A　103.C　104.A　105.A　106.B　107.B　108.B
109.A　110.A　111.C　112.B　113.C　114.C　115.B　116.C　117.B

118. B　119. A　120. C　121. C　122. A　123. C　124. A　125. A　126. C
127. A　128. C　129. C　130. A　131. A　132. A　133. B　134. A　135. B
136. B　137. C　138. C　139. A　140. A　141. B　142. A　143. A　144. C
145. A　146. A　147. C　148. C　149. A　150. C　151. B　152. B　153. C
154. C　155. A　156. A　157. A　158. C　159. C　160. A　161. A　162. A
163. C　164. A　165. C　166. A　167. C　168. A　169. A　170. A　171. B
172. A　173. A　174. A　175. B　176. B　177. C　178. A　179. B　180. C
181. D　182. C　183. D　184. C　185. A　186. C　187. B　188. B　189. A
190. C　191. C　192. D　193. C　194. A　195. A　196. C　197. A　198. C
199. A　200. A　201. A　202. A　203. C　204. A　205. C　206. A　207. B
208. A　209. B　210. C　211. B　212. C　213. B　214. C　215. B　216. A
217. D　218. A　219. D　220. D　221. B

三、多项选择题

1. ABCDF　2. BCD　3. ACD　4. ABD　5. ACD　6. ABEF
7. BD　8. BC　9. BCD　10. ACD　11. BEF　12. BDA
13. ABD　14. AEF　15. ABCE　16. BEF　17. CD　18. BD
19. AD　20. BCDE　21. ABC　22. ACEF　23. ADEF　24. CDEF
25. ABD　26. CDE　27. CDE　28. ABCD　29. ABCDE　30. CDF
31. ABDF　32. BCE　33. ABCD　34. ABCE　35. BE　36. CF
37. DE　38. AC　39. CDE　40. ABD　41. ACD　42. ACD
43. BCD　44. ABD　45. ABC　46. BCD　47. ABD　48. BCE
49. CE　50. BCDE　51. CD　52. ABCDEF　53. ACD　54. CD
55. AB　56. BC　57. BD　58. BCD　59. ABC　60. AB
61. CDE　62. BD　63. BEF　64. ACDE　65. BCD　66. CDEF
67. ABC　68. AB　69. CDE　70. ACDE　71. BC　72. BCD
73. AB　74. CD　75. AB　76. AC　77. CD　78. ACE
79. BC　80. BCD　81. BCD　82. ABCDE　83. CDE　84. ABCD
85. CD　86. CDE　87. CDE　88. ABCD　89. BCD　90. BDE
91. ACD　92. ABCD　93. ACD　94. CD　95. BCD　96. ABC
97. CD　98. ACE　99. AC　100. ACD　101. CDE　102. CE
103. BD　104. CF　105. ABDE　106. BC　107. BC　108. BC
109. AF　110. AD　111. BCDE　112. BD　113. ACDE　114. ACD
115. ABC　116. CD　117. AD　118. BC　119. CD　120. BD
121. AE　122. AD　123. BC　124. AC　125. ABD　126. AB
127. BCD　128. BCE　129. ACF　130. ABCD　131. CD　132. ABD
133. ACD　134. BCD　135. ABCD　136. BC　137. ABD　138. AC
139. BD　140. CD　141. ABCD　142. AC　143. AB　144. BCD
145. BD　146. BCD　147. ABC　148. ABC　149. BC　150. ABCD

151. AC 152. BCDE 153. CD 154. BD 155. ABCDE 156. ABCD
157. ACD 158. CE 159. ABD 160. ABC 161. CD 162. ABC
163. BC 164. CD 165. BE 166. ACD 167. BD 168. BD
169. BC 170. ABC 171. AD 172. ABC 173. ACDF 174. BCD
175. ABCDEF 176. CD 177. DF 178. ABC 179. ABCD 180. ABD
181. ABC 182. ACD 183. AC 184. BC 185. ABC 186. CE
187. BD 188. BCEF 189. AC 190. ABC 191. BCD 192. ABCDE
193. ABD 194. ABCE 195. ABC 196. CD 197. ABCEF 198. ABD
199. ABD

四、判 断 题

1. √ 2. √ 3. × 4. × 5. √ 6. √ 7. × 8. √ 9. √
10. √ 11. × 12. √ 13. √ 14. × 15. √ 16. × 17. √ 18. √
19. × 20. √ 21. √ 22. √ 23. √ 24. √ 25. × 26. × 27. √
28. √ 29. × 30. × 31. √ 32. √ 33. × 34. × 35. √ 36. √
37. × 38. × 39. √ 40. × 41. √ 42. × 43. × 44. × 45. √
46. √ 47. √ 48. √ 49. √ 50. × 51. √ 52. √ 53. √ 54. √
55. × 56. √ 57. √ 58. × 59. √ 60. × 61. × 62. × 63. √
64. √ 65. √ 66. × 67. × 68. × 69. × 70. √ 71. × 72. ×
73. × 74. √ 75. √ 76. × 77. √ 78. √ 79. × 80. √ 81. √
82. × 83. × 84. × 85. × 86. √ 87. × 88. √ 89. √ 90. √
91. √ 92. × 93. √ 94. √ 95. × 96. √ 97. √ 98. √ 99. ×
100. √ 101. × 102. √ 103. √ 104. √ 105. √ 106. × 107. √ 108. ×
109. √ 110. √ 111. × 112. × 113. × 114. √ 115. √ 116. × 117. √
118. √ 119. × 120. √ 121. × 122. × 123. √ 124. × 125. √ 126. √
127. × 128. √ 129. × 130. √ 131. √ 132. × 133. √ 134. × 135. ×
136. × 137. √ 138. × 139. √ 140. √ 141. × 142. × 143. × 144. √
145. × 146. × 147. √ 148. √ 149. √ 150. √ 151. √ 152. × 153. ×
154. × 155. × 156. √ 157. × 158. √ 159. × 160. √ 161. × 162. √
163. × 164. √ 165. √ 166. √ 167. × 168. √ 169. √ 170. × 171. ×
172. × 173. √ 174. √ 175. √ 176. × 177. × 178. √ 179. √ 180. ×
181. √ 182. √ 183. √ 184. × 185. √ 186. √ 187. × 188. √ 189. ×
190. √ 191. √ 192. √ 193. √ 194. × 195. × 196. √ 197. × 198. ×
199. √ 200. × 201. × 202. √ 203. × 204. √ 205. √ 206. √ 207. ×
208. √ 209. √ 210. √ 211. × 212. √ 213. × 214. √ 215. √

五、简 答 题

1. 答:在法向截面内,牙形两侧是直线的蜗杆称为法向直廓蜗杆(2.5 分)。在垂直于轴心线的截面(即截面切后形成的端面上)内,齿形是延长渐开线,所以又称延长渐开线蜗杆(2.5 分)。

2. 答:蜗杆传动常用于两轴线在空间交错成 90°的传动中(1.5 分),可用于传递动力或分度、进给机构,特别适用于降速比大的机构(1.5 分)。

传动特点:传动连续、平稳且准确,选择适当的螺旋升角可使传动具有自锁性,但蜗杆传动中磨擦和磨损较大,传动效率低,因而限制了它传递的功率,同时需要良好的润滑和冷却(2 分)。

3. 答:蜗杆分度圆直径与模数之比称为蜗杆特性系数(2.5 分)。规定蜗杆特性系数是为了减少蜗轮刀具的数目,便于刀具的标准化和加工计算的统一(2.5 分)。

4. 答:控制电路是根据给定的指令(2 分),依据自动控制的规律(2 分)和具体工艺要求对主电路系统进行控制的电路(1 分)。

5. 答:液压传动是以油液为工作介质的(0.5 分)。它通过液压泵带动油液旋转,使电动机的机械能转换成介质油液的压力能(1.5 分)。油液经过封闭管道、控制部件进入油缸。通过油缸的运动,油液的压力能又转换成机械能,实现机床的直线运动或旋转运动(2 分)。所以液压传动是能量传递的一种形式(1 分)。

6. 答:(1)产品设计时,必须遵循零件的规格化、系列化、通用化和标准化(2.5 分);(2)在加工时,必须符合设计图样上所规定的有关材料,毛坯工艺、加工精度、机械性能与热处理要求(2.5 分)。

7. 答:是在满足使用要求的前提下,尽可能选用较低的公差等级(2.5 分),以便很好地解决零件的使用要求与制造工艺成本之间的矛盾(2.5 分)。

8. 答:立式车床的工作台处于水平平面内,因此工件的装夹与校正比较方便(1.5 分)。另外,由于工件和工作台的重力均匀地作用在工件台导轨或推力轴承上,容易长期保证机床精度(1.5 分)。一般用于加工直径大、高度与直径之比较小、形状复杂而又笨重的大型工件。例如加工各种大型铸、锻、焊接件的内外圆柱面、外圆锥面、端面切槽等(2 分)。

9. 解:公式 $\Delta_{位移}=\frac{E_s-e_i}{2}=\frac{0.025-(-0.02)}{2}=0.0225\ \text{mm}$(5 分)

而同轴度为 0.02,$\Delta_{位移}>$同轴度

答:定位基准误差为 0.0225 mm,心轴不能保证工作的加工精度。

10. 解:中线 $i=n_1/n_2=z_2/z_1$

$n_2=n_1z_1/z_2=1450\times2/62=47\ \text{r/min}$(5 分)

答:蜗轮转数 n_2 为 47 r/min。

11. 答:正确的工艺分析,对保证加工质量(1 分)、提高劳动生产率(1 分)、降低生产成本(1 分)、减轻工人劳动强度(1 分)以及制订合理的工艺规程都有极其重要的意义(1 分)。

12. 刀具磨损曲线如图 1 所示(5 分)。

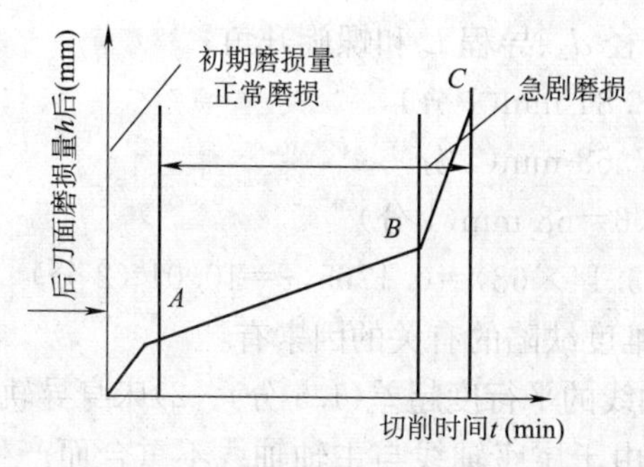

图 1

13. 答:应采取如下措施:1)选用硬度高、抗黏附性能好、强度高的刀具材料,如 YW-1,YW-2(2 分)。2)车刀采用较大的前角和后角,采用圆弧型卷屑槽(1 分)。3)进给量不要太小,切削速度不宜过高(1 分)。4)选抗黏附性和散热性能好的切削液,如硫化油或硫化油加四氯化碳,并加大流量(1 分)。

14. 答:原因是:1)车床主轴轴线与溜板导轨不平行(2 分);2)床身导轨严重磨损(2 分);3)地脚螺钉松动,车床水平变动(1 分)。

15. 答:工件分粗、精车,粗车夹紧力大些精车夹紧力小些(2 分);应用开缝套筒,使夹紧力均布在工件外圆上不易产生变形(2 分);应用轴向夹紧夹具可避免变形(1 分)。

16. 答:数控是指用数字指令控制机械动作的技术(2 分)。这种数控技术控制的机床叫数控机床,由于它的反向齿隙和丝杠的螺距误差等可以自动补偿(3 分),所以数控机床的定位精度高。

17. 答:在一定测量条件下,多次测量同一量值时,其绝对值和符号以不可预定的方式变化着的误差(2.5 分)。采取多次测量取其算术平均值的方法来减小随机误差的影响(2.5 分)。

18. 答:1)分析工件图纸(1 分);2)拟定夹具的类型和结构(2 分);3)绘制夹具组装图(1 分);4)绘制夹具零件图(1 分)。

19. 答:用花盘和角铁加工零件,这些零件外形复杂,往往是偏重一面的(2 分),这样不但影响工件的加工精度,而且还会因离心力而引起振动(2 分),并损坏车床的主轴和轴承(1 分),因此,应用花盘和角铁加工零件必须平衡。

20. 包括几何精度和工件精度(3 分)。其中车床几何精度又包括所组成部件的几何精度和各部件之间的位置精度(1 分)。车床工作精度包括精车工件外圆、精车端面和精车螺纹等方面的精度(1 分)。

21. 答:其步骤是:1)零件图的工艺分析(0.5 分);2)确定毛坯(0.5 分);3)拟定工艺路线(0.5 分);4)确定各工序的设备、夹具、刀具、量具和辅助工具(1 分);5)确定工序尺寸、公差及加工余量(1 分);6)确定切削用量和工时定额(0.5 分);7)确定重要工序的检查方法(0.5 分);8)编制工艺文件(0.5 分)。

22. 答:一般精车大平面时,都采用由中心向外进给。这是因为:1)用车外圆的偏刀由里向外进给时,由于前角合理,车出的表面粗糙度低(2 分)。2)由里向外车大平面,开始时虽然速度很低,但刀具很锋利,车出的表面粗糙度比较低。车到外面,刀具虽略有磨损,但因为速度高了,表面粗糙也比较低(2 分)。3)由里向外车大平面时,由于刀尖逐渐磨损,车出的是略微向下凹的平面,而这符合一般盘类零件和底座类零件的使用要求(1 分)。

23. 解:求出螺距 P、中径 d_2、导程 L 和螺旋升角 τ

$P=\pi m_s=3.14\times6=18.84$ mm(1 分)

$L=nP=2\times18.84=37.68$ mm(1 分)

$D_2=d-2m_2=80-2\times6=68$ mm(1 分)

$W\tau=L/\pi d_2=37.68/(3.14\times68)=0.1765, \tau=10.01°$(2 分)

24. 答:造成工件产生锥度缺陷的有关的因素有:

1)溜板移动相对主轴轴线的平行度超差(1.5 分)。2)床身导轨面严重磨损(1.5 分)。3)工件装夹在两顶尖间加工时,由于尾座轴线与主轴轴线不重合而产生锥度(1.5 分)。4)地脚螺栓松动,使机床水平发生变动(0.5 分)。

25. 答:精车外圆时,造成外圆表面上有混乱波纹(振动)的有关因素有:1)主轴上的滚动轴承滚道磨损间隙过大(1 分)。2)主轴的轴向窜动太大(1 分)。3)用卡盘夹持工件切削时,因卡盘法兰松动使工件夹持不稳定(1 分)。4)床鞍和中、小滑板的滑动表面间隙过大(1 分)。5)使用尾座顶尖持工件。切削时,顶尖套不稳定;活顶尖中轴承滚道磨损,间隙过大(1 分)。

26. 答:精车外圆时造成表面出现有规律的波纹的有关因素有:1)主轴上的传动齿轮齿形不良,齿部损坏或啮合不良(1 分)。2)电动机旋转不平衡而引起机床振动(1 分)。3)因为带轮等旋转零件振幅太大而引起振动(1 分)。4)主轴间隙过大或过小(2 分)。

27. 答:因车床只是在水平方向上导轨与前后顶尖连线不平行,所以加工后的轴颈为一圆锥面(2 分),其圆柱度误差为:$\Delta_r = 300 \times 0.07/1000 = 0.02$ mm。所以其圆柱度误差为 0.02 mm(3 分)。

28. 答:原因是角铁的定位支承面与车床主轴旋转轴线不平行(3 分),造成工件加工表面的轴线与定位基准面不平行,端面与定位基准面不垂直。解决办法是首先修研角铁,在车床上将花盘平面精车一刀,然后将角铁与花盘的接触面擦拭干净后进行组装,即可保证零件的加工精度(2 分)。

29. 答:在日常生产中,可以通过工件的表面光泽、切屑颜色及噪声等情况来判断刀具是否磨钝(1 分)。一般在粗车时,这几种变化都比较明显。车刀发生急剧磨损时,切屑颜色即显著变深(指加工钢类),从银白色、淡黄色变为紫色或黑色,还会产生不正常的噪声和振动,在工件的加工表面出现亮纹(2 分)。精车时,主要是观察工件已加工表面的光泽变化,如发现加工表面刀痕紊乱,即说明车刀已发生磨损(2 分)。

30. 答:加工材料的硬度(1 分)、强度越高(1 分),产生的切削温度越高(1 分),故刀具磨损越快,刀具耐用度越低。此外,加工材料的延伸率或导热系数越小(1 分),也能使切削温度升高(1 分),刀具耐用度降低。

31. 答:1)工件静平衡差及装夹不平衡(1 分);2)用顶尖支撑螺栓顶得过紧(1 分);3)中心孔钻的不正(1 分);4)切削力及切削热的影响(1 分);5)毛坯未进行时效处理(0.5 分);6)机床精度差,切削速度高(0.5 分)。

32. 答:防止和减少畸形工件装夹变形的方法主要有以下几点:1)选用角铁要有足够的刚性(1 分);2)尽可能选用稳定、可靠的表面作为定位基准(1 分);3)增加可调支承(1 分);4)压板压紧的部位必须正确,不能压在工件的悬空部分(2 分)。

33. 答:珩磨余量与前道工序的精度有关。一般在镗孔以后留的珩磨余量为 0.05～0.08 mm,铰孔留的珩磨余量为 0.02～0.04 mm(1.5 分),精磨留的珩磨余量为 0.01～0.02 mm(1.5 分)。珩磨余量与工件材料也有关系(1 分),铸铁工件一般比钢料工件所留的余量要多一些(1 分)。

34. 答:刚性差的零件,如细长轴、曲轴、薄套、薄片、环、薄壁锥体、薄壁箱体及局部刚性差的零件等易引起加工变形(3 分)。引起加工变形的主要原因是:切削力大,切削温度高,没有采取热处理措施消除内应力,毛坯余量不够,装夹不正确(2 分)。

35. 答:1)高速切削螺纹时,切削厚度大小或切屑向倾斜方向排除,拉毛已加工面(1.5 分);2)产生刀瘤(1.5 分);3)刀具刃口粗糙度大(1 分);4)刀杆刚性不足,切削时引起振动(1 分)。

36. 工艺基准相对定位基准的位置的最大变动量(5 分)。

37. 答:1)铰刀刀刃不锋利及刀刃有崩口、毛刺(1 分);2)余量过大或过小(1 分);3)切削速度太高产生积屑瘤(2 分);4)切削液选择不当(1 分)。

38. 已知 $d=40, p=6, a=30°$。

解:按公式 $d_D=0.5189p=0.518\times6=3.108$ mm(2 分)

$d_2=d-0.5p=40-0.5\times6=37$ mm

$M=d_2+0.4864d_D-1.866p=37+0.4864\times37-1.866\times6=43.8008=43.80$ mm(3 分)

答:钢针最佳直径为 ϕ3.108 mm,千分尺读数为 43.80 mm。

39. 答:在车床花盘角铁上加工工件,要达到形位公差要求,应注意以下几点:1)精度要求高的工件,它的安装基准面必须经过平磨或精刮,基准面要求平直,接触良好(3 分)。2)车床花盘平面最好是在本车床上精车出来,角铁必须 经过精刮(3 分)。3)夹紧工件时,要防止工件变形(3 分)。4)工件装上后,必须要平衡(3 分)。5)车床主轴间隙过大和导轨不直,都会影响工件的形位精度(3 分)。

40. 答:测量条件主要指测量环境的温度、湿度、灰尘、振动等(1.5 分)。精密测量应尽可能保证在 20℃恒温条件下进行(1.5 分)。同时,还应使工件与计量器具等温(0.5 分),周围相对湿度控制在 50%~60%(0.5 分),应与振动源隔离(0.5 分),控制空气中的灰尘含量(0.5 分)。

41. 答:精加工不锈钢时,应选用氧化煤油或 75%煤油加 25%油酸或植物油(2.5 分)。精加工铝合金时,可选用煤油或煤油与矿物油的混合油(2.5 分)。

42. 答:一把新刃磨好的刀具(或可移位刀片上一个新切削刃),从开始切削至磨损量达到磨钝标准为止所使用的切削时间,称为刀具的寿命(1 分)。一把新刃磨好的刀具,从开始切削起,经过反复刃磨和使用(1 分),直至完全失去切削能力而报废的实际总切削时间(1 分),称为刀具的总寿命。

影响刀具寿命的主要因素有:1)工件材料(0.5 分)。2)刀具材料(0.5 分)。3)刀具的几何参数(0.5 分)。4)切削用量(0.5 分)。

43. 答:因为当钻心刚钻穿工件时,轴向阻力突然减小(1 分),由于机床进给机构的间隙和弹性变形的突然恢复(1.5 分),将使钻头以很大的进给量自动切入(1.5 分),以致造成钻头折断或钻孔质量降低等现象。所以当孔将要钻穿时,必须减小进给量(1 分)。

44. 答:1)夹紧力应作用在支承元件上或用几个支承元件所形成的支撑面内以免产生颠覆力矩,并使夹紧力较均匀的分布在整个接触面上,从而保证定位稳定可靠(1 分)。2)夹紧力作用点应尽量作用在工件刚性较好的部位上,避免工件产生不允许的变形(1 分)。3)夹紧力作用点应尽量靠近加工表面,防止产生振动(1 分)。

45. 答:一般情况下,细长的物体受压容易弯曲,受拉不易弯曲。采用正向进给(由尾座向主轴箱方向进给)车削时,由于工件装夹在卡盘中,切削时产生的轴向分力指向主轴箱使工件受压(1 分),容易使细长轴弯曲。而采用反向进给(由主轴箱向尾座方向进给)车削时,切削产生的轴向分力,将工件拉向尾座(1 分),如果此时顶尖的顶紧力较小(1 分)或采用弹性回转顶尖(1 分),工件就处于受拉状态(1 分),不易造成弯曲而减小了细长轴的变形。

46. 答:车床主轴的纯径向跳动只会对被加工工件外圆的形状精度有影响,产生圆度误差,而对车削零件的端面没有影响(2 分),车床主轴的纯轴向窜动只对车端面有影响造成平面度误差而对车外圆无影响(2 分)。车床主轴轴向窜动与径向跳动对螺纹表面有影响,造成螺距误差,但对单个螺距无影响(1 分)。

47. 答:由于零件两端顶尖孔定位,车床前后顶尖距床身导轨不等高(1 分),在车外圆时,车刀刀尖的直线进给运动对零件的运转轴线在垂直平面内不平行(1 分),将使加工后的外圆表面呈双曲面(2 分),即圆柱度误差(1 分)。

48. 答:有各种轴承壳体孔之间的同轴度(1 分),壳体孔定位端面与轴心线的垂直度(1 分),轴承的间隙(1 分),滚动轴承滚道的圆度和滚动体的尺寸形状误差(1 分),以及锁紧螺母端面的跳动等(1 分)。

49. 答:车床上所用的能用或专用夹具都是以车床主轴定心轴颈定位并安装在主轴上的(2 分),若车床主轴定心轴颈有径向跳动,则通过夹具上定位元件使工件上定位表面也产生相应的径向跳动(2 分),这样最终造成加工表面对工件定位表面之间的定位误差(1 分),因此要检验主轴定心轴颈的径向跳动。

50. 答:控制曲轴车削变形的措施如下:1)精确加工顶尖孔,必要时研磨各顶尖孔(1 分)。2)仔细校正工件的静平衡(1 分)。3)顶尖或支承螺栓顶的松紧要适当,加工时除切削部位外,其他部位均应用支承螺栓顶牢(1 分)。4)划分粗、精加工阶段(1 分)。5)注意调整车床主轴间隙(1 分)。

51. 答:1)主轴本身呈扁形,其允差超出规定的范围(2 分);2)轴承外径在箱体内接触不良,加上主轴弯曲,产生周期摆动(2 分);3)装夹时把工件夹扁(1 分)。

52. 答:1)车每一条螺旋槽时的吃刀深度应相等(1 分);2)将每一槽都粗车完后再精车(1 分);3)用左右切削法车螺纹时,应保证车刀左右"借刀"量相等(3 分)。

53. 答:车床床身导轨的直线度误差和导轨之间的平行度误差,都会造成车刀刀尖在空间的切削轨迹不是一条直线(1 分),从而造成被加工零件外圆表面的圆柱度误差(1 分);在螺纹加工中,则会造成被加工螺纹的中径(1 分)、牙形半角(1 分)和螺距产生误差(1 分)。

54. 答:1)车刀两侧刃要平直,并且在一个水平面内,在刀具安装时,应保证通过中心(1.5 分);2)精车刀刀尖角要准确,安装不得偏斜(1.5 分)。3)精车刀两侧刃磨有 $10°\sim15°$ 前角,安装时保证侧刃通过中心(2 分)。

55. 答:1)导轨的平直度和扭度(0.5 分)。2)主轴轴线与床身与导轨的平行度(1.5 分)。3)主轴的径向跳动和轴向窜动(1.5 分)。4)小拖板与主轴中心线的平行度(0.5 分)。5)床尾套筒与床面导轨的平行度(0.5 分)。6)主轴锥孔中心线与床尾套筒锥孔中心线对床身导轨不等高度(0.5 分)。7)长丝杠轴向窜动和螺距误差(0.5 分)。

56. 答:车出的孔不圆,主要是由于不平衡产生的惯性力造成的(2 分)。在花盘上装夹工件,装夹后必须调整平衡(0.5 分),才能把孔车圆。另外,毛坯孔加工余量的不均匀(0.5 分),切削次数少(0.5 分),由于"让刀"会产生误差复映(0.5 分),而使车出的孔产生圆度误差(0.5 分),此时可增加切削次数,以减小或消除圆度的误差(0.5 分)。

57. 答:影响加工质量的因素很多,当发现有质量问题时,首先从工件材料(1 分)、工件装夹(1 分)、使用刀具(1 分)、加工方法(0.5 分)和结构的工艺性方面(0.5 分)找原因。当这些因素都被排除后,再从车床精度(1 分)方面查找原因。

58. 答:其影响有:1)因加工硬化后工件表面硬度增加,给下道工序造成难切削和难加工的局面,使刀具加速磨损(1.5 分)。2)使已加工的表面出现微细的裂纹和表面残余应力,影响工件的表面质量(1.5 分)。3)加工硬化能使已加工表面的硬度、强度和耐磨性提高,从而能改善零件使用性能(2 分)。

59. 答:车床的几何精度是指车床基础零件工作面的几何精度(1 分);决定加工精度的运动件(1 分)在低速空转时的运动精度(1 分);决定加工精度的零、部件之间(1 分)及其运动轨迹之间的相对位置精度等(1 分)。

60. 答:1)采用红硬性高和耐磨、耐冲击好的硬质合金;在没有冲击载荷情况下,应当用 YT30、YT15、YG3 等刀具材料(1 分)。2)刀具角度,一般说来,随着淬火钢硬度的提高,应增大车刀前角数值。切削高硬度钢的后角不大于 6°(1 分)。3)精加工淬火钢应采用较小的刀尖半径车刀,通常 $r_\varepsilon \leqslant 0.3$ mm(1 分)。4)车削淬火钢的切削用量,切削速度要取高些,进给量和背吃刀量要取小些(2 分)。

61. 答:检验工作精度中精车端面的平面度时,在卡盘上夹持一盘形试件,直径大于或等于最大工件回转直径 D_a(1 分),试件的最大长度等于 $D_a/8$(1 分),精车垂直于主轴的端面。在端面上可车 2～3 个 20 mm 宽的平面,其中一个为中心平面(1 分)。用平尺和量块或指示器检验(1 分),该项目的允差为在 300 mm 直径上－0.02 mm(只允许中凹)(1 分)。

62. 答:因车削时车刀与工件相对位置受螺旋运动的影响(1 分),使车刀工作时的前角和后角发生了变化(1 分),所以磨蜗杆螺纹车刀或多头螺纹车刀时,须考虑螺纹升角的影响在车右螺纹时,车刀左侧的静止后角 α_{OL} 等于工作后角(3°～5°)加上螺旋升角 τ,而右侧等于工作后角减去 τ,即:

左:$\alpha_{OL}=(3°\sim5°)+\tau$(1.5 分)

右:$\alpha_{OR}=(3°\sim5°)-\tau$(1.5 分)

63. 答:照明和电热设备是电阻性负载,工作稳定,可能出现的故障一般为短路、故装熔断器(2 分)。电动机工作时受负载影响大,容易过载,故装熔断器作短路保护,装热继电器作过载保护(3 分)。

64. 答:1)高硬度(1 分);2)高耐磨性(1 分);3)足够的强度和韧性(1 分);4)高的耐热性(1 分);5)良好的工艺性(0.5 分);6)经济性(0.5 分)。

65. 答:1)应选择不加工表面作为粗基准(1 分);2)对所有表面都要加工的零件,应根据加工余量最小的表面找正(1 分);3)应选择较牢固可靠的表面作粗基准(1 分);4)应选择平整光滑的表面,铸件装夹时应让开浇口部分(1 分);5)粗基准不可重复使用(1 分)。

66. 根据产品和零部件的生产批量和技术要求(1 分),进行加工方法和工艺过程分析(1 分),从而确定正确的加工方法和工艺过程(1 分),使加工有可行性、合理性和经济性(2 分)。

67. 答:1)避免根切现象。切削 $z<z_{min}$ 的齿轮而不发生根切(1.5 分)。2)配凑中心距。一对齿轮在非标准中心距的情况下不仅均能安装,而且能满足侧隙为零、顶隙为标准值的要求(1.5 分)。3)改善小齿轮的强度和传动啮合特性,能提高齿轮机构的承载能力(1.5 分)。4)修复已磨损的旧齿轮(0.5 分)。

68. 答:其特点是:可保证圆柱体中心线在一个径向方向的单位定位误差为 0(1 分),不受工件定位外圆大小的影响(1 分),而另一个径向则因工件定位外圆大小(1 分)的影响产生一定的位移量(1 分),造成定位误差(1 分)。

69. 答:可用测量螺纹中径误差的三针测量牙形角误差或半角误差(1 分)。测量前,先选择合适的两组不同直径的三针(1 分)。测量时,把这两套三针依次放进螺纹槽内,按照测量螺纹中径的三针测量法进行测量(1 分)。牙形角(或半角)可将两次分别量得的 M_1 和 M_2 值代入下式计算：$\sin\frac{\alpha}{2}=\frac{D_1-D_2}{(M_1-M_2)-(D_1-D_2)}$(2 分)

式中　D_1,D_2——为两组三针直径,D_1 为大三针直径,D_2 为小三针直径,mm;

M_1——用直径 D_1 的三针测量时,千分尺测得的尺寸,mm;

M_2——用直径 D_2 的三针测量时,千分尺测得的尺寸,mm;

α——梯形螺纹牙形角,度。

70. 答:为了提高钢的机械性能,改善钢的工艺性能,或者为了获得某些特殊的物理、化学性能(1 分),所以要在碳钢中有意加入一定数量一种或几种合金元素(1 分)。

加入合金元素后,对热处理工艺有极大影响(1 分),影响方面主要是温度、时间、冷却方式及热处理类型(1 分)。例如:高速钢则需高温加热、缓慢升温和降温冷却,防开裂,而 40 钢淬火加入少量 Cr 后,可以淬油,减少变形和开裂(1 分)。

71. 答:在工序中为了完成工艺过程所必须进行的辅助动作所需要的时间(2.5 分)。辅助动作包括装夹工件(0.5 分)、卸下工件(0.5 分)、操作机床(0.5 分)、改变切削用量(0.5 分)、测量零件尺寸(0.5 分)等。

72. 答:它是直接用于改变生产对象尺寸(0.5 分)、形状(0.5 分)、相对位置(0.5 分)、表面状态(0.5 分)或材料性质(0.5 分)等工艺过程所消耗的时间。对机械加工来说,就是指从工件上切去金属层所耗费的时间(2.5 分)。

73. 解:$P=\pi m=3.14\times5=15.7$ mm　　$d_1=d-2m=80-2\times5=70$ mm

$d_D=1.672m=1.672\times5=8.36$ mm(2 分)

$M=d_1+3.924d_D-4.316m=70+3.924\times8.36-4.316\times5=81.21$(3 分)

答:钢针直径应选 8.36 mm,M 值应为 81.21 mm。

74. 解:$P_M=F_Z\cdot V/60\times1000=3800\times90/60\times1000=5.7$ km(2 分)

$F_Z\cdot\eta=5.5\times0.8=4.4$ kW(2 分),$P_M>P_Z\cdot\eta$(1 分)

答:不可以切削。

75. 答:1)为了保证工件达到图纸的精度和技术要求,检查夹具定位基准、设计基准、测量基准是否重合(2 分);2)为了防止工件变形,夹紧力与支承件要对应(1 分);3)薄壁工件不能用径向夹紧的方法,只能采用轴向夹紧(1 分);4)如工件因外形或结构等因素使装夹不稳定,可增加工艺撑头(1 分)。

76. 答:把比较复杂的视图(1 分),按线框分成几部分(1 分),运用三视图投影规律(1 分),先分别是想象出各组成部分的形状和位置(1 分),再综合起来想象出整体结构形状的看图方法(1 分)。

77. 答:包括以下几个方面:

(1)各电机的振动(1 分);

(2)旋转零部件的动平衡不佳(1 分);

(3)运动传递过程中产生振动(1 分);

(4)往复运动零部件的冲击(0.5 分);

(5)液压传动系统的压力脉动(0.5 分);

(6)由于切削变化而引起的振动(1 分)。

78. 答:蜗轮是用与蜗杆参数相同的蜗轮滚刀在标准的中心距下加工出来的(2 分)。只有传动箱箱体中心距与加工时的中心距相等(2 分),蜗轮才能正确啮合(1 分)。故安装蜗杆蜗轮传动时,应保证较准确的中心距。

79. 答:凸轮机构将主动凸轮的匀速回转运动(2 分),转换为从动杆按凸轮上预定的曲线要求进行的复杂运动(2 分)。这种机构广泛用于自动化机器中(1 分)。

80. 答:为了获得较大的传动比和变换转速(1 分),并且主动轮、从动轮的距离较远时(1 分),通常需要采用一系列互相啮合的齿轮将主、从动轮连接起来(2 分),这种传动系统称为轮系(1 分)。

81. 答:液流在单位时间(1.5 分)内流过管道某一截面(1.5 分)的液体的体积(2 分)称为该液流的流量。

82. 答:通常将异步电动机的最大转矩 M_{max} 与额定转矩 M_N 的比值称为异步电动机的过载系数,用 λ 表示,$\lambda=M_{max}/M_N$(2 分)。一般三相异步电动机的 $\lambda=.8\sim2.2$(1 分)。如果电动机的负载转矩超过最大转矩 M_{max}(1 分),就会发生"闷车"现象(1 分)。

83. 答:用一个平面和两个圆柱销定位是重复定位(2 分)(平面限制 3 个自由度,每个圆柱销各限制 2 个自由度),无法保证加工精度,若用一圆柱销一削边销(限制 1 个自由度),并使削边销长轴的垂直两销连心线,既减少了孔中心距和销中心距误差的影响(2 分),又保证了工件转角误差没有增加,这样保证了工件的加工精度(1 分)。

84. 答:(1)选用 YW 类硬质合金刀具(1 分)。

(2)车刀前角取 0°～5°,主偏角取 20°～45°,后角取 8°～12°,较大负倒棱和负刀倾角(1 分)。

(3)切削速度低,吃刀深度和进刀量适当大些(1 分)。

(4)研磨车刀(1 分)。

(5)用动力大、刚性好的机床(1 分)。

85. 答:图(a)所示是溢流阀(2 分),图(b)所示是卸荷阀(2 分),图(c)所示是定压减压阀(1 分)。

86. 答:图(a)所示是固定式节流阀(1 分),图(b)所示是可调式节流阀(2 分),图(c)所示是调速阀(2 分)。

87. 解:$L_{增max}=20.10+9.95=30.25$ mm(2 分)

$L_{增min}=19.95+10.05=29.95$ mm(2 分)

$A=(30\pm0.05)$ mm(1 分)

答:A 为(30±0.05) mm。

88. 答:图(a)所示是单向定量油泵(1 分),图(b)所示是双向定量油泵(1 分),图(c)所示是单向变量油泵(1 分),图(d)所示是双向变量油泵(2 分)。

89. 答:1)基准重合原则(1 分)(即选用设计基准作为定位基准,以避免定位基准与设计基准不重合而引起的基准不重合偏差)。2)基准统一原则(1 分)(当零件上有许多表面需要进行多道工序加工时,尽可能在各工序的加工中选用同一组基准定位,称为基准统一原则)。3)自为基准原则(1 分)(某些要求加工余量小而均匀的精加工工序,选择加工表面本身作为定位基准,称为自为基准原则)。4)互为基准原则(1 分)(当对工件上两个相互位置精度要求较高的表面进行加工时,可采用加工面间互为基准反复加工)。5)便于装夹原则(1 分)(所选精基准应保证工件安装可靠,夹具设计简单、操作方便快捷)。

90. 答:缩短基本时间的方法(2 分):减少加工余量;提高切削用量;采用多刀切削。缩短辅助时间的方法(1 分):缩短工件的装夹时间;减少回转刀架及调换车刀的时间;减少测量工件的时间。采用先进工艺和设备提高劳动生产率(2 分):尾座四头钻装置;加工成形面的刀架靠模;调整车螺纹自动退刀架;数控加工等。

91. 答:因为在加工细长轴时,如果使用一般的顶尖,由于两顶尖之间的距离不变(1 分),当零件在加工过程中受热变形伸长时(1 分),必然会造成零件弯曲(0.5 分),若使用弹性活顶尖,当零件受热变形伸长时顶尖会自动后退(1 分),因而起到了补偿零件热变形伸长的作用(1 分),从而减小了工件的弯曲变形(0.5 分),所以要采用弹性活顶尖。

92. 答:蜗杆的车削与车削梯形螺纹很相似,但由于蜗杆的齿行较深,切削面积大,车削时应采用较低的切削速度,并采用倒顺车法车削(1 分)。粗车时,留精车余量 0.2～0.4 mm(1 分),精车时,采用单面车削(1 分)。如果背吃刀量过大,会发生"肯刀"现象,所以在车削过程中,应控制切削用量,防止"扎刀"(1 分)。最后用刀尖角略小于齿形角的车刀,精车蜗杆底径,把齿形修正清晰,以保证齿面的精度要求(1 分)。

93. 答:影响断屑的主要因素有:断屑槽形状、宽度、斜角均影响断屑(1 分)。

车刀几何角度中主偏角 κ_r 和刃倾角 λ_s 对断屑影响较大(2 分)。

切削用量中,对断屑影响最大的是进给量,其次是吃刀量和切削速度(2 分)。

94. 答:车床夹具设计的基本要求有:(1)保证工件加工精度(1 分)。(2)定位装置的结构和布置必须保证工件被加工表面轴线与车床主轴轴线重合(1 分)。(3)夹紧装置应产生足够的夹紧力(1 分)。(4)车床夹具的回转轴线与车床主轴轴线要有尽可能高的同轴度(0.5 分)。(5)夹具应设置平衡块,保证基本平衡(0.5 分)。(6)夹具结构应紧凑、方便、悬伸长度短(0.5 分)。(7)夹具上各元件的布置不大于夹具体的直径(0.5 分)。

95. 答:1)两顶尖装夹(1 分)。2)在四爪单动卡盘上装夹(1 分)。3)利用垫片在三爪自定心卡盘上装夹(1 分)。4)偏心卡盘装夹(1 分)。5)双重卡盘装夹(0.5 分)。6)专用偏心夹具装夹(0.5 分)。

96. 答:利用作用于阀芯上的液体压力和弹簧力相平衡的原理来控制油路保持一定压力的阀(1 分)(例如溢流阀、减压阀),和控制执行件(1 分)、电气元件等(1 分)在某一调定压力下动作的阀(例如顺序阀)(2 分),统称压力控制阀。

97. 答:流量控制阀是靠改变控制口的大小来调节通过阀口的流量(2 分),以改变执行机构(如液压油缸)的运动速度的液压元件(2 分),例如节流阀、调速阀、温度补偿调速阀、溢流节流阀等(1 分)。

98. 答:一台机床的液压系统不管多么复杂,它总不外乎由一些基本回路组成(0.5 分)。基本回路是由液压元件组成用来完成特定功能的典型回路(0.5 分),按功能不同可分为压力控制回路(1 分)、速度控制回路(1 分)、方向控制回路(1 分)和多缸顺序动作回路等(1 分)。

99. 答:中间继电器可将一个输入信号变成一个或多个输出信号(3 分),即中间继电器线圈接通后,可以同时控制几条电路(2 分)。

六、综 合 题

1. 答:$d=M_n/\cos\beta \cdot Z=3/\cos30^\circ\times35=121.24$ mm(2 分)。

$d_e=d+2M_n=121.24+2\times3=127.24$ mm(2 分)。

$S_n=\pi m_n/2=3.14\times3/2=4.71$ mm(2 分)。

$m_t=m_n/\cos\beta=3/\cos30°=3.464$ mm(2 分)。

$\alpha=\arctan\cdot\tan a_n/\cos\beta=\arctan\cdot\tan20°/\cos30°=22°47'45''$(2 分)

2. 答:(1)$p=\pi\times m_x=3.1416\times3=9.425$ mm(2.5 分)

(2)$h=2.2m_x=6.6$ mm(2.5 分)

(3)$\tan\gamma=p_z/\pi d_1,=28.275/3.14\times51=0.176\quad\gamma=10°$(2.5 分)

(4)$S_n=P/2\cdot\cos\gamma=9.425/2\times\cos10°=4.71\times0.9848=4.637$ mm(2.5 分)

3. 答:日前国内外采用的深孔钻的排屑方式有三种:

(1)外排屑(以枪孔深孔钻为例)。枪孔钻头是有刀头与成形空心钻杆经焊接而制成的。其 120°的 V 形槽就是外排屑槽。加工时,管子内部通过高压大流量切削液,从刀头端面喷出到加工孔的加工面上。切削液一方面是冷却主切削刃,另一方面高压大流量的切削液推动切削经过 120°V 形排屑槽逐渐向孔外排出。所以这种钻头又称外排屑枪孔钻头(4 分)。

(2)内排屑。切削液经过封油头钻杆内管和外管间的环形空间进入刀头切削区。高压、大流量的切削液推动切下的切削进入钻杆内孔,经过全部钻杆而在钻杆末端排出。这种切削从钻杆内部排出的方式为排屑(4 分)。

(3)喷吸式内排屑。深孔钻头与由内管与外管组成的钻杆连接。大部分切削液是从外管与内管所形成的环形间隙中进入到刀头切削区,起到把切下的切屑推入内管的内孔中并由钻杆末端排出的作用。还有一小部分切削液经过内管上倾斜的"月牙孔"向内管的内孔高速喷射,使排屑通路(即内管的内孔)形成负压,而使内管孔外产生吸力。在一推一吸的作用下,深孔的排屑困难问题得到了很好的解决,因而生产效率为最高,也是较先进的深孔加工方法(2 分)。

4. 解:(1)分度圆直径 $d_2=d-2m_s=68-2\times4=60$ mm(4 分)

(2)齿深 $h=2.2\,m_s=2.2\times4=8.8$ mm(4 分)

(3)齿根槽宽 $W=0.697\,m_s=0.697\times4=2.788$ mm(2 分)

分度圆直径为 60 mm,齿深为 8.8 mm,齿根槽宽 2.788 mm。

5. 答:(1)四爪单动卡盘装夹。这种卡盘夹紧力大,但找正比较费时,适用于装夹大型或形状不规则的工件(2.5 分)。(2)三爪自定心卡盘装夹。这种卡盘能自动定心,不需花费过多时间找正工件,装夹效率比四爪单动卡盘高,但夹紧力没有四爪单动卡盘大,适用于装夹中小型规则工件(2.5 分)。(3)两顶尖装夹。装夹方法比较方便,不需找正,装夹精度高。适用于装夹精度要求较高(如同轴度要求)、必须经多次装夹才能加工好的较长的工件,或工序较多的工件(2.5 分)。(4)一夹一顶装夹。这种方法装夹工件比较安全,能承受较大的切削力(2.5 分)。

6. 解:已知 $d=54$ mm,$L=930$ mm,$f=0.3$ mm/r,$a_p=3$ mm,$v=60$ m/min

$$n=\frac{1000v}{\pi d}=\frac{1000\times60\text{ m/min}}{\pi\times54\text{ mm}}=353.68\text{ r/min}(4\text{ 分})$$

计算一次工作行程

$h/a_p=1$

$$t_m=\frac{L}{nf}=\frac{930\text{ mm}}{353.68\text{ r/min}\times0.3\text{ mm/r}}=8.76\text{ min}(6\text{ 分})$$

7. 解:(1)$\delta_{全}=\overline{bb'}\times\frac{0.02}{1000}\times250=2.9\times\frac{0.02}{1000}\times250=0.0145$ mm(5 分)

(2)$\delta_{局}=\overline{(bb'-aa')}\times\frac{0.02}{1000}\times250$

$=\overline{(2.9-1.4)}\times\frac{0.02}{1000}\times250=0.0075$ mm(5 分)

8. 解:单螺距误差为:

$\Delta P=\alpha L\Delta t=11.5\times10^{-6}\times12\times(50-20)=0.00414$ mm(5 分)

全长上螺距累积误差:

$\Delta P_{\Sigma}=11.5\times10^{-6}\times800\times(50-20)=0.276$ mm(5 分)

答:单个螺距误差为 0.00414 mm,全长上螺距累积误差为 0.276 mm。

9. 答:已知 $L=950$ mm,$\Phi=30$ mm,$\Delta t=58℃-22℃=36℃$,$\alpha_1=11.59\times10^{-6}$/℃。

$\Delta_1=\alpha_1 L\Delta t=11.59\times10^{-6}$/℃$\times950$ mm$\times36$℃$=0.3964$ mm(10 分)

轴的热变形伸长量为 0.3964 mm。

10. 答:(1)机构强度低。在夹紧和切削力的作用下易产生变形和裂纹。所以装夹不易太紧,车刀应取较大的前角(2 分)。

(2)导热性差,切削区温度高,因此加剧了车刀的磨损和工件的热变形,所以要注意加工中收缩量对工件尺寸造成的影响(2 分)。

(3)工件在车削过程中易起毛起层开裂剥落和崩裂,所以除了加大刀具的前角和后角外,增大主刀刃参加工作的长度,增大过渡刃和修光刃,并配磨有适当的排屑槽(1.5 分)。

(4)某些塑料是由多层物质或粉末状填料压制而成,车削时这些物质起到磨料的作用,加快刀具的磨损(1.5 分)。

(5)熔点较低,对切削热比较敏感,所以车削时易发生表面烧焦熔化现象(1.5 分)。

(6)车削时一般不宜使用润滑液来降低切削温度,必要时可采用压缩空气进行吹风冷却(1.5 分)。

11. 解:已知 $d=36$ mm,$P=6$ mm,$M=30.80$ mm。

$d_0=0.518P=0.518\times6$ mm$=3.108$ mm(2 分)

$M=d_2+4.864d_0-1.866P$

$d_2=M-4.864d_0+1.866P$

$=30.80$ mm-4.864×3.108 mm$+1.866\times6$ mm$=26.88$ mm(8 分)

答:梯形螺纹的中径为 26.88 mm。

12. 答:已知 $a=20°$,$\Delta s_{上}=-0.22$ mm,$\Delta s_{下}=-0.30$ mm。

$\Delta M_{上}=2.7475\Delta s_{上}=2.7475\times(-0.22\text{ mm})=-0.604$ mm(5 分)

$\Delta M_{下}=2.7475\Delta s_{下}=2.7475\times(-0.30\text{ mm})=-0.824$ mm(5 分)

改用三针测量时的偏差为 $M_{-0.824}^{-0.604}$mm。

13. 解:已知 $D=100$ mm,$d=90$ mm,$R=96$ mm,$M=200$ mm,$\Delta H=0.4$ mm,$\theta=120°-90°=30°$(3 分)

垫块高

$h=M-\frac{D}{2}-R\sin\theta-\frac{d_1}{2}$

$=200\ \text{mm}-\frac{100}{2}\ \text{mm}-96\ \text{mm}\cdot\sin30°-\frac{90}{2}\ \text{mm}=57\ \text{mm}$

$\Delta\theta=\theta_1-\theta, L=R\sin\theta$

$\sin\theta_1=\frac{L+\Delta H}{R}=\frac{R\sin\theta+\Delta H}{R}=\frac{R\sin30°+\Delta H}{R}$（3 分）

$=\frac{96\ \text{mm}\cdot\sin30°+0.4\ \text{mm}}{96\ \text{mm}}=0.50417$

$\theta=30°16'34''$

$\Delta\theta=\theta_1-\theta=30°16'34''-30°=16'34''$（4 分）

答：两曲柄颈的角度误差为 16′34″。

14. 解：已知 $L=1000$ mm，水准泡移动 2 格

$R=103132$ mm

水平仪玻璃管刻线距离为每格 2 mm，移动 2 格即为 4 mm。

倾斜角 $\theta:\alpha=\frac{2\pi R\theta}{360\times60\times60}$

$\theta=\frac{\alpha360\times60\times60}{2\pi R}=\frac{4\ \text{mm}\times360\times60\times60}{2\pi\times103132\ \text{mm}}=8''$（5 分）

$\theta=8''=0.00222°$

倾斜距离 $\Delta l=1000\times\arctan\theta=1000\ \text{mm}\cdot\arctan 0.00222=0.04\ \text{mm}$（5 分）

答：导轨平面在 1000 mm 长度中倾斜了 0.04 mm。

15. 解：已知 $D=224.98$ mm，$d=224.99$ mm，$R=225.05$ mm，$M=440.5$ mm，$\theta=120°-90°=30°$（5 分）。

$h=M-\frac{1}{2}(D+d)-R\sin\theta$

$=440.5\ \text{mm}-\frac{1}{2}(224.98\ \text{mm}+224.99\ \text{mm})-225.05\ \text{mm}\cdot\sin30°$

$=102.99$ mm（5 分）

答：量块高度为 102.99 mm。

16. 解：已知 $e=2$ mm，$e_{实}=2.06$ mm。

先不考虑修正值，垫片厚度：

$x=1.5e=1.5\times2\ \text{mm}=3\ \text{mm}$（2 分）

垫入垫片后切削，测得实际偏心距为 2.06 mm，则偏心距误差：

$\Delta e=2.06\ \text{mm}-2\ \text{mm}=0.06\ \text{mm}$（2 分）

$K=1.5\Delta e=1.5\times0.06\ \text{mm}=0.09\ \text{mm}$（3 分）

实际偏心距比工件要求大，则实际垫片厚度的正确值：

$X=1.5e-K=1.5\times2\ \text{mm}-0.09\ \text{mm}=2.91\ \text{mm}$（3 分）

答：正确的垫块厚度为 2.91 mm。

17. 解：轴套车削为回转加工

$\Delta_{位移}=\frac{T_h+T_s+X_{min}}{2}=\frac{0.03\ \text{mm}+0.013\ \text{mm}+0.010\ \text{mm}}{2}$

$=0.0265$ mm（7 分）

$\Delta_{位移}=0.0265$ mm<0.03 mm(3 分)

答:这样安装加工可以保证加工质量。

18. 解:已知心轴 $\phi30_{-0.019}^{0}$ mm,工件孔 $\phi30_{-0.01}^{-0.01}$ mm。

基准位移误差

$$\Delta_{位}=\frac{\delta_1+\delta_{定}+\Delta}{2}=\frac{D_{Imax}+d_{实min}}{2}$$

$$=\frac{30.03\ \text{mm}-29.985\ \text{mm}}{2}=0.0225\ \text{mm(10 分)}$$

答:定位基准位移误差为 0.0225 mm。

19. 解:已知 $m=3,Z_1=2,q=12,Z_2=60$。

解:$h=2.2m=2.2\times3=6.6$ mm(1 分)

$d_1=mq=3\times12=36$ mm(1.5 分)

$d_2=mZ_2=3\times60=180$ mm(1.5 分)

$d_{a1}=m(q+Z_1)=3(12+2)=42$ mm(1.5 分)

$d_{a2}=m(Z_2+2)=3(60+2)=186$ mm(1.5 分)

$d_{f1}=m(q-2.4)=3(12-2.4)=28.8$ mm(1.5 分)

$d_{f2}=m(Z_2-2.4)=3\times(60-2.4)=172.8$ mm(1.5 分)

答:全齿高 h 为 6.6 mm,分度圆 d_1 为 36 mm,d_2 为 180 mm,齿顶圆 d_{a_1} 为 42 mm,d_{a_2} 为 186 mm,齿根圆 d_{f_1} 为 28.8 mm,d_{f_2} 为 172.8 mm。

20. 解:已知 $m=3$ mm,$z_1=12$。

$L=\pi mz_1=\pi\times3\ \text{mm}\times12$

$=113.04$ mm(10 分)

答:齿轮每转一转,带动床鞍移动 113.04 mm。

21. 答:曲轴车削变形的原因如下:

(1)工件静不平衡(1 分)。

(2)顶尖或支撑螺栓顶得过紧(1 分)。

(3)顶尖孔钻得不正(1 分)。

(4)受切削力和切削热的影响(1 分)。

(5)车床精度低,切削速度选择不当(1 分)。

控制曲轴车削变形的措施如下:

(1)精确加工顶尖孔,必要时研磨顶尖孔(1 分)。

(2)仔细校正工件的静平衡(1 分)。

(3)顶尖或支承螺栓顶得松紧要适当,加工时除切削部位外,其他部位均应用支承螺栓顶牢(1 分)。

(4)划分粗、精加工阶段(1 分)。

(5)注意调整车床主轴间隙(1 分)。

22. 答:车削梯形螺纹可采用低速车削,也可采用高速切削。目前对精度要求较高的梯形螺纹一般都采用高速钢车刀低速切削法加工(2 分)。其加工方法:

(1)直进切削法。对于精度要求不高、螺距较小的梯形螺纹,可用一把螺纹车刀垂直进刀车成。直进切削法的特点:所有刀刃同时工作,排屑困难,切削力大,易“扎刀”;切削用量低;刀尖易磨损;操作简单;螺纹牙形精度较高(2 分)。

(2)左右切削法(又称轴向进刀法)。对螺距大于 4 mm 的梯形螺纹可采用。其特点:单刃切削,排屑顺利,切削力小,不易“扎刀”;采用的切削用量较高;螺纹表面粗糙度较低(2 分)。

(3)三把车刀的直进切削法。对于螺距大于 8 mm 的梯形螺纹,除用左右切削法外还可用三把刀进行切削。首先用一把与螺纹槽底等宽的切槽刀切出螺旋槽,然后用第二把刀粗车螺纹两侧面(留下精车余量),最后用第三把螺纹精车刀精车螺纹两侧面。其特点:主要在大螺距梯形螺纹加工中运用,其他特点同左右切削法(2 分)。

(4)分层剥离法。用于螺距大于 12 mm、牙槽较大而深、材料硬度较高的工件。粗车时采用分层剥离,即用成形车刀斜向进给切到一定深度后改为轴向进给。每次进给的切削深度较小而切削厚度大,切削效率高(2 分)。

23. 解:已知 $P_{机}=7\text{ kW}$,$D=100\text{ mm}$,$n_1=120\text{ r/min}$,$n_2=304\text{ r/min}$,$\eta=0.7$。

$n_1=120/\text{r/min}$ 时:

$$M_1=9550\times\frac{P}{n_1}=9550\times\frac{7\text{ kW}(1-0.3)}{120\text{ r/min}}\approx 390\text{ N}(2.5\text{ 分})$$

$$F_{z_1}=\frac{M_1}{R}=\frac{390\text{ N}}{0.05}=7800\text{ N}=7.8\text{ kN}(2.5\text{ 分})$$

$n_2=304\text{ r/min}$ 时:

$$M_2=9550\times\frac{P}{n_2}=9550\times\frac{7\text{ kW}(1-0.3)}{304\text{ r/min}}\approx 154\text{ N}(2.5\text{ 分})$$

$$F_{z_2}=\frac{M_2}{R}=\frac{154\text{ N}}{0.05}=3080\text{ N}=3.08\text{ kN}(2.5\text{ 分})$$

答:当 $n_1=120/\text{r/min}$ 时,主切削力为 7.8 kN,当 $n_2=304\text{ r/min}$ 时,主切削力为 3.08 kN。

24. 解:已知 $D=80\text{ mm}$,$f=0.4\text{ mm/r}$,$v=100\text{ m/min}$,$P_{电}=3.24\text{ kW}$,$\eta=0.7$,45 钢单位切削力 $p=2000\text{ N/mm}^2$

$$F_z=p\cdot a_p\cdot f=2000\text{ N/mm}^2\times\frac{80\text{ mm}-70\text{ mm}}{2}\times 0.4\text{ mm/r}=4000\text{ N}(3\text{ 分})$$

$$P_m=\frac{F_z v}{60\times 1000}=\frac{4000\text{ N}\times 100\text{ m/min}}{60\times 1000}=6.67\text{ kW}(3\text{ 分})$$

$P_{电}=3.24\text{ kW}$

$P_m=6.67\text{ kW}>P_{电}\times\eta=3.24\text{ kW}\times 0.7=2.27\text{ kW}(3\text{ 分})$

答:功率不够,无法正常切削(1 分)。可以降低切削速度、减少背吃刀量和进给量。

25. 解:已知 $D=55\text{ mm}$,$a_p=5\text{ mm}$,$f=0.4\text{ mm/r}$,$P_{电}=3.2\text{ kW}$,$\eta=0.7$。

$P_{切}=P_{电}\eta=3.2\text{ kW}\times 0.75=2.4\text{ kW}(2\text{ 分})$

$F_z=p\cdot a_p\cdot f=2000\text{ N/mm}^2\times 5\text{ mm}\times 0.4\text{ mm/r}=4000\text{ N}(2\text{ 分})$

$$P_{切}=\frac{F_z v}{60\times 1000}、\quad v=\frac{60\times 1000P_{切}}{F_Z}$$

$$v=\frac{60\times 1000\times 2.4\text{ kW}}{4000\text{ N}}=36\text{ m/min}(3\text{ 分})$$

$n=\frac{1000v}{\pi d} \times \frac{1000\times 36\ \text{m/min}}{55\pi}=208\ \text{r/min}$(3 分)

答:主轴转速可取 208 r/min。

26. 解:已知 $D=96$ mm,$f=0.5$ mm/r,$n=380$ r/min,$P_{电}=7$ kW,$\eta=0.7$。

$P_{切}=P_{电}\eta=7\ \text{kW}\times 0.7=4.9\ \text{kW}$

$v=\frac{\pi Pn}{1000}=\frac{\pi\times 96\ \text{mm}\times 380\ \text{r/min}}{1000}=114.6\ \text{m/min}$(3 分)

$P_{切}=\frac{F_z v}{60\times 1000}$

$F_z=\frac{60\times 1000P_{切}}{v}=\frac{60\times 1000\times 4.9\ \text{kW}}{114.6\ \text{m/min}}=2565.4\ \text{N}$(3 分)

$F_z=p\cdot a_p\cdot f$

$a_p=\frac{F_z}{p\cdot f}=\frac{2565.4\ \text{N}}{2500\ \text{N/mm}^2\times 0.5\ \text{mm/r}}=2\ \text{mm}$(3 分)

$d_{实}=D-2a_p=96\ \text{mm}-2\times 2\ \text{mm}=92\ \text{mm}$(1 分)

答:一次切削将工件从 ϕ96 mm 车至 ϕ92 mm。

27. 解:已知 $K=1:10$,$a=5$ mm。

$t=a\times\frac{\frac{1}{10}}{2}=5\times\frac{\frac{1}{10}}{2}=0.25\ \text{mm}$(10 分)

答:横向进刀距离 t 为 0.25 mm,才能使孔合格。

28. 解:已知:$d=68$ mm,$m_S=4$ mm,$n=3$,$\alpha=40°$。

(1)$L=n\pi m_S=3\times 3.14\times 4=37.68$ mm(3 分)

(2)$d_2=d-2m_S=68-2\times 4=60$ mm(3 分)

(3)$t=\pi m_S=3.14\times 4=12.56$ mm(4 分)

答:导程 L 为 37.68 mm,中径 d_2 为 60 mm,分头的轴向尺寸为 12.56 mm。

29. 解:已知:$D=60$ mm,$[\tau]=40$ MPa,$P=200$ kW。

根据热转强度条件:

$$\tau_{max}=\frac{Mn}{Wn}=\frac{\frac{P\cdot 9550}{1200}\times 1000}{\frac{3.14\cdot D^3}{16}}=\frac{\frac{200\times 9550}{1200}\times 1000}{\frac{3.14\times 60^3}{16}}$$

$=37.4(\text{MPa})<[\tau]$(10 分)

答:$\tau_{max}<[\tau]$,所以实心轴能满足强度条件。

30. 答:俯视图如图 2 所示(每少一条线扣 2 分,直到扣完为止)。

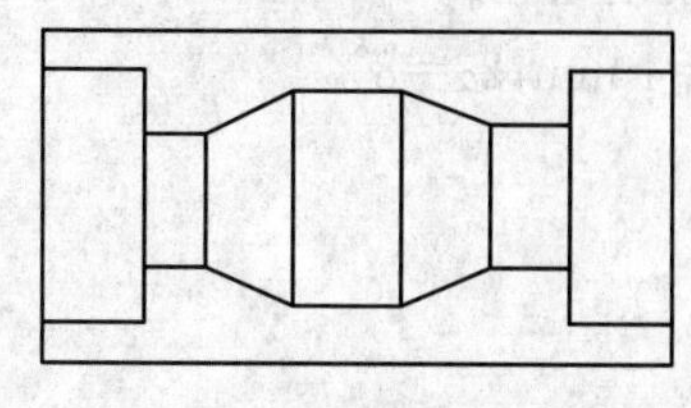

图 2

31. 解：已知孔 $d_1=\phi45^{+0.03}_{0}$，心轴 $d_{定}=\phi45^{-0.01}_{-0.02}$，$\Delta=0.02$。

将已知值代入定位基准位移误差公式

$$\Delta_{定位}=\frac{d_{I大}-d_{定小}}{2}=\frac{d_{Imax}-d_{定min}}{2}=\frac{45.03-44.98}{2}$$

$=0.025$ mm>0.02 mm(8 分)。故不能保证加工精度(2 分)。

32. 答：俯视图如图 3 所示(每少一条线扣 2 分，直到扣完为止)。

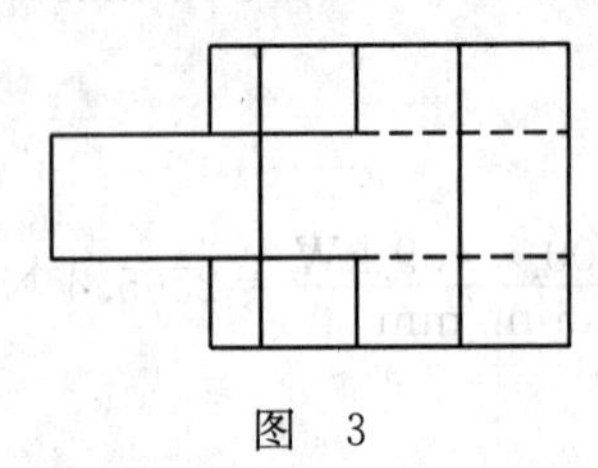

图 3

33. 解：已知 $d=40$ mm，$n=460$ r/min，$N_{电}=7$ kW，$S=0.3$ mm/r，$t=5$ mm。

$P_Z=2000S\cdot t=2000\times5\times0.3=3000$ N(4 分)

$$N_{切}=P_Z\cdot V\,10^{-3}=P_Z\,\frac{\pi dn}{1000\times60}\times10^{-3}$$

$$=\frac{3000\times3.14\times40\times460}{10^6\times60}$$

$=2.9$ kW(4 分)

$N_{电}=7$ kW$>N_{切}$(2 分)

答：切削力为 3000 N。切削功率为 2.9 kW，电机能带动，但机床效率没充分发挥。

34. 解：已知 $L=75$ mm，$\alpha=6°30'\pm30''$，$a=100$ mm。

$K=0.01/75=0.000133$，$S=11.32$ mm。

$\alpha_1=28.7°\times K=28.7°\times0.000133=0.0038°$(5 分)

$2\alpha_1=0.0038°\times2=0.0076°=27.36''$(5 分)

答：工件锥角为 27.36″，合格。

35. 解：已知孔径 $d=60^{+0.02}_{0}$ mm，轴径 $d_1=60^{-0.015}_{-0.035}$，$\Delta_{同轴}=0.05$ mm。

$$\Delta_{位移}=\frac{d_{max}-d_{1min}}{2}=\frac{60.02-59.965}{2}=0.0275\text{ mm(8 分)}$$

$0.0275<0.05$，能保证同轴度(2 分)。

答：定位误差为 0.0275，小于同轴度公差要求，能保证同轴度。

36. 解：已知 $d=30$ mm，$L=2000$ mm，$\Delta t=55°-20°=35°$，$\alpha=11.59\times10^{-6}$/℃。

$\Delta L=\alpha L\Delta t=11.59\times10^{-6}\times2000\times35℃=0.81$ mm(10 分)

答：该轴的热变形伸长量为 0.81 mm。

37. 解：已知 $d_0=30$ mm，$h=4$ mm，$2\alpha=8°$。

从图 11 可知

$D=2(X_1+X_2)$

$$X_1=\frac{\frac{d_0}{2}}{\cos\alpha}$$

$X_2=h\tan\alpha$　　代入 $\frac{d_0}{2\cos\alpha}$

$D=2(\frac{d_0}{2\cos\alpha}+h\tan\alpha)$

$=\frac{d_0}{\cos\alpha}+2h\tan\alpha$

$=\frac{30}{\cos4^\circ}+2\times4\frac{\sin4^\circ}{\cos4^\circ}$

$=\frac{30+8\sin4^\circ}{\cos4^\circ}$

$=\frac{30+8\times0.0698}{0.9976}$

$=30.6$ mm(10 分)

答:锥孔大端直径 $D=30.6$ mm。

38. 解:已知 $\alpha=55^\circ$,$B=50$,$d=10$ mm。

从图中几何关系可知

$b=B-[d+d\cot(\alpha/2)]$

$=B-d[1+\cot(\alpha/2)]$

$=50-10(1+\cot27^\circ30)$

$=50-10(1+1.92)$

$=20.8$ mm(10 分)

答:测量尺寸 b 为 20.8 mm。

39. 解:已知 $m_S=6$ mm,$n=2$,$d=80$ mm。

$P=\pi m_S=3.14\times6=18.84$ mm

$L=np=2\times18.84=37.68$ mm

$d_2=d-2m_S=80-2\times6=68$ mm

$\tan\tau=\frac{L}{\pi d_2}=\frac{37.68}{3.14\times68}=0.175$(3 分)

$\tau=10^\circ$(2 分)

蜗杆法向齿厚为:$S_n=\frac{P}{2\cos\tau}=\frac{18.84}{2\cos10^\circ}$

$=9.276$ mm(5 分)

答:蜗杆中径处法向齿厚为 9.276 mm。

40. 答:(1)刀片为独立的部分,使切削性能得到扩展和提高(2 分)。(2)刀片采用机械夹固方式,避免了焊接工艺的影响和限制,可根据加工对象选用不同的刀具材料,并充分发挥其切削性能,从而提高了切削效率(2 分)。(3)切削刃空间位置相对于刀柄固定不变,节省了换刀、磨刀、对刀等所需的辅助时间,提高了机床的利用率(2 分)。(4)机夹可转位车刀切削效率高,刀柄可重复使用,节约材料费用,因此综合经济性好(2 分)。(5)促进了刀具技术的进步(2 分)。

41. 答:车削曲轴最常用的方法是两顶尖车削(2 分),但由于两端主轴颈较小,一般不能直接在轴端钻偏心部分(及曲轴颈)中心孔,所以较大曲轴一般都在两端留工艺轴颈,或装上偏心夹板(2 分)。在工艺轴颈上(或偏心夹板上)钻出主轴颈和曲轴颈的中心孔(2 分)。车削各级主轴颈外圆时,用两顶尖顶住主轴颈的中心孔,车削各级曲轴颈外圆时,用两顶尖顶住曲轴颈的中心孔(2 分)。当大批量车削曲轴时,可采用专用曲轴夹具车削,对于偏心距较小的曲轴,可采用车偏心工件的方法车削(2 分)。

42. 解:圆柱度误差 $\Delta=200\times 0.05/1000=0.01$ mm(10 分)。

答:故车削后轴颈为一圆锥面。

43. 解:平面度误差

$\Delta=400/2\times 0.04/200=0.04$ mm(5 分)

答:车削加工后的端面呈内凹(2.5 分)或外凸的平面(2.5 分)。

44. 解:$e=3$ mm,$e_{测}=3.12$ mm

$e_e=e-e_{测}=3-3.12=-0.12$(2 分)

$k=1.5e_e=1.5\times(-0.12)=-0.18$(2 分)

$X=1.5e+k=1.5\times 3-0.18=4.32$ mm(6 分)

答:垫片厚度的正确值应为 4.32 mm。

45. 解:由于孔的深度 A_2 可以直接测量,而尺寸 $A_1=600-0.17$ mm,在前工序加工过程中获得该道工序通过直接尺寸 A_1 和 A_2 间接保证尺寸 A_0。则就是封闭环,画出尺寸链。孔深尺寸可以计算出来。如图 4 所示。

求基本尺寸:$16=60-A_2$,则 $A_2=44$ mm(2 分)

求下偏差:$0=0-B_x(A_2)$,则 $B_x(A_2)=0$(2 分)

求上偏差:$-0.35=-0.17-B_x(A_2)$,则 $B_x(A_2)=+0.18$ mm(2 分)

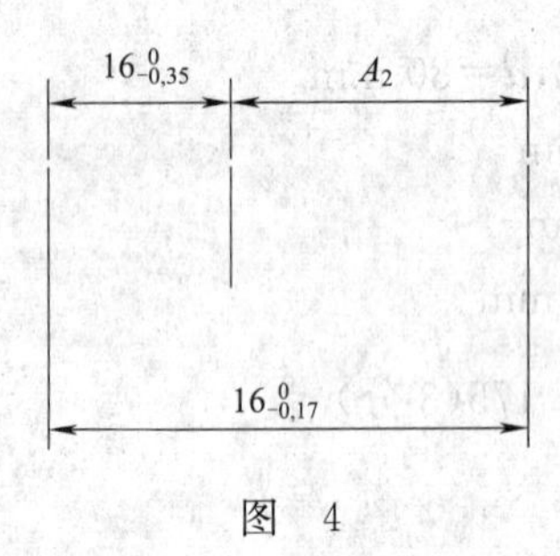

图 4

所以测量尺寸 $A_2=44+0.180$ mm(2 分)

答:由于基准不重合而进行尺寸换算,将带来两个问题:

(1)压缩公差(1 分);(2)假废品问题(1 分)。

46. 答:箱体孔系的加工精度,对机器的性能有很大的影响(1 分)。影响孔系加工精度的因素很多,如镗杆刚性(1 分)、导向精度(1 分)、机床精度(1 分)及操作方法、镗模精度(1 分)、工作变形(1 分)、刀具磨损等(1 分)。在各种不同的镗孔方式和工艺特征下,它们对孔系加工精度的影响也有所不同(1.5 分)。在分析孔系加工质量问题时,应和镗孔方式相互联系起来,具体情况分析,找出其中最主要的影响因素,对症解决问题(1.5 分)。

47. 答:一批工件在夹具中加工时,引起加工尺寸产生误差的主要原因有两类。

(1)由于定位基准本身的尺寸和几何形状误差以及定位基准与定位元件之间的间隙所引起的同批工件定位基准沿加工尺寸方向的最大位移,称为定位基准位移误差,以 Δy 表示(2 分)。

(2)由于工序基准与定位基准不重合所引起的同批工件尺寸相对工序基准产生的偏移,称为基准不重合误差,以 ΔB 表示(2 分)。

上述两类误差之和即为定位误差,可得计算公式

$\Delta p=\Delta y+\Delta B$(2 分)

产生定位误差的定位基准位移误差和基准不重合误差,在计算时,其各自又可能包括许多组成环(1 分)。例如 Δy 中除间隙外,还要考虑几何形状及夹具定位元件的位置误差(垂直度、重合度),也能形成对基准位移的影响(3 分)。计算中要学会全面分析。

48. 答:测量误差可分为随机误差、系统误差和粗大误差 3 类(1 分)。

(1)随机误差是在一定测量条件下多次测量同一量值时,其绝对值和符号(即正与负)以不可预定的方式变化着的误差。随机误差的特点是具有随机性。在大多数情况下随机误差是符合正态分布规律的(2 分)。

为了减小随机误差的影响,通常采取多次测量然后取算术平均值的方法(1 分)。

(2)系统误差是在测量过程中多次测量同一量值时,所产生的误差大小和符号固定不变或按一定规律变化的误差。系统误差的特点是误差恒定或遵循一定的规律变化(2 分)。

在实际测量过程中,测量者都应想方设法避免产生系统误差,如果难以避免,应设法加以消除或尽可能使其减小(1 分)。

(3)粗大误差是在测是过程中出现的超出规定条件的预期误差。粗大误差的特点是误差数值较大,测量结果明显不准(2 分)。

在测量过程中是不允许产生粗大误差的,若发现有粗大误差则应按图样尺寸要求报废(1 分)。

49. 答:曲轴的检验包括:检验内外部表面缺陷(1 分);主要表面的几何尺寸和相互坐标位置的正确性(1 分)。检验曲轴的主轴颈与连杆轴颈的位置是曲轴加工后主要检验工序之一(1 分)。一般生产中广泛采用千分表检验放在平台上的 V 形架中的连杆轴颈的角度位置方法,但效率较低(1 分)。

在批量生产中可采用如图 5 所示的测量专用夹具。

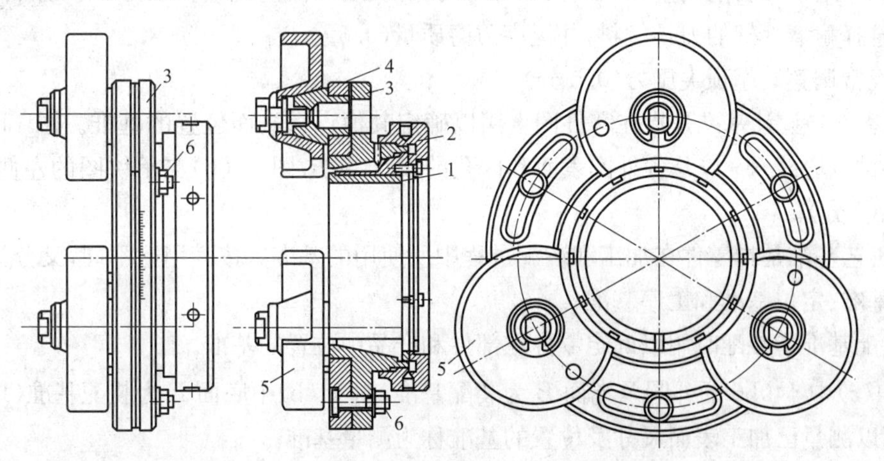

图 5 检验曲轴连杆颈角度位置时所用夹具

1—曲轴两端的主轴弹性夹紧套;2—夹紧螺母;3—夹具体;4—六拐 120°连杆轴颈角调整盘;5—六拐曲轴联杆轴颈定位滚轮;6—检验中调整后三个固定螺钉

检验方法如下：

(1)在曲轴两端的主轴轴颈上各装夹一件夹具，但必须注意两端的滚轮 5 大体上在同一中心位置。然后紧固夹紧螺母 2，使夹具固定在曲轴上(2 分)。

(2)在平面上应用带座千分表，调整三个滚轮中任意一滚轮的轴线与曲轴中任一连杆轴颈轴线相重合(2 分)。

(3)因 120°角度的另外两个轴颈角度位置的精确度在夹具上已得到保证。当调整好一个连杆轴颈后，就可顺序地检验另外两个滚轮并对应检验另外两个轴颈。这样很方便地测定出各连杆轴颈之间的角度是否符合设计工艺要求(2 分)。

简化示意见图 5。

50. 答：造成螺纹螺距积累误差超差的原因有如下几个方面：

(1)机床导轨对工件轴线平行度超差或导轨的直线度超差(1 分)。

(2)工件轴线对机床丝杠轴线的平行度超差(1.5 分)。

(3)丝杠副磨损超差(0.5 分)。

(4)环境温度变化太大(0.5 分)。

(5)切削热、摩擦热使工件伸长，测量时缩短(0.5 分)。

(6)刀具磨损太严重(0.5 分)。

(7)顶尖顶力太大，使工件变形(0.5 分)。

解决的办法：

(1)调整尾座使工件轴线和导轨平行或研刮机床导轨，使机床导轨直线度合格(1.5 分)。

(2)调整丝杠或机床尾座，使工件和丝杠平行(1 分)。

(3)更换新的丝杠副(0.5 分)。

(4)对工作地温度要保持在规定范围内(0.5 分)。

(5)合理地选择切削用量和切削液。加工时，加大切削液的流量和压力(0.5 分)。

(6)选择耐磨性好的刀具材料，并提高刃磨质量(0.5 分)。

(7)经常调整尾座顶尖压力(0.5 分)。

51. 答：(1)设计基准是指在零件图上用以确定其他点、线、面位置的基准。图 14(a)所示轴套零件的轴心线 $O—O$ 是各外圆表面和内孔的设计基准；图 14(b)支承块图的左侧面 A 为设计基准(2 分)。

(2)工艺基准是指零件在加工和装配过程中所使用的基准。按其用途不同，又分为装配基准、测量基准、定位基准和工序基准(2 分)。

1)装配基准指装配时用以确定零件在部件和产品中位置的基准。

图 14(a)中 ϕ40h6 的外圆及端面 B 为装配基准，图 14(b)中底面 F 为装配基准(1.5 分)。

2)用以测量已加工表面尺寸及位置的基准称为测量基准。

图 14(a)中，在检验心轴上检验外圆的径向圆跳动和端面 B 的端面圆跳动时，内孔口为测量基准。图 14(b)，检验孔 B 对面 F 的垂直度和面 C 对面 F 的平行度时，面 F 是测量基准；检验面 B 对面 D 的平行度时，面 A 是测量基准(1.5 分)。

3)加工时，使工件在机床或夹具中占据正确位置所用的基准，称为定位基准。

图 14(a)中零件套在心轴上磨削 ϕ40h6 外圆表面时，内孔口即为定位基准。图 14(b)中用底面 F 和左侧面 A 与夹具中的定位元件相接触，夹紧后磨削 B、C 表面以保证相应的平行度要求，此时底面 F 和左侧面即为定位基准(1.5 分)。

4)工序基准指在工序图上用来确定本工序被加工表面加工后的尺寸、形状和位置精度的基准。图 14(a)中，零件套在心轴上磨削外圆的工序中，内孔口是工序基准。图 14(b)中，在加工表面 C 时，平面 F 是工序基准(1.5 分)。

52. 解：首先将尺寸标注在图 6 中，其中同轴度标为 $e=\pm0.01$ mm，大圆柱半径为 $R=20_{-0.0125}^{\ 0}$ mm。定位基准为 d_1 轴、中心线 O_1，工序基准是 d_2 外圆的下母线。因 d_1、d_2 同轴度及 d_2 的公差影响，构成了定位基准不重合误差 $\Delta_B=e+8R=0.2+0.0125=0.0325$ mm (3 分)

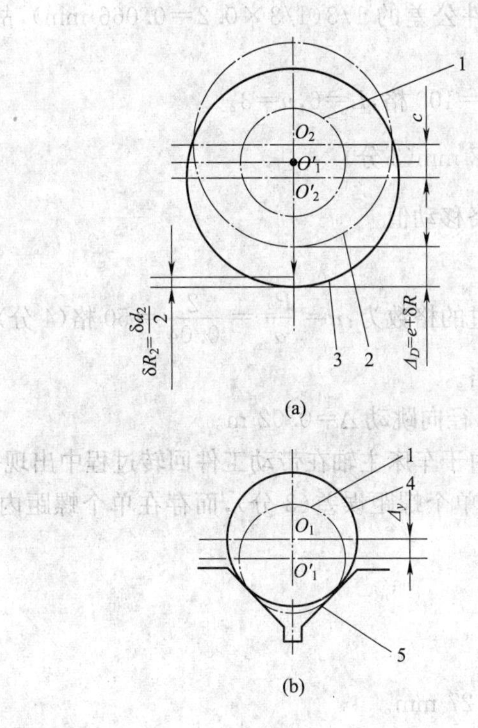

图 6

定位基准位移误差

$$\Delta_y=\frac{\delta d_1}{2\sin\frac{\alpha}{2}}$$

因采用的是 90°V 形架，故：

$$\Delta_y=\frac{0.021}{2\times\sin 45^{\circ}}=\frac{0.021}{1.4142}=0.0148\ \text{mm}(2\ 分)$$

铣键槽定位误差 $\Delta_D=\Delta_B+\Delta_y=0.0325+0.0148=0.0473$(3 分)

答：定位误差值小于工件公差的 1/3(0.17/3＝0.056 mm)，故此定位方案是可行的(2 分)。

53. 解：工件以孔作为工序定位基准与设计基准重合(因前工序加工内、外圆与端面是一次装夹下完成的，保证了内孔中心与活塞中心重合)。所以基准不重合误差 $\Delta_B=0$ mm(2分)。

因孔径为 $\phi 60H6$(查公差表)$=\phi 60^{+0.019}_{0}$ mm，定位销直径为如 $\phi 60g6$(查公差表)$=\phi 60^{-0.010}_{-0.029}$ mm，所以定位中有间隙存在，可形成定位基准位移误差 $\Delta_{y1}=D_{max}-d_{min}=60.019-(60-0.029)=0.048$ mm(2分)。

此外经检测定位销中心对角铁夹具体回转中心偏移 0.005 mm，也是造成定位基准位移因素之一，即 $\Delta_{y2}=0.005$ mm(2分)。

全部定位基准位移 $\Delta_y=\Delta_{y1}+\Delta_{y2}=0.053$ mm(1分)

总的定位误差 $\Delta_D=\Delta_B+\Delta_y=0+0.053=0.053$ mm(1分)

计算所得定位误差接近工件公差的 1/3($1/3\times0.2=0.066$ mm)，故此方案是可取的(2分)。

54. 解：已知 $p_1=4$ mm，$n_1=100$ 格，$L=6$，$n=3$。

工件螺距 $P_2=\dfrac{L}{n}=\dfrac{6}{3}=2$ mm(3分)

小车刀架上刻度盘刻度每格移动值

$\alpha=4/100=0.04$ mm(3分)

分头时小刀架上刻度盘转过的格数为：$n=\dfrac{P_2}{a}=\dfrac{2}{0.04}=50$ 格(4分)

答：小刀架刻度盘应转 50 格。

55. 解：已知牙型角 $\alpha=30°$，径向跳动 $\Delta=0.02$ m。

在加工 $\alpha=30°$梯形螺纹时由于车床主轴在带动工件回转过程中出现一次径向跳动和轴向窜动，故车削加工后的螺纹没有单个螺距误差(3分)，而存在单个螺距内的螺纹误差，其可能产生的最大值为：

$$\Delta P=\frac{0.02+0.02\times\tan 15°}{2}$$
$$=0.0127\text{ mm(7分)}$$

答：最大螺旋线误差是 0.0127 mm。

56. 解：已知 $M_{属}=5000\sim5500$kg/cm²，$S=64$ kg/cm²。

由公式 $C_P=\dfrac{T}{6S}=\dfrac{\Delta M}{6S}=\dfrac{5500-5000}{6\times 64}=1.302$(10分)

答：工序能力指数 C_P 为 1.302。

57. 解：已知 $d_I=40$ mm，$P=3$，$v_X=200$ m/min。

$D_{刀}=(1.4\sim1.6)d_I=1.5\times40=60$ mm

$n_{刀}=\dfrac{1000\ v}{\pi D_{刀}}=\dfrac{1000\times200}{3.14\times60}=1060$ r/min(5分)

双刀，$Z=2S_0:0.6$

$n_I=\dfrac{S_0 n_{刀}\cdot Z}{\pi d_I}=\dfrac{0.6\times1060\times2}{3.14\times40}=10$ r/min(5分)

答：刀盘转速为 1060 r/min，工件转速为 10 r/min。

58. 解:已知 $n_1=1, Z_1=36, Z_2=40, Z_3=20, Z_4=72, Z_5=30, Z_6=30, Z_7=2, Z_8=60, Z_9=20, Z_{10}=40, Z_{11}=13, m=2$。

$$L=n_1 \cdot \frac{Z_1 \cdot Z_3 \cdot Z_5 \cdot Z_7 \cdot Z_9 \cdot Z_{11}}{Z_2 \cdot Z_4 \cdot Z_6 \cdot Z_8 \cdot Z_{10}}$$

$=0.34$ mm(7 分)

答:齿条移动距离为 0.34 mm,移动方向向右(3 分)。

车工(初级工)技能操作考核框架

一、框架说明

1. 依据《国家职业标准》[注]，以及中国北车确定的“岗位个性服从于职业共性”的原则，提出车工(初级工)技能操作考核框架(以下简称:技能考核框架)。

2. 本职业等级技能操作考核评分采用百分制。即:满分为 100 分，60 分为及格，低于 60 分为不及格。

3. 实施“技能考核框架”时，考核制件(活动)命题可以选用本企业的加工件(活动项目)，也可以结合实际另外组织命题。

4. 实施“技能考核框架”时，考核的时间和场地条件等应依据《国家职业标准》，并结合企业实际确定。

5. 实施“技能考核框架”时，其“职业功能”的分类按以下要求确定:

(1)“轴类零件加工”、“套类零件加工”、“螺纹加工”、“圆锥面加工”、“成形曲面加工”属于本职业等级技能操作的核心职业活动，其“项目代码”为“E”。

(2)“工艺准备”、“精度检验及误差分析”属于本职业等级技能操作的辅助性活动，其“项目代码”分别为“D”和“F”。

6. 实施“技能考核框架”时，其“鉴定项目”和“选考数量”按以下要求确定:

(1)按照《国家职业标准》有关技能操作鉴定比重的要求，本职业等级技能操作考核制件的“鉴定项目”应按“D”+“E”+“F”组合，其考核配分比例相应为:“D”占 20 分，“E”占 70 分，“F”占 10 分。

(2)依据中国北车确定的“核心职业活动选取 2/3，并向上取整”的规定，在“E”类鉴定项目——“轴类零件加工”、“套类零件加工”、“螺纹加工”、“圆锥面加工”、“成形曲面加工”的全部 5 项中，至少选取 4 项。

(3)依据中国北车确定的“其余‘鉴定项目’的数量可以任选”的规定，“D”和“F”类鉴定项目——“工艺准备”、“精度检验及误差分析”中，至少分别选取 1 项。

(4)依据中国北车确定的“确定‘选考数量’时，所涉及‘鉴定要素’的数量占比，应不低于对应‘鉴定项目’范围内‘鉴定要素’总数的 60%，并向上取整”的规定，考核制件的鉴定要素“选考数量”应按以下要求确定:

①在“D”类“鉴定项目”中，在已选定的 1 个或全部鉴定项目中，至少选取已选鉴定项目所对应的全部鉴定要素的 60%项，并向上保留整数。

②在“E”类“鉴定项目”中，在已选的 4 个鉴定项目所包含的全部鉴定要素中，至少选取总数的 60%项，并向上保留整数。

③在“F”类“鉴定项目”中，对应“精度检验及误差分析”的 10 个鉴定要素，至少选取 6 项，即鉴定要素的 60%项，并向上保留整数。

举例分析：

按照上述“第 6 条”要求，若命题时按最少数量选取，即：在“D”类鉴定项目中选取了“读图与绘图”1 项，在“E”类鉴定项目中选取了“轴类零件加工”、“螺纹加工”、“圆锥面加工”和“成形曲面加工”4 项，在“F”类鉴定项目中选取了“精度检验及误差分析”1 项，则：

此考核制件所涉及的“鉴定项目”总数为 6 项，具体包括：“读图与绘图”、“ 轴类零件加工”、“ 螺纹加工”、“ 圆锥面加工”、“ 成形曲面加工”和“精度检验及误差分析”；

此考核制件所涉及的鉴定要素“选考数量”相应为 20 项，具体包括：“读图与绘图”1 个鉴定项目包含的全部 1 个鉴定要素中的 1 项，“ 轴类零件加工”、“ 螺纹加工”、“ 圆锥面加工”、“ 成形曲面加工”4 个鉴定项目包括的全部 21 个鉴定要素中的 13 项，“精度检验及误差分析”鉴定项目包含的全部 10 个鉴定要素中的 6 项。

7. 本职业等级技能操作需要两人及以上共同作业的，可由鉴定组织机构根据“必要、辅助”的原则，结合实际情况确定协助人员的数量。在整个操作过程中，协助人员只能起必要、简单的辅助作用。否则，每违反一次，至少扣减应考者的技能考核总成绩 10 分，直至取消其考试资格。

8. 实施“技能考核框架”时，应同时对应考者在质量、安全、工艺纪律、文明生产等方面行为进行考核。对于在技能操作考核过程中出现的违章作业现象，每违反一项(次)至少扣减技能考核总成绩 10 分，直至取消其考试资格。

注：按照中国北车规定，各《职业技能操作考核框架》的编制依据现行的《国家职业标准》或现行的《行业职业标准》或现行的《中国北车职业标准》的顺序执行。

二、车工(初级工)技能操作鉴定要素细目表

职业功能	鉴定项目				鉴定要素		
	项目代码	名　称	鉴定比重(%)	选考方式	要素代码	名　称	重要程度
一、工艺准备	D	(一)读图与绘图	20	任选	001	能读懂轴、套和圆锥、螺纹及圆弧等简单零件图	X
		(二)制定加工工艺			001	能读懂轴、套和圆锥、螺纹及圆弧等简单零件的机械加工工艺过程	X
					002	能制定简单零件的车削加工顺序(工步)	X
					003	能合理选择切削用量	X
					004	能合理选择切削液	X
		(三)工件定位与夹紧			001	能使用车床通用夹具将工件正确定位与夹紧	X
					002	能使用车床组合夹具将工件定位与夹紧	Y
		(四)刀具准备			001	能合理选用车床常用刀具	X
					002	能刃磨普通车刀	X
					003	能刃磨标准麻花钻头	X
		(五)普通卧式车床的使用、维护与保养			001	能操作机床的各部手轮及手柄，变换主轴转速、螺距及进给量	X
					002	能对车床各部润滑点进行润滑	Y
					003	能对卡盘、床鞍、中小滑板、方刀架、尾座等进行调整	Z
					004	能看懂机床润滑图表	Y

续上表

职业功能	鉴定项目				鉴定要素		
	项目代码	名 称	鉴定比重(%)	选考方式	要素代码	名 称	重要程度
二、工件加工	E	(一)轴类零件加工	70	至少选择4项	001	能制定短光轴、3～4个台阶的普通轴类)零件的加工步骤,并进行加工	X
					002	轴径公差等级:IT8的保证	X
					003	同轴度公差:0.05mm的保证	X
					004	表面结构MRR $Ra3.2\mu m$的保证	X
					005	能进行滚花加工及抛光加工	Y
		(二)套类零件加工			001	能制定套类、法兰盘类、轮类零件的车削加工顺序,并进行加工	X
					002	能在车床上进行钻孔、扩孔、铰孔	X
					003	能对内孔1～3个台阶的套类零件进行加工	X
					004	轴径公差等级:IT7的保证	X
					005	孔径公差等级:IT8的保证	X
					006	表面结构MRR $Ra3.2\mu m$的保证	X
					007	圆柱度公差等级:8～9级的保证	X
		(三)螺纹加工			001	能根据工件螺距标注值,按照进给箱铭牌调整变换手柄位置	X
					002	能低速或高速车削普通螺纹、英制螺纹及管螺纹	X
					003	能用丝锥、板牙攻、套螺纹	Y
					004	能进行公、英制螺纹基本牙型、尺寸计算及公差表的查阅	X
					005	普通螺纹精度:7～8级的保证	X
					006	表面结构MRR $Ra3.2\mu m$的保证	X
		(四)圆锥面加工			001	能按图样计算所需角度	X
					002	能用转动小滑板法、用宽刃刀法、偏移尾座法或靠模车削内外圆锥面	X
					003	标准圆锥用涂色法检验圆锥面时,接触面≥65%	X
					004	圆锥角公差等级:AT9的保证	X
					005	表面结构MRR $Ra3.2\mu m$的保证	X
					006	圆锥面对测量基准的跳动公差:IT9的保证	X
		(五)成形曲面加工			001	能用双手控制法、成形刀法或靠模法加工简单成形曲面	X
					002	能用锉刀、砂布对成形曲面进行修整、抛光	X
					003	外径公差等级:IT9的保证	X
					004	表面结构MRR $Ra3.2\mu m$的保证	X
三、精度检验及误差分析	F	精度检验及误差分析	10	必选	001	能使用游标卡尺测量直径及长度	X
					002	能使用千分尺测量直径及长度	X
					003	能使用内径百分表测量直径	X

续上表

职业功能	鉴定项目				鉴定要素		
	项目代码	名　　称	鉴定比重(%)	选考方式	要素代码	名　　称	重要程度
三、精度检验及误差分析	F	精度检验及误差分析	10	必选	004	能使用深度尺测量长度	X
					005	能用角度样板、万能角度尺测量锥度	X
					006	能用涂色法检验锥度	X
					007	能用曲线样板或普通量具检验成形面	X
					008	能用螺纹千分尺测量三角螺纹的中径	X
					009	能用三针测量普通螺纹中径	X
					010	能用螺纹环规及塞规对螺纹进行综合检验	X

注:重要程度中X表示核心要素,Y表示一般要素,Z表示辅助要素。下同。

车工(初级工)技能操作考核样题与分析

职业名称：____________________

考核等级：____________________

存档编号：____________________

考核站名称：____________________

鉴定责任人：____________________

命题责任人：____________________

主管负责人：____________________

中国北车股份有限公司劳动工资部制

职业技能鉴定技能操作考核制件图示或内容

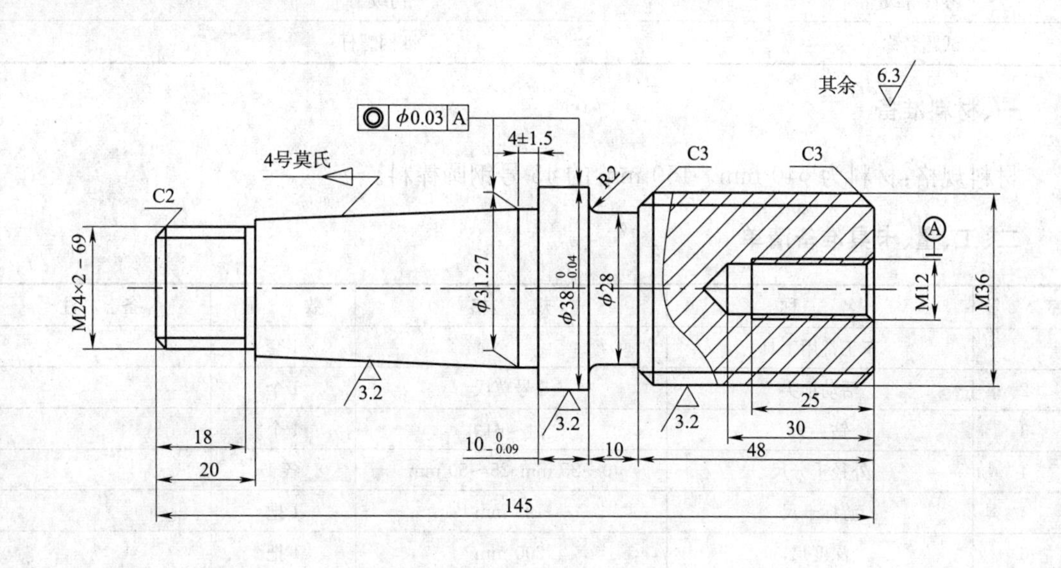

技术要求

1. 4 号莫氏锥度用涂色法检验,接触面不少于 65%。
2. 锐边倒钝为 C0.5。
3. 未注公差按 IT12 加工。

职业名称	车工
考核等级	初级工
试题名称	锥柄螺杆
材质等信息	45 钢

职业技能鉴定技能操作考核准备单

职业名称	车工
考核等级	初级工
试题名称	锥柄螺杆

一、材料准备

材料规格：材料为 ϕ40 mm×150 mm 的 45 号钢圆棒料。

二、工、量、卡具准备清单

序　号	名　称	规　格	数　量	备　注
1	车工常用工具		1 套	
2	活动顶尖	5 号莫氏	1 个	
3	钻夹头	ϕ1～ϕ13	1 个	
4	外径千分尺	0～25 mm、25～50 mm	各 1	
5	游标卡尺	125 mm	1 把	
6	深度尺	200 mm	1 把	
7	万能角度尺	0～320°	1 把	
8	百分表及表架	0～10 mm	1 套	
9	钢板尺	150 mm	1 把	
10	莫氏量规	环规、4 号	1 套	
11	中心钻	A2.5	1 个	
12	凸圆弧刀	R2	1 把	
13	外螺纹车刀	M36、M24×2-6g 粗、精车	各 1 把	
14	螺纹环规	M36、M24×2 或螺纹千分尺	各 1 套	
15	外圆切槽刀	3～4 mm	1 把	
16	红丹粉		适量	自备

三、考场准备

1. 相应的公用设备、设备与器具的润滑与冷却等。
(1)CA6140 车床(沈阳)；
(2)砂轮机；
(3)乳化液。
2. 相应的场地及安全防范措施。
3. 其他准备。

四、考核内容及要求

1. 考核内容：按考核制件图示及要求制作。
2. 考核时限：210 分钟。
3. 考核评分(表)：按技能考核制件(内容)分析表中的配分与评分标准执行。

职业名称	车工	考核等级	初级工		
试题名称	锥柄螺杆	考核时限	210分钟		
鉴定项目	考核内容	配分	评分标准	扣分说明	得分
制定加工工艺	正确制定零件加工步骤	10	错误不得分		
	合理选择切削用量	7	错误不得分		
	合理选取切削液	3	错误不得分		
轴类零件加工	轴径公差等级为IT8	6	超差不得分		
	同轴度公差为0.05 mm	6	超差不得分		
	表面结构为MRR $Ra3.2\ \mu m$	4	超差不得分		
螺纹加工	满足车削普通螺纹、英制螺纹及管螺纹的数值	6	超差不得分		
	能用丝锥、板牙攻、套螺纹	6	超差不得分		
	普通螺纹精度:7～8级的保证	6	超差不得分		
	表面结构为MRR $Ra3.2\ \mu m$	4	超差不得分		
成形曲面加工	能用双手控制法、成形刀法或靠模法加工简单成形曲面	3	不会使用不得分		
	外径公差等级:IT9的保证	3	超差不得分		
	表面结构MRR $Ra3.2\ \mu m$的保证	5	超差不得分		
圆锥面加工	能用转动小滑板法、用宽刃刀法、偏移尾座法或靠模车削内外圆锥面	5	未达到尺寸要求不得分		
	涂色检验接触面不小于65%	8	未达到要求不得分		
	表面结构为MRR $Ra3.2\mu m$	4	超差不得分		
	同轴度达到$\phi0.03$	4	超差不得分		
精度检验及误差分析	能使用游标卡尺测量直径及长度	3	超差不得分		
	能使用千分尺测量直径及长度	1	超差不得分		
	能使用深度尺测量长度	0.5	超差不得分		
	能用涂色法检验锥度	3	超差不得分		
	能用曲线样板或普通量具检验成形面	0.5	超差不得分		
	能用螺纹环规及塞规对螺纹进行综合检验	2	未达到要求不得分		
综合考核项目	考核时限		每超时5分钟,扣10分		
	工艺纪律		依据企业有关工艺纪律管理规定执行,每违反一次扣10分		
	劳动保护		依据企业有关劳动保护管理规定执行,每违反一次扣10分		
	文明生产		依据企业有关文明生产管理规定执行,每违反一次扣10分		
	安全生产		依据企业有关安全生产管理规定执行,每违反一次扣10分		

职业技能鉴定技能考核制件(内容)分析

职业名称	车工
考核等级	初级工
试题名称	锥柄螺杆
职业标准依据	车工国家职业标准

试题中鉴定项目及鉴定要素的分析与确定

分析事项 \ 鉴定项目分类	基本技能“D”	专业技能“E”	相关技能“F”	合计	数量与占比说明
鉴定项目总数	5	5	1	11	
选取的鉴定项目数量	1	4	1	6	核心职业活动鉴定项目选取满足不低于2/3的原则,选取的鉴定要素数量占比满足60%的原则
选取的鉴定项目数量占比	20%	80%	100%	54%	
对应选取鉴定项目所包含的鉴定要素总数	4	21	10	35	
选取的鉴定要素数量	3	14	6	23	
选取的鉴定要素数量占比	75%	67%	60%	65%	

所选取鉴定项目及鉴定要素分解与说明

鉴定项目类别	鉴定项目名称	国家职业标准规定比重(%)	鉴定要素名称	要素分解	配分	评分标准	考核难点说明
“D”	制定加工工艺	20	能制定简单零件的车削加工顺序	正确制定零件加工步骤	10	错误不得分	
			能合理选择切削用量	合理选择切削用量	7	错误不得分	
			能合理选择切削液	合理选取切削液	3	错误不得分	
“E”	轴类零件加工	70	轴径公差等级:IT8的保证	轴径公差等级为IT8	6	超差不得分	
			同轴度公差:0.05 mm的保证	同轴度公差为0.0 5mm	6	超差不得分	
			表面结构 MRR *R*a3.2 μm的保证	表面结构为 MRR *R*a3.2 μm	4	超差不得分	
	螺纹加工		能低速或高速车削普通螺纹、英制螺纹及管螺纹	满足车削普通螺纹、英制螺纹及管螺纹的数值	6	超差不得分	
			能用丝锥、板牙攻、套螺纹	能用丝锥、板牙攻、套螺纹	6	超差不得分	
			普通螺纹精度:7～8级的保证	普通螺纹精度:7～8级的保证	6	超差不得分	
			表面结构 MRR *R*a3.2 μm的保证	表面结构为 MRR *R*a3.2 μm	4	超差不得分	
	成形曲面加工		能用双手控制法、成形刀法或靠模法加工简单成形曲面	能用双手控制法、成形刀法或靠模法加工简单成形曲面	3	不会使用不得分	
			外径公差等级:IT9的保证	外径公差等级:IT9的保证	3	超差不得分	

续上表

鉴定项目类别	鉴定项目名称	国家职业标准规定比重(%)	鉴定要素名称	要素分解	配分	评分标准	考核难点说明
"E"	成形曲面加工	70	表面结构 MRR $Ra3.2\ \mu m$ 的保证	表面结构 MRR $Ra3.2\ \mu m$ 的保证	5	超差不得分	
	圆锥面加工		能用转动小滑板法、用宽刃刀法、偏移尾座法或靠模车削内外圆锥面	能用转动小滑板法、用宽刃刀法、偏移尾座法或靠模车削内外圆锥面	5	未达到尺寸要求不得分	
			标准圆锥用涂色法检验圆锥面时,接触面≥65%	涂色检验接触面不小于65%	8	未达到要求不得分	
			表面结构 MRR $Ra3.2\ \mu m$ 的保证	表面结构为 MRR $Ra3.2\ \mu m$	4	超差不得分	
			圆锥面对测量基准的跳动公差:IT9 的保证	同轴度达到 $\phi 0.03$	4	超差不得分	
"F"	精度检验及误差分析	10	能使用游标卡尺测量直径及长度	能使用游标卡尺测量直径及长度	3	超差不得分	
			能使用千分尺测量直径及长度	能使用千分尺测量直径及长度	1	超差不得分	
			能使用深度尺测量长度	能使用深度尺测量长度	0.5	超差不得分	
			能用涂色法检验锥度	能用涂色法检验锥度	3	超差不得分	
			能用曲线样板或普通量具检验成形面	能用曲线样板或量具检验成形面	0.5	超差不得分	
			能用螺纹环规及塞规对螺纹进行综合检验	能用螺纹环规及塞规对螺纹进行综合检验	2	未达到要求不得分	
质量、安全、工艺纪律、文明生产等综合考核项目				考核时限	不限	每超时10分钟,扣5分	
				工艺纪律	不限	依据企业有关工艺纪律管理规定执行,每违反一次扣10分	
				劳动保护	不限	依据企业有关劳动保护管理规定执行,每违反一次扣10分	
				文明生产	不限	依据企业有关文明生产管理规定执行,每违反一次扣10分	
				安全生产	不限	依据企业有关安全生产管理规定执行,每违反一次扣10分	

车工(中级工)技能操作考核框架

一、框架说明

1. 依据《国家职业标准》注,以及中国北车确定的“岗位个性服从于职业共性”的原则,提出车工(中级工)技能操作考核框架(以下简称:技能考核框架)。

2. 本职业等级技能操作考核评分采用百分制。即:满分为 100 分,60 分为及格,低于 60 分为不及格。

3. 实施“技能考核框架”时,考核制件(活动)命题可以选用本企业的加工件(活动项目),也可以结合实际另外组织命题。

4. 实施“技能考核框架”时,考核的时间和场地条件等应依据《国家职业标准》,并结合企业实际确定。

5. 实施“技能考核框架”时,其“职业功能”的分类按以下要求确定:

(1)“轴类零件加工”、“套类零件加工”、“螺纹及蜗杆加工”、“偏心件及曲轴加工”、“大型回转表面加工”属于本职业等级技能操作的核心职业活动,其“项目代码”为“E”。

(2)“工艺准备”、“精度检验及误差分析”属于本职业等级技能操作的辅助性活动,其“项目代码”分别为“D”和“F”。

6. 实施“技能考核框架”时,其“鉴定项目”和“选考数量”按以下要求确定:

(1)按照《国家职业标准》有关技能操作鉴定比重的要求,本职业等级技能操作考核制件的“鉴定项目”应按“D”+“E”+“F”组合,其考核配分比例相应为:“D”占 20 分,“E”占 70 分,“F”占 10 分。

(2)依据中国北车确定的“核心职业活动选取 2/3,并向上取整”的规定,在“E”类鉴定项目——“轴类零件加工”、“套类零件加工”、“螺纹及蜗杆加工”、“偏心件及曲轴加工”、“大型回转表面加工”的全部 5 项中,至少选取 4 项。

(3)依据中国北车确定的“其余‘鉴定项目’的数量可以任选”的规定,“D”和“F”类鉴定项目——“工艺准备”、“精度检验及误差分析”中至少分别选取 1 项。

(4)依据中国北车确定的“确定‘选考数量’时,所涉及‘鉴定要素’的数量占比,应不低于对应‘鉴定项目’范围内‘鉴定要素’总数的 60%,并向上取整”的 规定,考核制件的鉴定要素“选考数量”应按以下要求确定:

①在“D”类“鉴定项目”中,在已选定的 1 个或全部鉴定项目中,至少选取已选鉴定项目所对应的全部鉴定要素的 60%项,并向上保留整数。

②在“E”类“鉴定项目”中,在已选的 4 个鉴定项目所包含的全部鉴定要素中,至少选取总数的 60%项,并向上保留整数。

③在“F”类“鉴定项目”中,在已选定的 1 个或全部鉴定项目中,至少选取已选鉴定项目所对应的全部鉴定要素的 60%项,并向上保留整数。

举例分析：

按照上述“第 6 条”要求，若命题时按最少数量选取，即：在“D”类鉴定项目中选取了“读图与绘图”1 项，在“E”类鉴定项目中选取了“轴类零件加工”、“套类零件加工”、“螺纹及蜗杆加工”和“大型回转表面加工”4 项，在“F”类鉴定项目中选取了“螺纹精度检验”1 项，则：

此考核制件所涉及的“鉴定项目”总数为 6 项，具体包括：“读图与绘图”、“轴类零件加工”、“套类零件加工”、“螺纹及蜗杆加工”、“大型回转表面加工”和“螺纹精度检验”；

此考核制件所涉及的鉴定要素“选考数量”相应为 20 项，具体包括：“读图与绘图”、1 个鉴定项目包含的全部 2 个鉴定要素中的 2 项，“轴类零件加工”、“套类零件加工”、“螺纹及蜗杆加工”、“大型回转表面加工”4 个鉴定项目包括的全部 28 个鉴定要素中的 17 项，“螺纹精度检验”鉴定项目包含的全部 5 个鉴定要素中的 3 项。

7. 本职业等级技能操作需要两人及以上共同作业的，可由鉴定组织机构根据“必要、辅助”的原则，结合实际情况确定协助人员的数量。在整个操作过程中，协助人员只能起必要、简单的辅助作用。否则，每违反一次，至少扣减应考者的技能考核总成绩 10 分，直至取消其考试资格。

8. 实施“技能考核框架”时，应同时对应考者在质量、安全、工艺纪律、文明行产等方面行为进行考核。对于在技能操作考核过程中出现的违章作业现象，每违反一项(次)至少扣减技能考核总成绩 10 分，直至取消其考试资格。

注：按照中国北车规定，各《职业技能操作考核框架》的编制依据现行的《国家职业标准》或现行的《行业职业标准》或现行的《中国北车职业标准》的顺序执行。

二、车工(中级工)技能操作鉴定要素细目表

职业功能	鉴定项目				鉴定要素		
	项目代码	名　称	鉴定比重(%)	选考方式	要素代码	名　称	重要程度
一、工艺准备	D	(一)读图与绘图	20	任选	001	能读懂主轴、蜗杆、丝杠、偏心轴、两拐曲轴、齿轮等中等复杂程度的零件工作图	Y
					002	能绘制轴、套、螺钉、圆锥体等简单零件的工作图	Y
		(二)制定加工工艺			001	能读懂蜗杆、双线螺纹、偏心件、两拐曲轴、薄壁工件、细长轴、深孔件及大型回转体工件等较复杂零件的加工工艺	X
					002	能制定使用四爪单动卡盘装夹的较复杂零件、双线螺纹、偏心件、两拐曲轴、细长轴、薄壁件、深孔件及大型回转体零件等的加工顺序	X
		(三)工件定位与夹紧			001	能正确装夹薄壁、细长、偏心类工件	X
					002	能合理使用四爪单动卡盘、花盘及弯板装夹外形较复杂的简单箱体工件	X
		(四)刀具准备			001	能根据工件材料、加工精度和工作效率的要求，正确选择刀具的型式、材料及几何参数	X
					002	能刃磨梯形螺纹车刀、圆弧车刀等较复杂的车削刀具	X

续上表

职业功能	鉴定项目				鉴定要素		
	项目代码	名　称	鉴定比重（%）	选考方式	要素代码	名　称	重要程度
一、工艺准备	D	（五）车床设备维护、保养与调整	20	任选	001	能对床鞍前后导轨压板及防尘垫、中小滑板、转盘、尾座等进行拆装、清洗、调整和保养	Z
					002	能诊断本车床一般小故障，并加以排除	X
					003	能进行一级保养，能合理使用所需的工具	X
					004	能调整摩擦离合器的间隙	X
					005	能在螺距不均时，对开合螺母机构进行调整	Y
					006	能调整齿轮啮合时的间隙	Y
二、工件加工	E	（一）轴类零件加工	70	至少选择4项	001	能加工带锥度的多台阶轴类（齿轮轴、花键轴等）零件	X
					002	能车削长径比：$L/D \geqslant 25$ 的细长轴	X
					003	能使用中心架、跟刀架，并对支承爪进行修整	X
					004	尺寸公差等级：IT9 的保证	X
					005	圆度公差等级：9 级的保证	X
					006	直线度公差等级：IT9～IT12 级的保证	X
					007	表面结构 MRR $Ra3.2\mu m$ 的保证	X
					008	未注尺寸公差等级：中等 m 级的保证	X
		（二）套类零件加工			001	能用通用夹具，配合以相应的措施装夹工件，以减小变形，保证精度	Y
					002	能车削薄壁套	X
					003	轴径公差等级：IT8 的保证	X
					004	孔径公差等级：IT9 的保证	X
					005	圆柱度公差等级：9 级的保证	X
		（三）螺纹及蜗杆加工			001	能低速精车普通螺纹（M）	X
					002	能车削单线或双线梯形螺纹	X
					003	能车削矩形螺纹、锯齿形螺纹等	X
					004	普通螺纹公差等级：6 级的保证	X
					005	梯形螺纹公差等级：8 级的保证	X
					006	表面结构 MRR $Ra1.6$ 的保证	X
					007	牙形半角误差：$\pm 20'$ 的保证	X
		（四）偏心件及曲轴加工			001	能车削两个偏心的偏心件	X
					002	能车削两拐曲轴	X
					003	能车削非整圆孔工件	X
					004	偏心距公差等级：IT9 的保证	X
					005	轴颈公差等级：IT6 的保证	X
					006	孔径公差等级：IT7 的保证	X
					007	孔距公差等级：IT8 的保证	X

续上表

职业功能	鉴定项目				鉴定要素		
	项目代码	名称	鉴定比重(%)	选考方式	要素代码	名称	重要程度
二、工件加工	E	(四)偏心件及曲轴加工	70	至少选择4项	008	轴心线平行度:0.02/100 mm的保证	X
					009	轴颈圆柱度:0.013 mm的保证	X
					010	表面结构MRR *R*a1.6的保证	X
		(五)大型回转表面的加工			001	能制定带有沟槽、螺纹、锥面、球面及其他曲面的大型轴类零件的加工顺序	X
					002	能使用大型卧式车床车削带有沟槽、螺纹、锥面、球面及其他曲面的大型轴类零件	X
					003	能制定带有沟槽、螺纹、锥面、球面及其他曲面的大型套类、轮盘类零件的加工顺序	X
					004	能使用大型卧式车床或立式车床车削大型轮盘类、套类、壳体类零件	X
					005	轴径公差等级:IT7的保证	X
					006	孔径公差等级:IT8的保证	X
					007	轴向长度尺寸公差等级:IT9的保证	X
					008	表面结构MRR *R*a1.6的保证	X
三、精度检验及误差分析	F	一般尺寸精度检验	10	任选	001	能用量块和百分表测量公差等级IT9的轴向尺寸	X
					002	能间接测量一般理论交点尺寸	X
					003	能测量偏心距及两平行非整圆孔的孔距	X
		螺纹精度检验			001	能使用螺纹千分尺测量螺纹中径	X
					002	能用三针或单针测量螺纹中径	X
					003	能用梯形螺纹塞规综合检验梯形内螺纹	X
					004	能进行多线螺纹的检验	X
					005	能进行蜗杆的检验	X

车工(中级工)技能操作考核样题与分析

职业名称：________________________

考核等级：________________________

存档编号：________________________

考核站名称：________________________

鉴定责任人：________________________

命题责任人：________________________

主管负责人：________________________

中国北车股份有限公司劳动工资部制

职业技能鉴定技能操作考核制件图示或内容

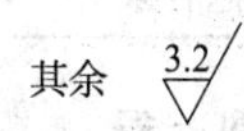

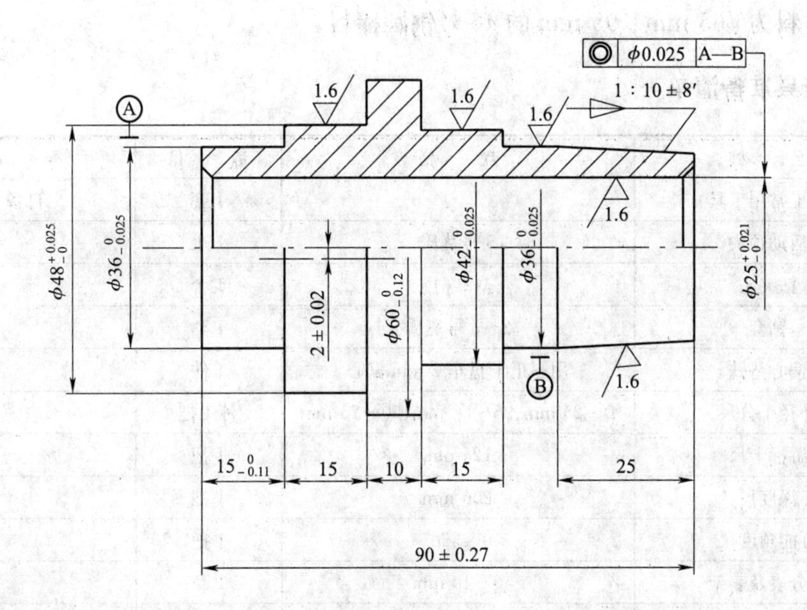

技术要求

1. 未注倒角为C2;锐边倒钝为C0.5。
2. 未注公差按IT12加工。

职业名称	车工
考核等级	中级工
试题名称	圆锥偏心套
材质等信息	45钢

职业技能鉴定技能操作考核准备单

职业名称	车工
考核等级	中级工
试题名称	圆锥偏心套

一、材料准备

材料规格：材料为 ϕ65 mm×95 mm 的 45 号钢圆棒料。

二、工、量、卡具准备清单

序　号	名　称	规　格	数　量	备　注
1	车工常用工具		1 套	自备
2	活动顶尖	5 号莫氏	1 个	
3	钻夹头	ϕ1～ϕ13	1 个	
4	钻套	2～5 号莫氏	1 套	
5	偏心垫铁	用三爪卡盘车 2 mm 偏心	1 件	
6	外径千分尺	0～25 mm、25～50 mm、50～75 mm	各 1 把	
7	游标卡尺	125 mm	1 把	
8	深度尺	200 mm	1 把	
9	万能角度尺	0～320°	1 把	
10	百分表及表架	0～10 mm	1 套	
11	钢板尺	150 mm	1 把	
12	内径百分表	18～35 mm	1 件	
13	莫氏量规	环规、4 号	1 套	
14	麻花钻	ϕ23	1 个	
15	中心钻	A2.5	1 个	
16	常用车刀		1 套	
17	内孔车刀	ϕ23×90 mm	1 把	
18	紫铜皮、紫铜棒		适量	自备

三、考场准备

1. 相应的公用设备、设备与器具的润滑与冷却等。

(1)CA6140 车床(沈阳)。

(2)工、量和刀具准备详见工、量具清单。

2. 相应的场地及安全防范措施。

3. 其他准备。

四、考核内容及要求

1. 考核内容：按考核制件图示及要求制作。

2. 考核时限:210 分钟。

3. 考核评分(表):按技能考核制件(内容)分析表中的配分与评分标准执行。

职业名称	车工	考核等级	中级工		
试题名称	圆锥偏心套	考核时限	210 分钟		
鉴定项目	考核内容	配分	评分标准	扣分说明	得分
刀具准备	能正确选择刀具的型式、材料及几何参数	5	选择错误不得分		
车床设备维护、保养与调整	能根据实际情况清洗、调整中小滑板的镶条和转盘	4	处理错误不得分		
	能排除本车床出现的一般小故障	5	处理错误不得分		
	能根据本车床实际情况调整摩擦离合器的间隙	3	调整错误不得分		
	交换齿轮箱齿轮啮合间隙出现问题时可进行调整	3	调整错误不得分		
轴类零件加工	能完成带锥度多台阶轴加工,保证 1∶10 外圆锥角度公差	4	1∶10 外圆锥角度超差不得分		
	保证两处 $\phi36$、一处 $\phi42$、一处 $\phi60$ 外径,总长 90、一处 15 长度公差要求	10	外径一处超差扣 4 分,长度一处超差扣 2 分		
	一处外径直线度 0.013 公差保证	2	超差不得分		
	三处 $Ra1.6$、两处 $Ra3.2$ 的保证	4	一处超差扣 2 分		
	四处未注公差长度尺寸按 m 级的保证	4	一处超差扣 1 分		
螺纹及蜗杆加工	能低速精车普通螺纹	3	不会使用 0 分		
	能车削单线或双线梯形螺纹	3	不会使用 0 分		
	保证普通螺纹公差等级为 6 级	2	超差不得分		
	保证梯形螺纹公差等级为 8 级	3	超差不得分		
	表面结构保证 MRR $Ra1.6$	5	超差不得分		
套类零件加工	能采取正确的措施装夹工件,以减小变形	2	措施错误不得分		
	内孔 $Ra3.2$ 的保证	4	超差不得分		
	$\phi25$ 孔径公差的保证	5	超差不得分		
	一处圆柱度公差 0.013 mm 的保证	3	超差不得分		
偏心件及曲轴加工	可完成偏心件的加工	2	未完成不得分		
	一处偏心距公差的保证	5	超差不得分		
	一处 $\phi48$ 轴径公差的保证	4	超差不得分		
	保证 $\phi48$ 轴径圆柱度 0.013 mm	3	超差不得分		
	$\phi48$ 轴径 $Ra1.6$ 的保证	2	超差不得分		
一般尺寸精度检验	间接测量 1∶10 圆锥和 $\phi36$ 外圆的交点尺寸	4	测量方法正确得 3 分		
	采用适合的方法测量偏心距	6	测量方法正确得 4 分		

续上表

鉴定项目	考核内容	配分	评分标准	扣分说明	得分
综合考核项目	考核时限		每超时5分钟,扣10分		
	工艺纪律		依据企业有关工艺纪律规定执行,每违反一次扣10分		
	劳动保护		依据企业有关劳动保护管理规定执行,每违反一次扣10分		
	文明生产		依据企业有关文明生产管理规定执行,每违反一次扣10分		
	安全生产		依据企业有关安全生产管理规定执行,每违反一次扣10分		

职业技能鉴定技能考核制件(内容)分析

职业名称	车工
考核等级	中级工
试题名称	圆锥偏心套
职业标准依据	车工国家职业标准

试题中鉴定项目及鉴定要素的分析与确定

分析事项 \ 鉴定项目分类	基本技能“D”	专业技能“E”	相关技能“F”	合计	数量与占比说明
鉴定项目总数	5	5	2	12	核心职业活动鉴定项目选取满足不低于2/3的原则,选取的鉴定要素数量占比满足60%的原则
选取的鉴定项目数量	2	4	1	6	
选取的鉴定项目数量占比	40%	80%	50%	50%	
对应选取鉴定项目所包含的鉴定要素总数	8	23	3	34	
选取的鉴定要素数量	5	19	2	26	
选取的鉴定要素数量占比	63%	82%	67%	76%	

所选取鉴定项目及鉴定要素分解与说明

鉴定项目类别	鉴定项目名称	国家职业标准规定比重(%)	鉴定要素名称	要素分解	配分	评分标准	考核难点说明
“D”	刀具准备	20	能根据工件材料、加工精度和工作效率的要求,正确选择刀具的型式、材料及几何参数	能正确选择刀具的型式、材料及几何参数	5	选择错误不得分	
	车床设备维护、保养与调整		中小滑板、转盘、尾座等进行拆装、清洗、调整和保养	能根据实际情况清洗、调整中小滑板的镶条和转盘	4	处理错误不得分	
			能诊断本车床一般小故障,并加以排除	能排除本车床出现的一般小故障	5	处理错误不得分	
			能调整摩擦离合器的间隙	能根据本车床实际情况调整摩擦离合器的间隙	3	调整错误不得分	
			能调整齿轮啮合时的间隙	交换齿轮箱齿轮啮合间隙出现问题时可进行调整	3	调整错误不得分	
“E”	轴类零件加工	70	能加工带锥度的多台阶轴类(齿轮轴、花键轴等)零件	能完成带锥度多台阶轴加工,保证1:10外圆锥角度公差	4	1:10外圆锥角度超差不得分	
			尺寸公差等级:IT9的保证	保证两处ϕ36、一处ϕ42、一处ϕ60外径,总长90、一处15长度公差要求	10	外径一处超差扣4分,长度一处超差扣2分	
			直线度公差等级:IT9~IT12级的保证	一处外径直线度0.013公差保证	2	超差不得分	
			表面结构MRR Ra3.2μm的保证	三处Ra1.6、两处Ra3.2的保证	4	一处超差扣2分	
			未注尺寸公差等级:中等m级的保证	四处未注公差长度尺寸按m级的保证	4	一处超差扣1分	

续上表

鉴定项目类别	鉴定项目名称	国家职业标准规定比重(%)	鉴定要素名称	要素分解	配分	评分标准	考核难点说明
"E"	螺纹及蜗杆加工	70	能低速精车普通螺纹	能低速精车普通螺纹	3	不会使用0分	
			能车削单线或双线梯形螺纹	能车削单线或双线梯形螺纹	3	不会使用0分	
			普通螺纹公差等级:6级的保证	保证普通螺纹公差等级为6级	2	超差不得分	
			梯形螺纹公差等级:8级的保证	保证梯形螺纹公差等级为8级	3	超差不得分	
			表面结构 MRR $Ra1.6$ 的保证	表面结构保证 MRR $Ra1.6$	5	超差不得分	
	套类零件加工		能用通用夹具,配合以相应的措施装夹工件,以减小变形,保证精度	能采取正确的措施装夹工件,以减小变形	2	措施错误不得分	
			表面结构 MRR $Ra3.2$ 的保证	内孔 $Ra3.2$ 的保证	4	超差不得分	
			孔径公差等级:IT9的保证	$\phi25$ 孔径公差的保证	5	超差不得分	
			圆柱度公差等级:9级的保证	一处圆柱度公差0.013 mm的保证	3	超差不得分	
	偏心件及曲轴加工		能车削偏心件	可完成偏心件的加工	2	未完成不得分	
			偏心距公差等级:IT9的保证	一处偏心距公差的保证	5	超差不得分	
			轴颈公差等级:IT6的保证	一处 $\phi48$ 轴径公差的保证	4	超差不得分	
			轴颈圆柱度:0.013 mm的保证	保证 $\phi48$ 轴径圆柱度0.013 mm	3	超差不得分	
			表面结构 MRR $Ra1.6$ 的保证	$\phi48$ 轴径 $Ra1.6$ 的保证	2	超差不得分	
"F"	一般尺寸精度检验	10	能间接测量一般理论交点尺寸	间接测量1:10圆锥和 $\phi36$ 外圆的交点尺寸	4	测量方法正确得3分	
			能测量偏心距及两平行非整圆孔的孔距	采用适合的方法测量偏心距	6	测量方法正确得4分	
质量、安全、工艺纪律、文明生产等综合考核项目				考核时限	不限	每超时10分钟,扣5分	
				工艺纪律	不限	依据企业有关工艺纪律规定执行,每违反一次扣10分	
				劳动保护	不限	依据企业有关劳动保护管理规定执行,每违反一次扣10分	

续上表

<table>
<tr><th>鉴定项目类别</th><th>鉴定项目名称</th><th>国家职业标准规定比重(%)</th><th>鉴定要素名称</th><th>要素分解</th><th>配分</th><th>评分标准</th><th>考核难点说明</th></tr>
<tr><td colspan="4" rowspan="2">质量、安全、工艺纪律、文明生产等综合考核项目</td><td>文明生产</td><td>不限</td><td>依据企业有关文明生产管理规定执行，每违反一次扣10分</td><td></td></tr>
<tr><td>安全生产</td><td>不限</td><td>依据企业有关安全生产管理规定执行，每违反一次扣10分</td><td></td></tr>
</table>

车工(高级工)技能操作考核框架

一、框架说明

1. 依据《国家职业标准》注,以及中国北车确定的“岗位个性服从于职业共性”的原则,提出车工(高级工)技能操作考核框架(以下简称:技能考核框架)。

2. 本职业等级技能操作考核评分采用百分制。即:满分为 100 分,60 分为及格,低于 60 分为不及格。

3. 实施“技能考核框架”时,考核制件(活动)命题可以选用本企业的加工件(活动项目),也可以结合实际另外组织命题。

4. 实施“技能考核框架”时,考核的时间和场地条件等应依据《国家职业标准》,并结合企业实际确定。

5. 实施“技能考核框架”时,其“职业功能”的分类按以下要求确定:

(1)“套筒及深孔加工”、“螺纹及蜗杆加工”、“偏心件及曲轴加工”、“箱体孔加工”、“组合件加工”属于本职业等级技能操作的核心职业活动,其“项目代码”为“E”。

(2)“工艺准备”、“精度检验及误差分析”属于本职业等级技能操作的辅助性活动,其“项目代码”分别为“D”和“F”。

6. 实施“技能考核框架”时,其“鉴定项目”和“选考数量”按以下要求确定:

(1)按照《国家职业标准》有关技能操作鉴定比重的要求,本职业等级技能操作考核制件的“鉴定项目”应按“D”+“E”+“F”组合,其考核配分比例相应为:“D”占 15 分,“E”占 75 分,“F”占 10 分。

(2)依据中国北车确定的“核心职业活动选取 2/3,并向上取整”的规定,在“E”类鉴定项目——“套筒及深孔加工”、“螺纹及蜗杆加工”、“偏心件及曲轴加工”、“箱体孔加工”、“组合件加工”的 5 项中,至少选取 3 项。

(3)依据中国北车确定的“其余‘鉴定项目’的数量可以任选”的规定,“D”和“F”类鉴定项目——“工艺准备”、“精度检验及误差分析”中,至少分别选取 1 项。

(4)依据中国北车确定的“确定‘选考数量’时,所涉及‘鉴定要素’的数量占比,应不低于对应‘鉴定项目’范围内‘鉴定要素’总数的 60%,并向上取整”的 规定,考核制件的鉴定要素“选考数量”应按以下要求确定:

①在“D”类“鉴定项目”中,在已选定的 1 个或全部鉴定项目中,至少选取已选鉴定项目所对应的全部鉴定要素的 60%项,并向上保留整数。

②在“E”类“鉴定项目”中,在已选的 4 个鉴定项目所包含的全部鉴定要素中,至少选取总数的 60%项,并向上保留整数。

③在“F”类“鉴定项目”中,对应“精度检验及误差分析”的 6 个鉴定要素,至少选取 4 项,即鉴定要素的 60%项,并向上保留整数。

举例分析：

按照上述“第 6 条”要求，若命题时按最少数量选取，即：在“D”类鉴定项目中选取了“读图与绘图”1 项，在“E”类鉴定项目中选取了“套筒及深孔加工”、“螺纹及蜗杆加工”和“偏心件及曲轴的加工”3 项，在“F”类鉴定项目中选取了“精度检验及误差分析”1 项，则：

此考核制件所涉及的“鉴定项目”总数为 5 项，具体包括：“读图与绘图”、“套筒及深孔加工”、“螺纹及蜗杆加工”、“偏心件及曲轴的加工”和“精度检验及误差分析”；

此考核制件所涉及的鉴定要素“选考数量”相应为 23 项，具体包括：“读图与绘图”1 个鉴定项目包含的全部 4 个鉴定要素中的 3 项，“套筒及深孔加工”、“螺纹及蜗杆加工”、“偏心件及曲轴的加工”3 个鉴定项目包括的全部 26 个鉴定要素中的 16 项，“精度检验及误差分析”鉴定项目包含的全部 6 个鉴定要素中的 4 项。

7. 本职业等级技能操作需要两人及以上共同作业的，可由鉴定组织机构根据“必要、辅助”的原则，结合实际情况确定协助人员的数量。在整个操作过程中，协助人员只能起必要、简单的辅助作用。否则，每违反一次，至少扣减应考者的技能考核总成绩 10 分，直至取消其考试资格。

8. 实施“技能考核框架”时，应同时对应考者在质量、安全、工艺纪律、文明生产等方面行为进行考核。对于在技能操作考核过程中出现的违章作业现象，每违反一项(次)至少扣减技能考核总成绩 10 分，直至取消其考试资格。

注：按照中国北车规定，各《职业技能操作考核框架》的编制依据现行的《国家职业标准》或现行的《行业职业标准》或现行的《中国北车职业标准》的顺序执行。

二、车工(高级工)技能操作鉴定要素细目表

职业功能	鉴定项目				鉴定要素		
	项目代码	名　称	鉴定比重(%)	选考方式	要素代码	名　称	重要程度
一、工艺准备	D	(一)读图与绘图	15	任选	001	能读懂多线蜗杆、减速器壳体、三拐以上曲轴等复杂畸形零件的工作图	Y
					002	能绘制偏心轴、蜗杆、丝杠、两拐曲轴的零件工作图	Y
					003	能绘制简单零件的轴测图	Z
					004	能读懂车床主轴箱、进给箱的装配图	Y
		(二)制定加工工艺			001	能制定简单零件的加工工艺规程	X
					002	能制定三拐以上曲轴、有立体交叉孔的箱体等畸形、精密零件的车削加工顺序	X
					003	能制定在立车或落地车床上加工大型、复杂零件的车削加工顺序	X
		(三)工件定位与夹紧			001	能合理选择车床通用夹具、组合夹具和调整专用夹具	X
					002	能分析计算车床夹具的定位误差	X
					003	能确定立体交错两孔及多孔工件的装夹与调整方法	X
		(四)刀具准备			001	能正确选用及刃磨群钻、机夹车刀等常用先进车削刀具	Y
					002	能正确选用深孔加工刀具，并能安装和调整	X
					003	能在保证工件质量及生产效率的前提下延长车刀寿命	Y

续上表

<table>
<tr><th rowspan="2">职业功能</th><th colspan="4">鉴定项目</th><th colspan="3">鉴定要素</th></tr>
<tr><th>项目代码</th><th>名　称</th><th>鉴定比重（%）</th><th>选考方式</th><th>要素代码</th><th>名　称</th><th>重要程度</th></tr>
<tr><td rowspan="3">一、工艺准备</td><td rowspan="3">D</td><td rowspan="3">（五）设备维护保养</td><td rowspan="3">20</td><td rowspan="3">任选</td><td>001</td><td>能判断车床的一般机械故障并排除</td><td>X</td></tr>
<tr><td>002</td><td>能清洗油箱、滤油器、主轴箱体、进给箱体</td><td>Z</td></tr>
<tr><td>003</td><td>能调整溜板箱内的安全离合器</td><td>Y</td></tr>
<tr><td rowspan="30">二、工件加工</td><td rowspan="30">E</td><td rowspan="10">（一）套筒及深孔加工</td><td rowspan="30">75</td><td rowspan="30">至少选择4项</td><td>001</td><td>能加工复杂套筒类零件</td><td>X</td></tr>
<tr><td>002</td><td>对同轴度、圆柱度要求较高且工件较短的薄壁套筒，能够在一次装夹中将内、外圆及端面加工完毕</td><td>X</td></tr>
<tr><td>003</td><td>能制定深孔加工步骤并车削深孔</td><td>X</td></tr>
<tr><td>004</td><td>能解决深孔加工中的排屑、冷却、润滑</td><td>X</td></tr>
<tr><td>005</td><td>能加工长径比：$L/D \geqslant 10$ 的深孔</td><td>X</td></tr>
<tr><td>006</td><td>能对内孔进行精镗</td><td>X</td></tr>
<tr><td>007</td><td>套筒外径公差等级：IT7 的保证</td><td>X</td></tr>
<tr><td>008</td><td>孔径公差等级：IT8 的保证</td><td>X</td></tr>
<tr><td>009</td><td>表面结构 MRR $Ra1.6$ 的保证</td><td>X</td></tr>
<tr><td>010</td><td>圆度、圆柱度公差等级：≥IT9 的保证</td><td>X</td></tr>
<tr><td rowspan="6">（二）螺纹及蜗杆加工</td><td>001</td><td>能制定多线螺纹和蜗杆的加工顺序</td><td>X</td></tr>
<tr><td>002</td><td>能车削三线以上螺纹或蜗杆</td><td>X</td></tr>
<tr><td>003</td><td>能刃磨和装夹车削多线螺纹及多线蜗杆车刀</td><td>X</td></tr>
<tr><td>004</td><td>精度：9 级的保证</td><td>X</td></tr>
<tr><td>005</td><td>节圆跳动：0.015 mm 的保证</td><td>X</td></tr>
<tr><td>006</td><td>齿面表面结构 MRR $Ra1.6\mu m$ 的保证</td><td>X</td></tr>
<tr><td rowspan="10">（三）偏心件及曲轴的加工</td><td>001</td><td>能用三爪自定心卡盘加垫片找正，在轴向截面内对称偏移的偏心中心线</td><td>X</td></tr>
<tr><td>002</td><td>能用四爪单动卡盘装夹找正偏心零件</td><td>X</td></tr>
<tr><td>003</td><td>能车削轴线在同一轴向平面内的偏心外圆和偏心孔</td><td>X</td></tr>
<tr><td>004</td><td>能加工四拐以下（含四拐）曲轴</td><td>X</td></tr>
<tr><td>005</td><td>偏心距公差等级：IT9 的保证</td><td>X</td></tr>
<tr><td>006</td><td>轴径公差等级：IT6 的保证</td><td>X</td></tr>
<tr><td>007</td><td>孔径公差等级：IT7 的保证</td><td>X</td></tr>
<tr><td>008</td><td>对称度公差：0.15 mm 的保证</td><td>X</td></tr>
<tr><td>009</td><td>表面结构 MRR $Ra1.6\mu m$ 的保证</td><td>X</td></tr>
<tr><td>010</td><td>圆柱度公差等级：8 级的保证</td><td>X</td></tr>
<tr><td rowspan="4">（四）箱体孔的加工</td><td>001</td><td>能进行箱体划线</td><td>Y</td></tr>
<tr><td>002</td><td>能车削立体交错的两孔或三孔</td><td>X</td></tr>
<tr><td>003</td><td>能车削与轴线垂直且偏心的孔</td><td>X</td></tr>
<tr><td>004</td><td>能车削同内球面垂直且相交的孔</td><td>X</td></tr>
</table>

续上表

职业功能	鉴定项目				鉴定要素		
	项目代码	名　称	鉴定比重(%)	选考方式	要素代码	名　称	重要程度
二、工件加工	E	(四)箱体孔的加工	75	至少选择4项	005	能车削两半箱体的同心孔	X
					006	孔距公差等级:IT9 的保证	X
					007	孔径公差等级:IT9 的保证	X
					008	孔中心线相互垂直度:0.05 mm/100 mm 的保证	X
					009	位置度:0.1 mm 的保证	X
					010	偏心距公差等级:IT9 的保证	X
					011	表面结构 MRR *Ra*1.6μm 的保证	X
		(五)组合件加工			001	能安排组合工件的加工顺序和制定加工工艺	X
					002	能采取适当的方法保证组合件装配精度要求	X
					003	能车削内外圆锥、偏心、螺纹四件以下(含四件)的组合工件	X
					004	能组装和整体加工	X
三、精度检验及误差分析	F	精度检验及误差分析	10	必选	001	能检验深孔	X
					002	能用三针、齿厚游标卡尺测量蜗杆	X
					003	能测量偏心件	X
					004	能测量各箱体孔的尺寸及相互位置精度	X
					005	能对组合件进行组装和检验	X
					006	对复杂、畸形机械零件,能根据测量结果分析产生车削误差的原因	Y

车工(高级工)技能操作考核样题与分析

职业名称：______

考核等级：______

存档编号：______

考核站名称：______

鉴定责任人：______

命题责任人：______

主管负责人：______

中国北车股份有限公司劳动工资部制

职业技能鉴定技能操作考核制件图示或内容

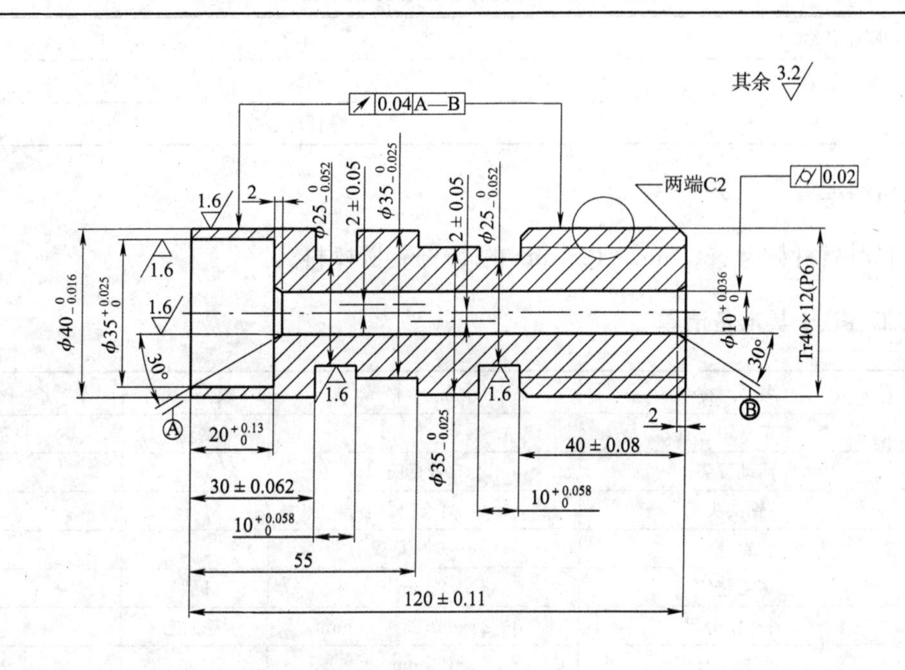

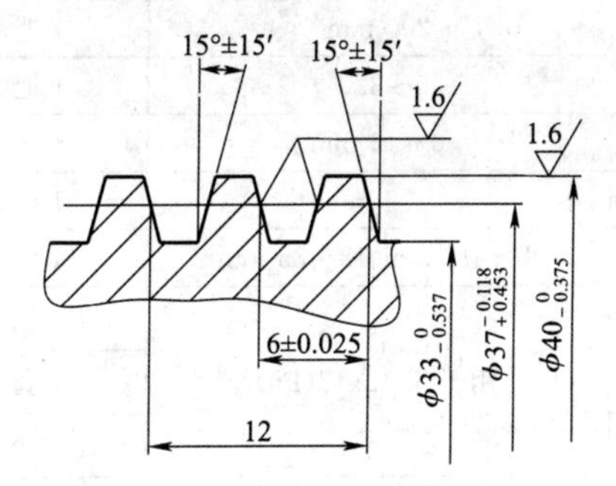

技术要求

1. 未注倒角为C2;锐边倒钝为C0.5。
2. 除Sϕ42外,其余部分不准使用锉刀、纱布和油石等抛锉加工表面。
3. 莫氏锥孔用涂色法检验,接触面积大于70%。
4. 未注公差按IT12加工;梯形螺纹用三针检验。

职业名称	车工
考核等级	高级工
试题名称	螺杆偏心套
材质等信息	45钢

职业技能鉴定技能操作考核准备单

职业名称	车工
考核等级	高级工
试题名称	螺杆偏心套

一、材料准备

材料规格:材料为 ϕ50 mm×125 mm 的 45 号钢圆棒料。

二、工、量、卡具准备清单

序号	名称	规格	数量	备注
1	车工常用工具		1 套	自备
2	活动顶尖	5 号莫氏	1 个	
3	钻夹头	ϕ1～ϕ13	1 个	
4	钻套	2～5 号莫氏	1 套	
5	偏心垫铁	2 mm	1 件	
6	外径千分尺	0～25 mm,25～50 mm	各 1 把	
7	游标卡尺	125 mm	1 把	
8	深度尺	200 mm	1 把	
9	万能角度尺	0～320°	1 把	
10	百分表及表架	0～10 mm	1 套	
11	钢板尺	150 mm	1 把	
12	内径百分表	10～18 mm、18～35 mm	1 件	
13	公法线千分尺	用于 Tr42x12(P6)	1 把	
14	三针		1 套	
15	牙刀样板		1 块	
16	莫氏塞规	2 号	1 套	
17	麻花钻	ϕ9、ϕ13、24(平头)	1 个	
18	中心钻	ϕ3	1 个	
19	常用车刀		1 套	
20	外圆切槽刀	5 mm	1 把	
21	内孔车刀	ϕ13×60 mm;ϕ10×50 mm;ϕ35(平头)	各 1 把	
22	梯形外螺纹车刀	Tr42×12(P6)	1 把	
23	凸圆弧车刀	R5	1 把	
24	紫铜皮、紫铜棒		适量	自备
25	砂布		适量	自备

三、考场准备

1. 相应的公用设备、设备与器具的润滑与冷却等。

(1)CA6140 车床(沈阳)。

(2)工、量和刀具准备详见工、量具清单。

2. 相应的场地及安全防范措施。

3. 其他准备。

四、考核内容及要求

1. 考核内容:按考核制件图示及要求制作。

2. 考核时限:300 分钟。

3. 考核评分(表):按技能考核制件(内容)分析表中的配分与评分标准执行。

职业名称	车工	考核等级	高级工		
试题名称	圆锥偏心套	考核时限	300 分钟		
鉴定项目	考核内容	配分	评分标准	扣分说明	得分
工件定位与夹紧	正确选用夹具,并在使用中进行调整	4	选用错误不得分,不会调整扣 2 分		
	通过分析计算夹具的定位误差,正确选择定位方式	4	定位方式错误不得分		
刀具准备	能刃磨和使用群钻钻孔	4	不正确不得分		
	能正确选用、安装和调整深孔加工刀具	3	不正确不得分		
套筒及深孔加工	采取措施解决深孔加工中的排屑、冷却、润滑	2	正确解决得 3 分		
	能对长径比 $L/D \geqslant 10$ 的深孔进行加工	2	完成加工得 3 分		
	内孔精加工采用精镗完成	2	采用精镗完成得 3 分		
	保证外径 $\phi40_{-0.016}^{0}$	3	超差不得分		
	保证孔径 $\phi100_{0}^{+0.036}$ $\phi350_{0}^{+0.025}$	8	一处超差扣 4 分		
	满足三处 $Ra1.6$ 的保证	6	一处超差扣 2 分		
	达到 $\phi100^{+0.036}$ 圆柱度 0.02	2	超差不得分		
螺纹及蜗杆加工	双线螺纹加工顺序制定合理	2	不正确不得分		
	正确刃磨和装夹多线螺纹车刀	2	不正确不得分		
	牙型半角、大径、中径、小径、螺距、导程的保证	16	中径超差扣 5 分,牙型半角、大径、小径、螺距、导程一处超差扣 2 分		
	跳动度 0.015 mm	2	超差不得分		
	满足三处 $Ra1.6$ 的保证	6	一处超差扣 2 分		
偏心件及曲轴加工	两处偏心外圆 $\phi35_{-0.025}^{0}$	3	完成一处得 3 分		
	两处偏心外圆偏心距 2 ± 0.05	6	一处超差扣 3 分		
	满足四处轴径公差保证	4	一处超差扣 2 分		
	满足四处 $Ra1.6$ 的保证	2	一处超差扣 0.5 分		
组合件加工	能安排组合工件的加工顺序和制定加工工艺	2	一处问题扣 1 分,加工顺序有误 0 分		
	能采取适当的方法保证组合件装配精度要求	2	方法有误一处扣 1 分		
	能组装和整体加工	3	一处错误扣分,不会组装 0 分		

续上表

鉴定项目	考核内容	配分	评分标准	扣分说明	得分
精度检验及误差分析	采用适合的方法检验深孔	2	检验方法正确得2分		
	使用三针测量螺纹	3	测量方法正确得3分		
	采用适合的方法测量偏心件	3	测量方法正确得3分		
	根据测量结果分析原因,采取正确的措施,减小误差	2	措施正确得2分		
质量、安全、工艺纪律、文明生产等综合考核项目	考核时限		每超时5分钟,扣10分		
	工艺纪律		依据企业有关工艺纪律规定执行,每违反一次扣10分		
	劳动保护		依据企业有关劳动保护管理规定执行,每违反一次扣10分		
	文明生产		依据企业有关文明生产管理规定执行,每违反一次扣10分		
	安全生产		依据企业有关安全生产管理规定执行,每违反一次扣10分		

职业技能鉴定技能考核制件(内容)分析

职业名称	车工
考核等级	高级工
试题名称	圆锥偏心套
职业标准依据	车工国家职业标准

试题中鉴定项目及鉴定要素的分析与确定

分析事项 \ 鉴定项目分类	基本技能“D”	专业技能“E”	相关技能“F”	合计	数量与占比说明
鉴定项目总数	5	5	1	11	核心职业活动鉴定项目选取满足不低于2/3的原则,选取的鉴定要素数量占比满足60%的原则
选取的鉴定项目数量	2	4	1	6	
选取的鉴定项目数量占比	40%	80%	100%	55%	
对应选取鉴定项目所包含的鉴定要素总数	6	30	6	42	
选取的鉴定要素数量	4	19	4	27	
选取的鉴定要素数量占比	67%	64%	67%	64%	

所选取鉴定项目及鉴定要素分解与说明

鉴定项目类别	鉴定项目名称	国家职业标准规定比重(%)	鉴定要素名称	要素分解	配分	评分标准	考核难点说明
“D”	工件定位与夹紧	15	能合理选择车床通用夹具、组合夹具和调整专用夹具	正确选用夹具,并在使用中进行调整。	4	选用错误不得分,不会调整扣2分	
			能分析计算车床夹具的定位误差	通过分析计算夹具的定位误差,正确选择定位方式。	4	定位方式错误不得分	
	刀具准备		能正确选用及刃磨群钻、机夹车刀等常用先进车削刀具	能刃磨和使用群钻钻孔	4	不正确不得分	
			能正确选用深孔加工刀具,并能安装和调整	能正确选用、安装和调整深孔加工刀具	3	不正确不得分	
“E”	套筒及深孔加工	75	能解决深孔加工中的排屑、冷却、润滑	采取措施解决深孔加工中的排屑、冷却、润滑	2	正确解决得3分	
			能加工长径比 $L/D \geqslant 10$ 的深孔	能对长径比 $L/D \geqslant 10$ 的深孔进行加工	2	完成加工得3分	
			能对内孔进行精镗	内孔精加工采用精镗完成	2	采用精镗完成得3分	
			套筒外径公差等级:IT7的保证	保证外径 $\phi40_{-0.016}^{0}$	3	超差不得分	
			孔径公差等级:IT8的保证	保证孔径 $\phi10_{0}^{+0.036}$ $\phi35_{0}^{+0.025}$	8	一处超差扣4分	
			表面结构MRR $Ra1.6$ 的保证	三处 $Ra1.6$ 的保证	6	一处超差扣2分	
			圆度、圆柱度公差等级:≥IT9的保证	$\phi10_{0}^{+0.036}$ 圆柱度0.02	2	超差不得分	

续上表

鉴定项目类别	鉴定项目名称	国家职业标准规定比重(%)	鉴定要素名称	要素分解	配分	评分标准	考核难点说明
"E"	螺纹及蜗杆加工	75	能制定多线螺纹和蜗杆的加工顺序	双线螺纹加工顺序制定合理	2	不正确不得分	
			能刃磨和装夹车削多线螺纹及多线蜗杆车刀	正确刃磨和装夹多线螺纹车刀	2	不正确不得分	
			精度:9级的保证	牙型半角、大径、中径、小径、螺距、导程的保证	16	中径超差扣5分,牙型半角、大径、小径、螺距、导程一处超差扣2分	
			节圆跳动:0.015 mm的保证	跳动度0.015 mm	2	超差不得分	
			齿面表面结构 MRR $Ra1.6\mu m$的保证	三处$Ra1.6$的保证	6	一处超差扣2分	
	偏心件及曲轴加工		能车削轴线在同一轴向平面内的偏心外圆和偏心孔	两处偏心外圆$\phi 35_{-0.025}^{0}$	3	完成一处得3分	
			偏心距公差等级:IT9的保证	两处偏心外圆的偏心距2±0.05	6	一处超差扣3分	
			轴径公差等级:IT6的保证	四处轴径公差保证	4	一处超差扣2分	
			表面结构 MRR $Ra1.6\mu m$的保证	四处$Ra1.6$的保证	2	一处超差扣0.5分	
	组合件加工		能安排组合工件的加工顺序和制定加工工艺	能安排组合工件的加工顺序和制定加工工艺	2	一处问题扣1分,加工顺序有误0分	
			能采取适当的方法保证组合件装配精度要求	能采取适当的方法保证组合件装配精度要求	2	方法有误一处扣1分	
			能组装和整体加工	能组装和整体加工	3	一处错误扣分,不会组装0分	
"F"	精度检验及误差分析	10	能检验深孔	采用适合的方法检验深孔	2	检验方法正确得2分	
			能用三针、齿厚游标卡尺测量蜗杆	使用三针测量螺纹	3	测量方法正确得3分	
			能测量偏心件	采用适合的方法测量偏心件	3	测量方法正确得3分	
			对复杂、畸形机械零件,能根据测量结果分析产生车削误差的原因	根据测量结果分析原因,采取正确的措施,减小误差	2	措施正确得2分	

续上表

鉴定项目类别	鉴定项目名称	国家职业标准规定比重(%)	鉴定要素名称	要素分解	配分	评分标准	考核难点说明
质量、安全、工艺纪律、文明生产等综合考核项目				考核时限	不限	每超时 10 分钟,扣 5 分	
				工艺纪律	不限	依据企业有关工艺纪律规定执行,每违反一次扣 10 分	
				劳动保护	不限	依据企业有关劳动保护管理规定执行,每违反一次扣 10 分	
				文明生产	不限	依据企业有关文明生产管理规定执行,每违反一次扣 10 分	
				安全生产	不限	依据企业有关安全生产管理规定执行,每违反一次扣 10 分	